À propos de l'auteur

Damien Pitw Masselis vit depuis une dizaine d'années avec sa femme et ses deux fils dans leur écolieu dans le nord de la Thaïlande.

Après avoir obtenu son diplôme Master en Management en 2007, il vagabonde quelques années sur les routes de l'Asie à la découverte des mystères du monde et de l'esprit, et met son énergie au service de projets environnementaux en tant que volontaire et entrepreneur dynamique.

Il est le co-fondateur de la Fondation Pai Seedlings (Thaïlande), un terrain de jeu pour l'éducation environnementale et le développement de modes de vie sobres et résilients. Il travaille avec Pai Seedlings au développement d'une agriculture régénératrice des sols, des communautés et de l'économie locale.

Le Manifeste d'Écologie Intérieure que vous tenez entre vos mains est son premier livre.

Pour en savoir plus sur l'auteur, son travail et ses engagements :

www.damienmasselis.com

www.seedlings-foundation.org

Ce livre est dédié :

À tous les fous, trop vieux pour être encore des enfants et trop jeunes pour être déjà des sages, qui cherchent, comme moi, à tâtons, leur chemin dans le grand mystère de la vie.

À tous les activistes, amants passionnés de la nature et du vivant, qui luttent sans relâche pour donner vie à leurs rêves d'un monde meilleur.

À tous les êtres à poils, à plumes, et à écailles, à écorce et à branches, à vagues, à flammes et à courants.

À la Pachamama.

Remerciements

Merci à mes fils Kenji et An-Dao de m'inspirer quotidiennement la passion de vivre pour mes idéaux, et la simplicité de l'émerveillement pour les choses de la vie.

Merci à ma femme Lyse d'oser poursuivre tes rêves avec moi.

Merci à mon ami Florent, ce roc de rectitude, de courage et de sincérité, ce baou de loyauté, de m'honorer depuis près de 25 ans de ton indéfectible amitié.

Merci à la famille du Pitw et à mes parents, pour l'ouverture au monde que vous m'avez inculquée, et pour avoir su traverser avec moi les conflits et les blessures inéluctables de la vie.

Merci à Tristan, Léo, Delphine et Ophélie pour votre patient travail de relecture et vos précieux conseils.

Merci aux sages que j'ai eu la chance de rencontrer et qui m'ont personnellement guidé : Roger, Jon, Olav, Jon Jandai et Lung Son.

Merci à ces Anciens qui m'ont inspiré, illuminé mon cheminement, formé ma pensée, et transformé ma vie : Aldous Huxley, Terrence McKenna, Alan Watts, Joanna Macy, Bill Plotkin, Thomas Berry, Alain Damasio, Pierre Rabhi, Nicolas Hulot, Don Juan, Don Miguel Ruiz, Myamoto Musashi… et Cyrano bien sûr. Et tant d'autres.

Merci aussi aux nombreux vagabonds qui ont croisé ma route et m'ont rassuré que le fou qui poursuit ses rêves n'est jamais seul.

Merci enfin à l'architecte cosmique de faire de la vie une telle comédie plus qu'humaine.

© 2023 Damien P. Masselis

Édition : BoD – Books on Demand, info@bod.fr

Impression : BoD – Books on Demand, In de Tarpen 42, Norderstedt (Allemagne)

Impression à la demande

ISBN : 978-2-3221-2796-2

Dépôt légal : mars 2023

S'éveiller à qui nous sommes nécessite de lâcher prise sur qui on nous pensons être. Il est radicalement important de sortir de notre tête au moins une fois par jour, pour retrouver nos sens.

Il faut que cesse la confusion entre qui nous sommes et ce que les autres pensent de nous, pour enfin prendre conscience que nous sommes à la fois universels et uniques.

[Alan Watts, sagesses Zen]

Damien P. Masselis

MANIFESTE D'ÉCOLOGIE INTÉRIEURE

Un regard de nature sur l'expérience humaine.

TABLE DES MATIÈRES

Avant-propos

Pourquoi ce livre ?

Qu'un fou persiste dans sa folie, et il trouvera peut-être la sagesse.

[William Blake]

Les pages du livre que vous tenez entre vos mains sont faites de pluie, de terre et de soleil. Elles viennent d'un temps immémorial et parlent d'une sagesse connue de tous, mais oubliée par la plupart. Sans la pluie qui irrigue nos forêts et le soleil qui leur fournit de l'énergie, il n'y aurait pas d'arbres, donc pas de papier et pas de livre. De même que la matière dont il est fait, les idées qui s'y trouvent sont en grande partie du recyclage de siècles d'aventures culturelles humaines : *'rien ne se perd, rien ne se crée, tout se transforme'* nous apprend Lavoisier. Il en est des idées comme de la matière.

Ce livre est aussi un témoignage personnel de 15 années d'exploration du vivant, de confrontation sans retenue aux expériences les plus diverses de la vie, de poursuite effrénée de mes rêves, de lutte contre mes démons et de réconciliation avec le monde. Avec la présence sensible de l'expérience immédiate (ce que Terence McKenna nomme 'the felt presence of immediate experience') comme seul phare dans un monde où l'humain est poussé à vivre en pilote automatique sur les autoroutes de la culture dominante, il m'a souvent fallu accepter d'être vu comme un 'fou' par la société conformiste. J'ai vu ce regard sur ma prétendue folie évoluer ces dernières années, et mes combats de toujours pour l'écologie et la spiritualité progressivement s'imposer au cœur des préoccupations sociétales. J'en suis ravi et en profite enfin pour apporter humblement ma petite pierre à l'édifice.

Notre génération fait face à des défis d'une ampleur sans doute inédite : la crise écologique nous concerne tous : personne sur Terre n'est, ou ne sera, épargné, quelles que soient ses croyances et ses appartenances sociales. Les multiples visages de la crise (socioéconomique, psycho-spirituelle, sanitaire, écologique, etc.) dressent un paysage complexe de notre époque, mais fournissent aussi des clés importantes : celle de prendre conscience que toutes ces crises reflètent, non pas une divergence, mais une unité des causes : le progressif délitement de la relation entre l'homme et la Nature depuis des siècles nous a menés à cette crise majeure.

Mon postulat est que c'est en recréant ce lien, en régénérant notre relation intime à la planète Terre, et réaffirmant notre appartenance à la grande communauté du Vivant que l'humain – et chacun d'entre nous – pourra recouvrer ses forces intimes, évoluer collectivement au point de réinventer notre place sur Terre et de mettre en place les solutions qui nous sortiront de l'impasse écologique du 21ème siècle.

Rien d'autre que tout ne sera assez.
[Aldous Huxley]

Ce livre a pour ambition de fournir des outils conceptuels et pratiques pour soigner notre relation au monde naturel, celui de la vie sauvage, mais aussi celui qui se trouve dans nos corps et nos âmes d'humains.

Afin d'opérer cette transformation en nous, il nous faut attaquer sur tous les fronts en même temps : changer nos paradigmes mentaux, modifier nos réflexes émotionnels, soigner nos traumatismes, changer nos modes de perception, renouveler nos relations, redéfinir nos engagements, etc.

Je vous invite à travers votre lecture à ne pas prendre mes mots pour argent comptant, mais à faire l'expérience par vous-même de la validité de mes arguments. Mon intention n'est pas de vous convaincre, mais de partager mon expérience afin de vous inciter à vous confronter à la vôtre. Les mots ne sont qu'une porte d'entrée dans le monde de l'écologie intérieure, mais je suis persuadé que c'est dans votre corps et votre cœur que vous pourrez en faire l'expérience directe et intime.

Vous trouverez ici des méditations, des rituels, des exercices, des pratiques qui vous permettront d'aller plus loin. Ces sections intitulées « Essayez-Ceci » sont mises en valeur dans le texte dans des encadrés gris.

« *Ehipassiko* [1] » disait le Bouddha pour inviter ses disciples à confronter ses enseignements à leur expérience directe de la vie pour savoir vraiment. Prenez ces exercices pratiques et éprouvez-les dans votre monde de tous les jours, parce que c'est le seul endroit où vous pourrez en faire l'expérience intime et savoir, réellement, si vous êtes dans le vrai. Vous en sortirez, telle est du moins mon intention, grandis et approfondis à votre expérience de la vie, plus sensibles à votre monde intérieur, plus actifs dans vos engagements.

Enfin, je partage en plus de mes réflexions personnelles et des exercices pratiques, les expériences intimes qui ont inspiré mon message. Afin de les mettre en valeur dans le texte, elles ont une mise en page différente : en italique et centrée. Elles apporteront, je l'espère, un aspect plus humain à ce manifeste, et vous inspireront que tout est possible à qui est assez fou pour poursuivre ses rêves.

Bon voyage intérieur à la rencontre de la Nature.

---

1 *Ehipassiko* vient du Pali et signifie littéralement ''Viens voir par toi-même''.

Thèse

La thèse ce livre s'articule autour de deux idées :

1/ En nous laissant pénétrer par les principes de fonctionnement de la nature, nous pouvons nous aligner avec et incarner les qualités de diversités, de coopération et d'abondance propre au vivant : c'est ce que j'appelle l'Écologie Intérieure.

2/ La régénération planétaire, la transition sociale et les transformations personnelles ne sont qu'un seul et même phénomène : un élan que j'appelle la Renaissance Culturelle.

La question centrale à laquelle j'essaie de répondre dans ce livre est celle-ci :

Comment l'Écologie Intérieure peut-elle inspirer une Renaissance Culturelle inspirée de la Nature, et ainsi (re)créer des relations florissantes avec le monde, les autres et nous-mêmes ?

Dans l'Introduction, nous allons poser, à travers une série de récits, le cadre de la réflexion. Parce que le thème de l'Écologie Intérieure concerne autant notre bien-être individuel, que la santé de notre société et de la planète, les récits couvrent des champs aussi variés que la mythologie, l'histoire, la poésie, et bien sûr l'aventure personnelle qui m'a mené à écrire ce livre.

Nous étudierons dans la Première Partie le lien qui unit l'expérience humaine à la Nature afin de mettre en avant les principes de l'Écologie Intérieure, c'est-à-dire le *modus operandi* par lequel la Nature crée des systèmes florissants – diversités, abondance, coopération – et qu'il nous faut réapprendre à incarner nous aussi.

La Deuxième Partie sera l'occasion d'élargir le champ de réflexion à la dimension collective, et de présenter un modèle de Développement Humain dit Écocentrique sur lequel fonder le mouvement de Renaissance Culturelle. Ce modèle s'intéresse particulièrement à la question de l'âme, c'est-à-dire de la nature humaine, et propose une carte du développement psycho-spirituel optimal, un guide pour soigner nos blessures, et un outil de design des communautés humaines.

Enfin, dans la Troisième Partie, nous aborderons par une méthodologie pratique la transformation de nos blocages émotionnels et limitations mentales afin d'entamer nos transformations personnelles et nous mettre au service de la transition vers des sociétés régénératrices du vivant sur Terre.

Introduction

Une Histoire d'histoires

Malgré les prétentions de la science à vouloir tout expliquer, il est raisonnable de penser que la formation de la Terre et les origines de la vie resteront à jamais un mystère. Tant mieux : il est sain de garder une part de mystère et de fantastique dans nos récits cosmogoniques, ne pas confondre l'historique et le mythologique, au risque de créer une dangereuse confusion quant à notre place dans le grand tout. Ce qui suit n'a rien d'historique… mais n'en est pas moins vrai pour autant…

Chapitre 1
Récit Mythologique

Pendant des éons, la Terre n'était qu'une masse informe d'énergies en fusion. Un chaos incertain, une arène où s'affrontèrent sans retenue les éléments primordiaux : le Feu des origines donnant naissance à l'Air, à l'Eau et à la Terre. À force de contacts, de frictions, et d'échanges, ces forces élémentaires se sont progressivement mélangées, différenciées les unes des autres, chacune offrant à la planète ses caractéristiques physiques et énergétiques : sa chaleur interne (Feu), son atmosphère (Air), ses océans (Eau), sa croûte terrestre (Terre) et sa biosphère (Conscience).

C'est ainsi, et sans doute grâce à une forte dose de hasard dans lequel, de tout temps, l'homme a vu une intervention divine, que la planète Terre est devenue hospitalière, c'est-à-dire capable d'accueillir et de développer la vie biologique. Cette apparition de la vie sur Terre fut-elle d'origine divine ? Y a-t-il eu volonté de la Vie d'apparaître ? Nous n'en aurons sans doute jamais de preuve scientifique : cette question restera la province privilégiée des religions et de la métaphysique. Mais ce qui est évident c'est qu'aux origines de la Vie se trouve ce lien sacré à l'improbable qui décide, envers et contre tout, de se manifester.

La vie biologique, donc, apparaît et se développe. La cellule à fonction unique se différencie, en elle-même - en inventant d'autres cellules, d'autres fonctions, d'autres sens pour entrer en contact avec son environnement - et hors d'elle-même, en créant sans cesse de nouvelles formes d'organisation. Les êtres vivants se complexifient, se diversifient. La vie apprend à voir, à sentir, à toucher, à entendre, et ce d'une multitude de manières. Étant nous-même prisonniers de nos cinq sens physiques, il nous est impossible de savoir comment un être vivant doté d'autres sens complètement différents, conçoit le monde et son environnement. Et pourtant c'est ce que fait le vivant. Il explore son environnement, se confronte à lui, s'y adapte et le modifie en retour. Il s'invente, sans cesse, et invente son monde.

Pendant des milliards d'années, c'est ce que fait la vie : unicellulaires, pluricellulaires, bactéries, plantes, champignons, poissons, animaux, dinosaures, mammifères, insectes… La vie joue inlassablement à s'inventer de nouvelles formes et de nouvelles fonctions. Elle a déjà colonisé la planète : du fond des océans aux terres émergés, des grottes les plus profondes aux nuages, la vie a conquis la Terre et s'ébat dans une chaotique harmonie.

Il reste cependant une dimension qu'elle n'a pas conquise : le Temps. Plongée depuis toujours dans l'éternité du moment présent, la Vie rêve de pouvoir se raconter sa propre histoire. Elle rend alors visite à l'ensemble de ses créations à la recherche de celle qui pourra l'aider dans cette tâche colossale. Après s'être entretenue avec toutes ses créatures et les avoir trouvées affairées, elle revient voir l'Homme, un des derniers arrivés.

« Homme, lui dit-elle, tu n'as pas de poils pour te réchauffer, pas de griffes ni de crocs pour te défendre, mais je vais te faire un don, le plus puissant de tous, qui fera de toi une créature unique. Je vais te faire le don de l'Imagination, et grâce à ce don et celui de la curiosité dont tu as déjà hérité, tu vas pouvoir parcourir le monde et conter l'Histoire de la Vie. Tu seras le témoin de toutes mes créations, et tu auras pour mission de raconter à tous la mémoire de la Vie. »

C'est ainsi que l'Homme hérita d'un pouvoir nouveau : celui de créer une première fois dans sa tête ce qu'il créera une seconde fois de ses mains. L'Imagination lui permit d'inventer des outils pour se protéger et se nourrir, de voyager aux quatre coins du monde, d'apprendre le fonctionnement des plantes et des animaux, de créer des langages complexes pour conter les récits qu'il se mit à transmettre de génération en génération, par la parole d'abord, puis grâce à l'écriture, une autre formidable invention née de l'Imagination. C'est ainsi que naquit la Culture.

Mais comme en toute chose de la nature, les dons portent en eux la graine de leur malédiction. À force de se raconter la Vie, les humains fabriquèrent un monde virtuel peuplé des créations de leur esprit autant que de celles de la Nature. Alors qu'ils étaient les dépositaires de l'Histoire du vivant, le lien ancestral entre les humains et le reste de la Nature commença à se déliter. Le tissu d'histoires, d'idées, de concepts et de pensées purement humaines devint si dense qu'il finit par créer un voile, puis un mur, entre les Hommes et la Nature. C'est ainsi que la Culture s'érigea comme une opposition à la Nature, et que la mission de raconter des histoires naturelles se transforma en écriture de l'Histoire des hommes.

Lors de la révolution agricole, il y a 10 000 ans, la domestication des plantes et des animaux mena à un changement dramatique dans les modes de vie des Humains. Ce sont les fondations mêmes du genre humain qui furent remises en cause, avec en première ligne les rapports des gens entre eux et avec la planète Terre et le vivant.

L'homme se détacha du reste de la Création pour assumer une position de domination vis-à-vis de la Nature – un phénomène dont les origines remontent à la substitution des systèmes de croyances matriarcaux par le modèle religieux patriarcal –. Ce divorce est l'acte de genèse de l'Histoire humaine : après des centaines de milliers d'années à vivre en son sein, l'homme s'émancipa de la Nature pour l'assouvir à ses ambitions propres, imaginées dans l'espace virtuel de son esprit. L'accélération deviendra vertigineuse. Les grandes civilisations et empires unifièrent les pratiques, éradiquant progressivement les mœurs d'antan et toute menace venant de la Nature sauvage.

En Europe, avec l'Inquisition chrétienne qui commença au XIIIème siècle et perdura pendant des siècles la séparation d'avec la Nature s'accéléra : en chassant et en massacrant avec une violence systématique et inouïe celles et ceux qui avaient gardé vivant le lien sacré avec la Nature (druides, sorcières, chamanes, guérisseurs, herboristes, magnétiseurs, nomades, etc.), la culture européenne chrétienne dominante s'est irrémédiablement amputée. Aux rares qui seraient passés entre les mailles du filet le message a été clair : cachez-vous, cachez vos dons au point de les oublier. Et c'est ainsi que fût perdu ce qui n'aurait jamais dû l'être : notre sens d'appartenir au reste du Vivant sur Terre, d'être connecté, et notre capacité à communiquer avec les autres espèces.

La révolution industrielle et l'avènement du capitalisme de marché marquent un des points d'orgue de ce divorce malheureux. Le modèle d'extraction des ressources sur lequel fonctionne tout le système économique moderne témoigne d'une chosification de la Nature qui n'a de valeur que si nous pouvons la consommer. Ce phénomène que Terence McKenna, ethno botaniste et explorateur de la conscience, décrit comme un matérialisme crasse − manque de respect total pour la matière − marque la fin de la relation sacrée au vivant. La perte d'attractivité des principales religions, ou leur corollaire − la radicalisation − témoignent du même mouvement : l'humain n'arrive plus, ou si peu, à se considérer comme faisant encore partie de la Nature. Les chocs successifs l'ont aliéné, et le maintiennent dans un état de traumatisme, c'est-à-dire de déconnexion : avec la Nature, avec le vivant, avec ses pairs et avec lui-même.

Ce récit ne fait pas partie de nos livres d'histoire, mais il raconte une histoire que de nombreux faits historiques, de toutes les époques, peuvent corroborer : cette histoire est écrite en filigrane dans l'histoire de l'espèce humaine. Y a-t-il eu volonté de créer cette séparation, de nous amputer de nos racines naturelles ? Je ne le pense pas. Après tout, c'est en apprenant à être humain que nous avons creusé le fossé ; c'est en apprenant, maladroitement, à utiliser le don de l'imagination que nous a fait la Vie que nous nous sommes isolés d'elle.

Cependant, il est encore temps de renverser la tendance. On pourra certes arguer que nos errements s'accroissent, autant dans leur rythme que dans leur capacité de destruction, et on aura raison de le faire. Mais peut-on pour autant, en quelques siècles ou millénaires, effacer l'influence que la nature a eue sur nous au cours des quelque trois millions d'années de notre évolution ? En nous ouvrant aujourd'hui au monde et en nous demandant sincèrement ce qui est attendu de nous, peut-être pouvons-nous retrouver dans un sentiment renouvelé d'appartenance au vivant, de quoi écrire les premières lignes d'un nouveau chapitre de notre histoire.

C'est mon souhait le plus sincère de participer à l'écriture de cette histoire, et d'accompagner mes lecteurs à faire face avec espoir et grâce aux défis de cette grande aventure.

Chapitre 2
Récits Historiques

Il est profondément ancré dans la psyché humaine et dans la vaste panoplie de nos cultures de se raconter des histoires sur notre monde. On pourrait même dire que la capacité à raconter des histoires est la caractéristique qui fait de nous des humains. C'est en tout cas ce que prétend Yuval Noah Harari dans sa *Brève Histoire de l'Humanité*[2] : selon lui, sans histoires communes, les humains n'auraient pas pu créer de groupes de plus de cent cinquante individus, et encore moins des civilisations !

Une histoire est un prisme à travers laquelle un groupe interprète et contrôle son expérience, créant du sens en fonction des valeurs auxquelles ses membres adhèrent et croient le plus profondément. Les histoires qui inspirent nos cultures et nos psychés collectives affectent nos perceptions du monde de manière subconsciente, et ne sont donc jamais questionnées ou remises en cause. Elles sont tenues pour être les seules réalités possibles et limitent ainsi notre expérience de la vie.

Prenons par exemple trois histoires communément admises dans le monde moderne industrialisé, et que l'on pourrait résumer ainsi :

---

2 Yvual Noah Harari, Sapiens, *Brève Histoire de l'Humanité, 2011.*

- Le Business as Usual : tout va bien dans le meilleur des mondes. La technologie va résoudre les quelques crises conjoncturelles que nous traversons ;
- L'Effondrement : le monde court à sa perte et on ne peut rien y faire ;
- Le Grand Tournant : Nous pouvons inverser le cours des choses et régénérer la planète, nos sociétés et nous-mêmes.

Toutes trois sont des simplifications de la réalité. Néanmoins, prises ensemble, elles offrent une perspective utile sur les valeurs et les croyances du monde moderne.

Il est utile de comprendre que ces trois histoires se déroulent simultanément, en ce moment même ; en ce sens, elles sont toutes "vraies". Voir le monde à travers le prisme de ces histoires renforce notre compréhension des dynamiques sociales, politiques et économiques actuelles. Cela permet aussi d'affirmer notre engagement envers la libération collective et la Vie sur Terre.

Le Business As Usual

C'est l'histoire de la société industrielle moderne basée sur les empires coloniaux européens dont elle est issue et le mythe de la croissance. C'est l'application d'une mécanique économique capitaliste prédatrice et d'un impérialisme implacable (dont le pinacle est le complexe militaro-industriel et financier) qui perpétue patriarcat et suprématie blanche pour le profit et le pouvoir de quelques-uns.

Le postulat de base, que nous répètent inlassablement la classe politique et les médias – le récit *mainstream* –, est qu'il n'est guère nécessaire de changer la façon dont nous vivons dans le monde industrialisé. *Tout va bien !* L'intrigue centrale consiste à prendre de l'avance sur les autres et à se battre pour profit et pouvoir en "développant l'économie et la croissance". Les récessions économiques, les conditions climatiques extrêmes et les conflits sociaux, les famines et les vagues de migrations ne sont que des difficultés temporaires dont la société dominante se remettra rapidement et dont les entreprises peuvent même tirer profit[3]. Cette histoire sert à maintenir le pouvoir et les privilèges de la classe dominante tout en légitimant l'appauvrissement et la déresponsabilisation de tous les autres.

Lors de ses débuts en Angleterre il y a trois siècles, la révolution industrielle était financée par l'esclavage et le trafic d'Africains à travers l'océan Atlantique. À ceci se sont ajoutés le vol des terres et de la vie des peuples indigènes en Amérique, en Afrique, en Australie et en Asie et même en Europe. Le Business as Usual discrédite le travail essentiel que les peuples asservis et/ou colonisés ont contribué, malgré eux, à la 'réussite' du monde industrialisé, même si cela a détruit leurs vies, leur liberté et leurs cultures.

De nombreuses personnes prises au piège de la société de croissance industrielle considèrent que cette histoire est la seule réalité, la seule option. Le confort de vie que procure ce modèle étouffe presque toute tentative de questionnement de ses coûts réels – que l'on appelle cyniquement *coûts cachés* en économie –, de remises en cause et d'évolution.

Imaginer que le Business As Usual puisse continuer *ad vitam aeternam* est un délit de réalité : c'est pourquoi nous allons nous intéresser plus en profondeur aux deux autres scénarios : l'effondrement d'abord, qui propose un état des lieux sans compromis du désastre vers lequel nous courrons, puis le Grand Tournant, qui est à la fois notre rédemption, notre échappatoire, et l'expression du plus haut potentiel humain.

---

3 cf. Naomi Klein, La Stratégie du Choc

L'Effondrement

Le constat qui suit est sombre, et douloureux. Il est dur et réaliste. Il fait mal. Mais il est aussi nécessaire parce qu'il présente les conséquences de notre adhésion, plus ou moins volontaire et consciente, au Business as Usual. Il ne s'agit ici ni de le minimiser en prétextant la pensée positive ni de le laisser nous terrasser. Il nous faut comprendre les mécanismes, et accepter les faits. Comme nous le verrons plus en détail dans la Partie 3 sur l'alchimie émotionnelle[4], ce constat sans compromis de la réalité fait partie du processus de guérison et de mise en action des solutions. Que cet état des lieux soit fait, une fois pour toutes, afin de ne pas avoir à y revenir dans la suite du livre qui ouvrira des portes vers un autre possible fait d'espoir et de lumière.

Cependant rien de ce qui est décrit dans la suite n'est inéluctable, car toutes les crises – écologiques, sociales, psychologiques, économiques, etc. – qui secouent le 21ème siècle ont une origine commune : il nous faut dépasser la paralysie et la peur que provoquent cette avalanche de symptômes pour nous attaquer à leur cause : notre aliénation de la nature. En concentrant nos efforts sur la racine du problème, je suis persuadé que nous verrons progressivement des améliorations se produire dans tous les domaines.

Un Effondrement en cours

L'Effondrement l'histoire racontée par les scientifiques, les journalistes et les militants qui n'ont pas été achetés, intimidés ou illusionnés par les forces de la société de croissance industrielle. En attirant l'attention sur les désastres causés par le Business As Usual, leurs récits témoignent des dérèglements et de l'effondrement en cascade des systèmes biologiques, écologiques, économiques, sociaux et psycho-spirituels. On a tort de croire

---

4 Cf Partie 3, Chapitre 3 – Le Travail qui Relie

que l'Effondrement est un scénario possible pour le futur : à bien des égards il est déjà en cours, notamment dans les régions tropicales, équatoriennes et polaires qui sont bien plus touchées que les régions tempérées. Mais on aurait tout aussi tort de croire que les pires prévisions sont inévitables : elles ne le sont que dans la mesure où nous résistons à nécessaire transition de notre modèle civilisationnel.

Le Grand Effondrement est peut-être plus évident aujourd'hui, en raison de l'accélération du rythme des changements et des avancées technologiques en matière de communication, mais les systèmes vivants de la Terre s'effilochent depuis des générations. Sous l'effet de l'expansion et de la domination coloniale, les communautés indigènes ont porté le poids de ce démantèlement pendant des siècles. Leurs ressources ont été pillées, leurs structures socio-politiques démantelées, leurs cultures ignorées. Des raffineries, des mines et des déchets toxiques ont été installés dans et près de leurs communautés, avec des impacts directs et mortels sur la santé des populations. La plupart des pays riches qui profitent du Business as Usual jouit d'un climat tempéré et a été depuis des décennies relativement épargnée par les bouleversements climatiques qui sont le lot quotidien de milliards d'humains depuis des générations dans les zones équatoriales, tropicales et près des pôles où les dérèglements sont les plus marqués. Ces bouleversements des écosystèmes naturels accélèrent les tensions et les fractures dans le tissu socio-économique des pays du Sud.

Les effets de cette inflammation de la souffrance humaine sont relayés comme jamais auparavant à travers les réseaux sociaux, au point que nulle douleur, quelle que soit son origine ou son auteur, n'est plus ignorée. Or, nous ne recevons toujours pas d'éducation émotionnelle qui nous permette d'être des témoins sereins de toute cette souffrance, et nous nous retrouvons trop démunis pour déclencher une réponse affective et pratique satisfaisante, aussi bien en tant qu'individus qu'en tant que société. L'écoanxiété dont souffre aujourd'hui la grande majorité des jeunes (95% sont inquiets pour la planète à la sortie de leurs études ; 90% ne savent pas ce qu'ils peuvent faire ; 30% hésitent à avoir des enfants à cause des tristes perspectives d'avenir) témoigne de notre incapacité à vivre sereinement dans ce récit de l'Effondrement.

Nous pouvons soit accompagner cette transformation en participant à la création d'un nouvel équilibre, soit continuer à lui résister. Dans une telle phase de transformation, plus la tension accumulée par les résistances passées est grande, plus les soubresauts tectoniques seront grands avant d'atteindre un nouvel équilibre.

Crise écologique

Une société en bonne santé saurait reconnaître qu'une croissance matérielle infinie dans un monde fini est un suicide collectif. Quand la taille de la population mondiale et le taux de consommation dépassent la capacité biorégénératrice[5] du vivant - autrement dit, quand nous prélevons plus de ressources que ce que l'écosystème Terre peut en produire et plus de déchet qu'il ne peut en recycler -, il faut s'attendre à ce que des ruptures interviennent pour élaguer l'espèce humaine : famines, maladies ou guerres. Plus les excroissances seront grandes, plus la coupe sera sévère, au point d'être vécue comme un effondrement.

C'est un phénomène naturel de rééquilibrage d'un système complexe, une stratégie du système pour maintenir sa résilience.

L'humanité est devenue une menace pour sa propre existence et pour celle du reste du vivant. Au cours des 5000 dernières années, nous avons coupé plus de la moitié des forêts du monde. Rien qu'au cours des 50 dernières années, l'activité humaine a contribué à la perte de près des deux tiers des mammifères, oiseaux, poissons et reptiles du monde. 75% des

---

5 La biocapacité, ou capacité biologique ou capacité biorégénératrice, d'une zone biologiquement productive donnée désigne sa capacité à produire une offre continue en ressources renouvelables (forêts, eau, air, biodiversité et écosystèmes) et à absorber les déchets découlant de leur consommation (pollutions et rejets divers).

insectes ont disparu, les abeilles notamment dont dépendent pourtant plus de 60% de la production agricole mondiale. Nous avons éliminé une diversité vitale à notre alimentation, à tel point que les trois quarts de la nourriture mondiale proviennent aujourd'hui d'une douzaine de cultures et de cinq espèces animales seulement.

Si les pratiques actuelles se poursuivent, il y aura d'ici 2050, plus de plastique que de poissons dans les océans du monde. Des microplastiques ont été détectés dans notre eau potable, à tous les échelons de notre chaîne alimentaire et même dans les pluies des régions les plus reculées. Pourtant la santé de la planète, la santé des écosystèmes et la santé des humains sont intimement liées.

La fenêtre d'opportunité pour éviter un changement climatique cataclysmique se referme rapidement. Nous devons agir de toute urgence pour éviter des boucles de rétroaction irréversibles dans le système climatique.

Nous assistons déjà à la libération de méthane et d'oxyde nitreux provenant de la fonte du permafrost. L'acidification des océans entraîne déjà la mort des récifs coralliens de la planète. Elle pourrait bientôt déclencher la libération de vastes quantités de CO2 stockées dans les sédiments des grands fonds marins. La perte rapide de la glace des mers polaires et de la couverture neigeuse arctique fait baisser l'albédo de la Terre, ce qui entraîne l'absorption d'une plus grande quantité d'énergie solaire et provoque un effet d'amplification arctique et un réchauffement encore plus rapide.

Les prévisions scientifiques sont sombres ! Le Groupe d'Experts Intergouvernemental sur l'Évolution du Climat (GIEC) a suggéré en 2018 qu'il nous reste 12 ans avant le point de non-retour. Ce sera peut-être même beaucoup moins ! Manquer d'agir avec une rapidité et une coopération sans précédent est aujourd'hui profondément irresponsable, car nous sommes en plein milieu d'une urgence climatique planétaire et d'un effondrement de la société moderne qui pourraient bientôt se transformer en un effondrement de la civilisation et une extinction humaine à moyen terme.

Crise socio-économique

Au XXIème siècle les économies sont, dans une large mesure, mondialisées, et leurs effets délétères sont eux aussi globaux (le dérèglement climatique en est le pire exemple). Il faut donc s'attendre à ce que les effets de l'effondrement soient tout aussi globaux : peu de poches civilisationnelles seront en effet épargnées. Nos villes, nos systèmes de transports, et tout notre rapport à l'espace sont dépendants de l'énergie pétrole : que leur arrivera-t-il quand celle-ci disparaîtra ? Notre agriculture et notre médecine sont elles aussi dépendantes de l'industrie pétrochimique et ne pourront sans doute pas survivre à sa chute. La plupart des pays ont tellement concentré leurs productions agricoles nationales sur leurs avantages comparatifs[6] et les subventions[7] qu'ils ne produisent qu'une part infime des besoins fondamentaux de leur population, notamment pour leur alimentation.

Le plus effarant dans ce triste constat, c'est que ce massacre de la planète et la folie de nos économies se font pour nourrir une hystérie de consommation parfaitement inutile.

Le consumérisme ne se contente pas de saccager notre planète, et de créer des dissensions dans nos sociétés, il nous rend aussi humainement pitoyables : constamment à la recherche du dernier gadget qui comblera nos manques intérieurs et occupés à nous comparer les uns aux autres, nous ne profitons presque jamais du bonheur simple de ne manquer de rien dans une ère de paix relative.

---

6 cf. loi des avantages comparatifs, David Ricardo, Des principes de l'économie politique et de l'impôt, 1817.

7 cf. impact de la Politique Agricole Commune sur le tissu agricole européen.

L'érosion du Capital Social se manifeste par un délitement des liens de solidarité, une méfiance généralisée, une difficulté à se réunir face aux grands enjeux de notre temps. On aurait tort de croire que les plus pauvres et démunis sont les seuls affectés. Le stress lié au travail et l'isolement dans les pays les plus capitalistes engendre dépressions et surmenages professionnels alors que jamais nous n'avons vécu dans une telle opulence et sécurité matérielle. Les suicides tuent dix fois plus dans le monde que les guerres, les guérillas et le terrorisme. C'est une aberration historique, d'autant plus que nous vivons une ère de paix et d'opulence matérielle inédite !

Nous sommes la première génération mondialisée : nous nous revendiquons fièrement de partout parce que nous voyageons de partout, nous consommons de partout. Mais, comme le défendait poétiquement Pierre Rabhi, *être de partout quand on n'a pas de racines, c'est être de nulle part*.

Crise psycho-spirituelle

Le coût humain du *Business as Usual* est lui aussi accablant. Le Capital Intellectuel est mis en danger par le phénomène 'fake news' qui attaquent sans distinction le socle de nos croyances communes : or sans ces croyances communes comment nous retrouver dans un récit collectif capable de garantir notre cohésion et l'unité de notre destinée ?

Par conséquent, nos Capitaux Expérientiels et Culturels souffrent eux aussi et se désagrègent sous la pression de l'individualisme caractéristique de notre époque. Nous pensons pouvoir connaître et juger des idées sans même en savoir fait l'expérience intime, et de rejeter les personnes qui les incarnent sans même avoir échangé avec elles.

Et enfin, que dire du Capital Spirituel ? Les guerres de religion, les chasses aux sorcières —s'attaquent même aux activistes écologiques et spirituels pour ne citer qu'eux — et le réductionnisme scientifique ont fini par imposer le mythe de l'individu seul et isolé dans un monde inerte et sans âme ; ce qui nous a plongé dans un désert spirituel où nous agonisons, incapables de trouver un sens à nos vies. L'explosion des dépressions, suicides et actes antisociaux, particulièrement marquée dans les sociétés occidentales modernes, témoigne de cette agonie spirituelle qui est à la fois la cause et la conséquence de notre déconnexion au reste du vivant.

Nous avons grandi sans éducation émotionnelle : rarement avons-nous appris à les identifier, encore moins à les nommer ou à les exprimer de façon saine. Les plus chanceux ont été initiés par des parents vivants à leurs émotions ; les autres ont appris à ignorer et à réprimer leurs émotions les plus fortes, créant ainsi progressivement un terreau pour les maladies physiques et psychiques qui se répandent aujourd'hui : burn-out, dépressions, cancers, maladies auto-immunes, etc.

Aux souffrances de nos vies personnelles viennent aujourd'hui s'ajouter pléthores de blessures morales trans-personnelles : l'explosion de la sphère informationnelle sur les réseaux sociaux est telle que nous sommes bombardés quotidiennement par la souffrance du monde : nos systèmes de valeurs et nos consciences sont sans cesse mis à l'épreuve, sans répit, provoquant un sentiment lancinant de complicité et de culpabilité dont nous ne savons pas non plus quoi faire, sinon les laisser nous rendre encore plus malade.

Ajoutons à cela une explosion démographique qui nourrit la montée en puissance des extrémismes religieux, l'obsession technologique qui détruit les derniers vestiges de notre relation sacrée à la Nature, l'anomie qui résulte d'un viol psychique systématique par des médias aux mains de multinationales, et le rythme de vie effréné et chaotique dans lequel nous devons mener nos transformations…

Ces multiples crises sont imbriquées les unes dans les autres comme des poupées russes, et s'alimentent mutuellement : individuellement affaiblis il nous est plus difficile de créer la dynamique collective nécessaire pour faire face aux enjeux écologiques, ce qui accroit la pression sur nos économies et nos quotidiens, etc.

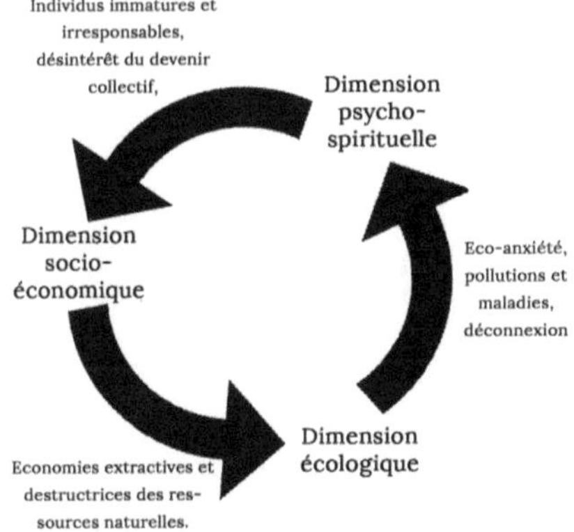

Cercle Vicieux : les crises dégénèrent.

Pour sortir de ce cercle vicieux, nous pouvons commencer par repenser notre relation au monde vivant, restaurer les ressources naturelles, construire des économies locales de régénération… et ainsi créer un cercle vertueux. C'est l'immense ambition du Grand Tournant.

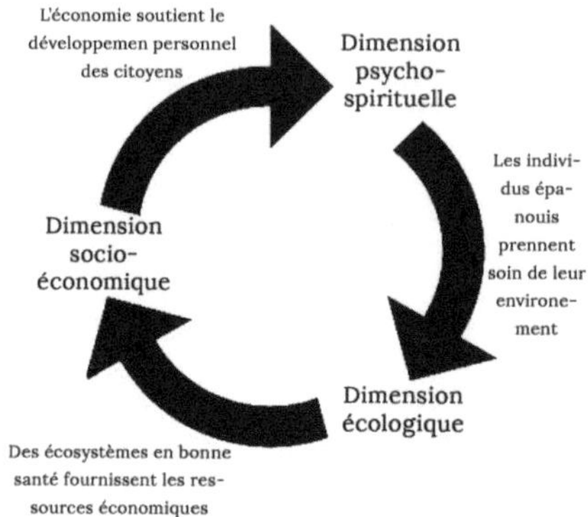

Cercle Vertueux et Régénératif

Nous devons maintenant faire l'impossible, car le probable est devenu impensable et déraisonnable !

Le Grand Tournant

Le Grand Tournant est un éveil global au mal-être de notre planète, à notre amour du Vivant et à la Révolution qui pourra guérir notre Monde.

[Joanna Macy]

C'est le récit qui nous vient de ceux qui voient l'Effondrement se produire, mais qui ne veulent pas qu'il ait le dernier mot, qui ne peuvent pas rester sans rien faire. C'est l'histoire de ceux qui portent la transition de la société thermo-industrielle vers une société de Régénération du Vivant.

C'est le récit qui offre de passer de l'exploitation au respect, de l'extraction à la régénération, de la compétition à la coopération. De plus en plus de gens se rendent compte de l'interdépendance des peuples de la planète - et entre l'espèce humaine et le reste du vivant - et reconnaissent que la solidarité et la coopération sont les seules forces capables de traverser ces crises. Nous nous unissons donc pour agir en faveur de la vie sur Terre.

L'histoire du Grand Tournant implique l'émergence de réponses humaines novatrices et créatives, ainsi que le réveil de traditions indigènes ancestrales. Un regard donc qui se tourne autant vers l'avenir que vers le passé pour inspirer nos actions présentes. Nous reconnaissons avec gratitude la sagesse des traditions indigènes qui nous ont précédées et qui réapparaissent aujourd'hui, témoignant avec force de l'interconnexion de toute vie.

Nous empruntons également la perspective des générations futures et, dans ce contexte plus large du temps, considérons comment ce Grand Tournant prend de l'ampleur, accéléré par les choix d'innombrables individus qui se regroupent en réseaux et en campagnes dans le monde entier.

Nous pouvons voir ce Grand Tournant se produire simultanément dans trois domaines ou dimensions qui se renforcent mutuellement : les actions d'oppositions qui visent à ralentir les catastrophes liées au Business as Usual, les pratiques durables qui inventent les alternatives responsables, et les changements des consciences, travail de fond qui accompagne les deux autres dimensions.

Les actions d'opposition :

Il est évident que pour défendre notre existence et l'intégrité de la vie sur Terre il nous faut nous opposer fermement aux produits et comportements qui font partie du problème.

Dans la sphère écologique, cela revient à limiter au maximum notre consommation énergétique et l'achat de biens industriels non essentiels. Les actions coup de poings qui consistent à s'opposer à la destruction d'habitats écologiques importants sont tout aussi importantes. Le travail réalisé par les activistes de terrains dans les différentes ZAD en France et dans le monde est à ce point exemplaire. Il est de notre devoir de citoyen de dénoncer les abus et pratiques malfaisantes des entreprises dont les bénéfices se font au détriment de la planète et du bien-être des humains d'aujourd'hui et de demain.

Dans la sphère socio-économique, l'opposition se fait par les pétitions, les manifestations et les actes de résistances. La pression mise par le mouvement des gilets jaunes sur le gouvernement était bien réelle. On a souvent l'impression que les rassemblements citoyens ne suffisent pas à faire pencher le rapport de force, mais il suffit de regarder l'évolution de la participation à ces mouvements de masse pour se rendre compte d'une évolution irréfutable : nous sommes de plus en plus à demander un changement de paradigme, et nous sommes de plus en plus habiles à nous retrouver, à échanger et à nous organiser. Des mouvements contestataires isolés des années 2000 aux Nuits Debout de 2016, puis aux Gilets Jaunes de 2019-2020, l'opposition prend du volume et gagne en maturité et en organisation.

Le boycott de certains produits et marques ne respectant pas de charte socio-écologique stricte est aussi un acte puissant : il ne faut jamais oublier que la machine industrielle ne tire sa puissance que de notre consentement à acheter ses produits.

Enfin, les actions en justices peuvent aussi participer à ce ralliement des forces vives de la société, notamment quand elles sont portées par de grandes associations ou fondations citoyennes comme ce fût le cas avec l'Affaire du Siècle. En 2019, quatre organisations de protection de l'environnement et de solidarité internationale, Greenpeace, Oxfam, la Fondation Nicolas Hulot et Notre Affaire à Tous, se sont alliées autour d'un projet commun : attaquer l'État français en justice pour inaction climatique. En novembre 2021, fait historique, le tribunal administratif de Paris leur a donné raison !

En ce qui concerne la sphère psycho-spirituelle, il est tout aussi important de faire de la résistance. Ne pas nous laisser intimider par la pression médiatique, questionner et affirmer nos systèmes de valeurs, faire de la désobéissance civile comme y invitait déjà son époque l'auteur américain Henri David Thoreau : « Si la machine gouvernementale, de par sa nature, veut faire de nous l'instrument de l'injustice envers notre prochain, alors je vous le dis, enfreignez la loi. Que votre vie soit un contre-pouvoir pour stopper la machine »[8].

Les pratiques et systèmes durables

Si les actions d'oppositions sont nécessaires, elles ne sont pas pour autant suffisantes. Il est immature de dire NON ! sans proposer d'alternatives.

Écologiquement, il nous faut repenser la manière dont nous produisons notre énergie, et à défaut de pouvoir produire autant d'énergie propre que nous consommons de pétrole, il nous faut repenser nos manières de vivre.

L'agroécologie propose d'ores et déjà des manières de produire notre nourriture de manière respectueuse du vivant, et régénératrice des écosystèmes. L'agro-industrie étant le principal responsable du dérèglement climatique, nous possédons là un levier d'action puissant !

La R&D dans les low-techs[9] et le travail créatif de design pose déjà les bases d'une révolution dans le domaine économique et industriel. L'habitat est en première ligne avec la découverte et l'utilisation de matériaux tels que le chanvre pour construire écolo. Les bioplastiques issus produits à partir d'algues ou de manioc proposent aussi des solutions originales et prometteuses.

En économie, c'est vers les modèles locaux et circulaires que l'avenir se tourne. Sortir de l'économie mondiale financiarisée pour revenir à des

---

8 Henri David Thoreau, Désobéissance Civile, 1849.

9 Les 'low-techs' ou technologies appropriées s'opposent aux 'high-tech' en ce sens qu'elles reposent sur l'utilisation de matériaux largement disponibles pour tous, une faible consommation énergétique, et des designs qui favorisent la réparation.

économies réelles et locales dans lesquelles tous les déchets sont réutilisés comme ressources est un enjeu économique, écologique et social majeur. Finies les régions sinistrées sacrifiées sur l'autel de l'économie de marché, place aux micro-économies spécifiques à leurs biorégions !

Comme le proposait magistralement Nicolas Hulot[10] dans la campagne présidentielle de 2007, ce chantier pourrait créer des emplois et du dynamisme économique sans accroître la pression sur les ressources naturelles, et ainsi proposer une unique solution aux problèmes économiques, sociaux et environnementaux.

Nos rapports au travail et à la démocratie en seront aussi bouleversés si on les accompagne par une mise à jour des processus décisionnels, avec l'utilisation éclairée des Référendums d'Initiative Citoyenne proposés par Étienne Chouard.[11]

Bref, vous l'aurez compris, le chantier est immense et ambitieux, car il concerne tous les aspects de nos vies. À l'heure actuelle, la société traine encore des pieds pour soutenir les développements de ces alternatives, mais le mouvement est bel et bien en marche, comme en témoigne l'explosion des écolieux et autres zones de vies alternatives dans lesquels tous ces modes de vies de demain sont déjà en gestation.

Le changement des consciences

Enfin, et surtout, il nous fait accompagner ce double mouvement – opposition et proposition – par un changement profond des consciences.

Il est essentiel de nous éduquer aux causes qui nous ont menées au Business as Usual, de comprendre les mécanismes par lesquels

---

10 Nicolas Hulot, Pour un Pacte écologique, 2007

11 Pour approfondir : https://www.chouard.org/dossiers/ric/.

l'Effondrement peut se produire, et s'ouvrir aux gains de qualité de vie que le Grand Tournant représente.

Cela passe par aussi un questionnement des valeurs cardinales sur lesquelles fonder une action concertée, et entamer la révolution spirituelle pour que guérisse, dans nos cœurs et dans nos esprits, notre relation au monde tangible de la nature.

Le Grand Tournant est le récit commun qui unit toutes les personnes engagées dans au moins une de ces trois dimensions. Toutes sont nécessaires à la création d'une société juste et respectueuse de la vie, et nous tous, en fonction de nos dons, de nos qualités et de nos passions, pouvons trouver dans une de ces dimensions la manière la plus éloquente d'exprimer au monde l'amour que nous avons pour lui et ce que nous pouvons faire pour l'aider à naître.

Il existe déjà un peu partout des îlots de ce Nouveau Monde, des communautés expérimentales ou sociétés en gestation qui inventent aujourd'hui le monde de demain. Auroville en Inde, PunPun et Pai Seedlings dans le nord de la Thaïlande, le Village des Pruniers en France, Detroit aux États-Unis, etc. Tous ces lieux ont vu le jour pour des raisons différentes, mais on y retrouve, dans chacun, des éléments similaires : identification de nos besoins fondamentaux, volonté de régénérer le tissu socio-économique et écologique, prise de responsabilité individuelle pour incarner le changement et gouvernance partagée, dimension spirituelle de la vie mise en avant...

Il ne tient qu'à nous, à chacun de nous, de décider de participer à cette histoire plutôt qu'une autre.

Une révolution en cours

C'est en passant du temps dans des écolieux que le Grand-Tournant est devenu pour moi une réalité. À Cravirolla dans les Alpes du Sud d'abord, et surtout à PunPun[12] dans la Province de Chiang Mai en Thaïlande.

---

12 http://www.punpunthailand.org/

Comme souvent dans ma vie, c'est en laissant le hasard me guider que j'ai découvert ce lieu de vie, centre d'étude pour l'autosuffisance et la résilience locale. Je voyageais en moto depuis plus d'un mois, sans carte, mais avec un dé auquel je faisais confiance pour m'orienter : pair à droite, impair à gauche. Facile. C'est ainsi, en suivant les simples conseils d'un dé à dix faces pendant plus de 2000km que je découvris PunPun.

Inspiré par un court séjour de quelques semaines en compagnie de Pi Mod et Pi Yao, je fis don de mon restaurant dans les îles à mes amies Jessica et Souzou, et emménageai à PunPun pour 7 mois de volontariat qui allaient changer ma vie.

Nous étions alors une vingtaine de personnes – thaïes principalement, mais aussi quelques européens, américains et canadiens –, à vivre dans des maisons en terre-paille construite à la main à flanc de colline.

Entre les maisons, des potagers bio, des composts plus ou moins expérimentaux, des zones dédiées à la reproduction des semences. Un patchwork incroyable de couleurs, de saveurs, de formes, d'odeurs : menthes, basilics, tomates... quel délice pour les sens ! J'avais quitté mon boulot de chef de cuisine parce que je ne trouvais plus d'intérêt à 'maquiller' des ingrédients insipides issus de l'agriculture industrielle. En travaillant dans la cuisine de PunPun, j'ai découvert que de bons légumes frais, bio et locaux ne nécessitent quasiment aucun travail en cuisine et sont bien plus nourrissants !

L'eau pour boire et irriguer les potagers était filtrée par un ingénieux système à gravité – sans électricité – par des pierres, du sable puis du biocharbon[13]. Une solution simple, abordable et reproductible au problème d'eau potable qui touche des milliards de personnes dans le monde. Combien d'autres telles solutions low-techs existe-t-il ? J'allais en découvrir une pléthore au cours de mon séjour !

---

13 Pour plus de détails voire le travail de Josh Kearns et son équipe : https://www.aqsolutions.org/

Tous les mois, nous organisions des ateliers éducatifs et pratiques pour partager ce mode de vie : j'ai ainsi appris comment monter des murs, construire un toit, filtrer l'eau, préparer le sol et les compostes pour les potagers, faire pousser des légumes, récolter et sauvegarder les graines pour la saison suivante, cuisiner des repas locaux et sains, construire des fours et chauffe-eau solaires, faire du savon, prendre soin de mon corps et de mon esprit par la pratique quotidienne du yoga et de la méditation, présenter et partager des idées et visions pour un monde meilleur. Observer et interagir.

Mon apprentissage du travail collectif et de la gouvernance du lieu fut des plus inspirants. PunPun n'a pas de chef, aucune structure hiérarchique, pas d'organigramme. Le fonctionnement, tel que j'ai pu l'étudier, repose sur le partage de valeurs communes, la juste compréhension des enjeux et besoins, et la participation volontaire selon ses aspirations et qualités propres. Les réunions occasionnelles nécessaires à la coordination des tâches étaient relativement courtes et calmes, chacun écoutait plus qu'il ne parlait. En sept mois je n'ai pas vu une seule fois quelqu'un donner un ordre ni trainer des pieds pour accomplir le travail. En revanche, j'ai témoigné quotidiennement que, malgré la quantité de travail faramineuse accomplie par le collectif, tous les membres disposaient de temps libre pour se reposer ou donner libre cours à ses aspirations créatives.

« Life is easy [14] » répète Jon Jandai[15], une des figures d'inspiration du mouvement de retour à la Terre en Thaïlande et co-fondateur de PunPun. Cette expérience m'a prouvé qu'il avait raison. Des de bonnes conditions, vivre correctement est beaucoup plus simple et agréable que la vie moderne.

Les apprentissages dans tous les domaines de la vie étaient quotidiens : résilience alimentaire, gestion de projet, construction naturelle, alimentation et santé, éducation, musique et danse autour du feu... rien ne manquait à l'expérience !

---

14 La vie est simple.

15 Pour approfondir : http://www.jon-jandai.com/

En étant loin du monde moderne, mais au contact quotidien de nos valeurs et idéaux, notre potentiel de vie se révèle. Une des perles de sagesse que j'ai découverte, ou plutôt dont j'ai enfin pu faire l'expérience, c'est que chaque geste, chaque parole, chaque pensée peut se faire le véhicule d'une philosophie de vie. Cela nécessite un alignement profond entre nos rêves et notre environnement de vie, entre nos aspirations personnelles et nos souhaits pour le monde. J'ai vécu là-bas, en compagnie de Lyse que je venais de rencontrer et qui deviendrait ma femme quelques années plus tard, un bonheur d'une pureté qui a inspiré les dix années de la vie que nous partageons depuis.

J'ai rencontré des centaines de personnes pendant mon séjour ; toutes, comme moi, sont repartie la tête remplie d'inspiration et le cœur de possibles. Je venais de découvrir, quelques mois avant cette expérience, la 'sobriété heureuse' de Pierre Rabhi [16] ; j'ai eu la chance immense, à PunPun, d'en faire l'expérience intime. Pour moi, c'est à cela que ressemble le Grand Tournant, un fil d'or dans une toile tissée des aspirations de tous les rêveurs du monde

---

16 Pierre Rabhi, Vers la Sobriété Heureuse, 2010.

chapitre 3

Récit d'Aventure &
Périple du Héros

Le récit mythologique et le récit historique contés précédemment sont notre héritage à tous. Il n'est pas là pour jeter l'opprobre, pointer un doigt accusateur et encore moins nous déresponsabiliser. Ce qu'il apporte c'est une clarté sur l'état des lieux et sur les enjeux de nos vies : nous sommes des êtres humains amputés de notre lien au vivant, devant faire face au défi immense de notre extinction potentielle. L'héritage est lourd, mais l'avenir nous appartient.

C'est dans l'instant entre ce qui nous arrive et la manière dont nous y répondons que se trouve la liberté parfaite et inaliénable.

[Viktor Frankl].

Pour ne pas succomber au désespoir, il peut être utile de penser à ce qui nous arrive comme au Périple de Héros tel que le définit, entre autres, Joseph Campbell, le grand spécialiste de la mythologie et des archétypes.

Le Voyage du Héros

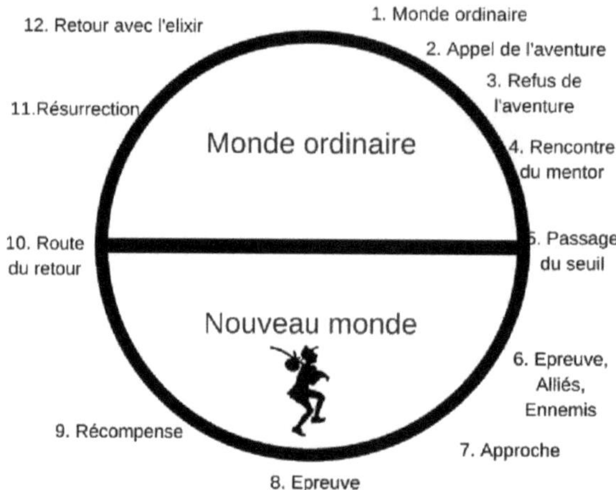

Illustration du Périple de Héros de Joseph Campbell

(source : http ://romandefantasy.blogspot.fr)

Le périple du héros, ou récit d'aventure, commence souvent en introduisant une menace qui dépasse de loin la capacité du héros à y faire face. Face à la crise environnementale et à la nécessité de faire un bond spirituel, si vous vous sentez acculé et doutez de votre capacité d'être à la hauteur, ne vous inquiétez plus ! Vous rejoignez la grande famille des protagonistes qui, de tout temps, se sont retrouvés dans cette inconfortable situation : Frodon, Harry Potter, Luc Skywalker et Paul Atreides pour ne citer qu'eux !

Au commencement, les héros sont toujours très clairement dépassés par les évènements. Après tout, les héros, ce sont des hommes et des femmes ordinaires qui ont répondu à l'appel et se sont révélés à eux-mêmes et au monde. Ce qui crée un bon récit, c'est que le personnage central ne baisse pas les bras. Au contraire : l'histoire les fait partir dans une quête à la recherche d'alliés, d'outils et de sagesse qui vont améliorer leur chance de sortir victorieux de ces insurmontables défis.

Il peut se révéler utile, quand nous sommes face à des difficultés, de nous imaginer sur le seuil d'un tel périple : aller chercher les alliés, les soutiens, les outils et les connaissances qu'il nous manque donne du sens à nos combats et peut nous aider à dépasser notre sentiment d'impuissance. Ce processus marche parce qu'il fait appel à des archétypes dont nos esprits ont hérité de milliers d'années de traditions orales et écrites.

Ce qui initie ce périple, c'est la vision de ce qui est en jeu, et le sentiment de devoir faire partie de la réponse. La suite est dictée par la structure du récit d'aventure : en route nous développons des compétences, et découvrons des forces intérieures qui ne se révèlent qu'au moment voulu. Quand nous nous sentons perdus, garder la foi que les réponses se présenteront quand elles seront le plus utiles permet de ne pas paniquer et de ne pas renoncer. Ce sont les choix que l'on fait dans ces moments critiques qui représentent une différence cruciale.

Dernier élément clé du périple du héros, peut-être le plus important : c'est à travers sa transformation personnelle que le héros permet au problème – qui concerne tout le monde – de se résoudre. C'est là que l'écologie intérieure entre en jeu. Certes, les crises que nous traversons nous dépassent, mais c'est les réponses individuelles que nous mettons en place qui leur permettent de se résoudre.

La question qui se pose aujourd'hui est simple, et elle est la même pour nous tous : sommes-nous prêts à devenir le héros de notre vie ? Personne ne peut prendre cette décision pour nous. Personne ne peut nous dire comment va se dérouler la suite des évènements. Pour avancer, il nous faut trouver la confiance, au plus profond de nous, que le monde entendra notre intention et que notre route se dévoilera à nous pas après pas.

Ne vous demandez plus ce que vous pouvez faire pour sauver le monde, mais plutôt ce qui vous fait vous sentir en vie, et faites-le. Parce que ce dont le monde a le plus besoin ce sont des hommes et des femmes qui se sentent vivants.

[Howard Thurman].

Cette citation toute simple a été un tournant dans ma vie d'activiste. Elle m'a été partagée par mon ami Cairo, à un moment de ma vie où mes engagements d'activistes pour changer le monde s'ajoutaient à mon jeune rôle de père et commençaient à m'étouffer. Je perdais confiance et je courais droit vers le burn-out 'classique' de l'activiste en mission.

J'ai appris à replacer mes combats dans ma 'sphère d'action', à maximiser mon impact là où je pouvais agir, tout en développant la confiance que d'autres personnes étaient en position d'agir là où moi j'en étais incapable (ma sphère d'inquiétude). Elle m'a aussi appris et me rappelle quotidiennement que plus je brille, plus mon impact sur le monde sera puissant.

Ce livre s'adresse à celles et ceux qui comprennent déjà, ou veulent comprendre, que les luttes que nous menons en nous-mêmes et les combats que nous menons pour améliorer le monde ne sont en fait qu'une seule et même trame. Ce que je propose dans la suite, c'est un guide pratique pour mettre à jour votre relation à vous-même afin d'être en position de faire face aux défis de notre époque, au niveau environnemental, sanitaire, humanitaire, politique, économique, social, psychologique et spirituel.

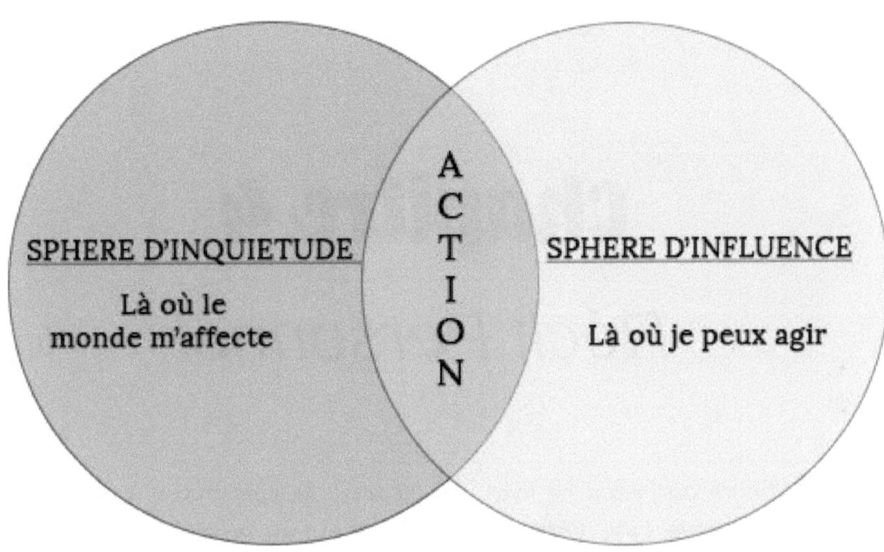

La zone d'action idéale

Chapitre 4

Récit Personnel

À l'heure où j'écris ce livre, j'ai 38 ans. Je suis marié à une femme formidable, Lyse Kong, qui m'inspire autant qu'elle me met au défi quotidien d'être la meilleure version de moi-même, et père de deux petits garçons qui illuminent ma vie de leur spontanéité et de leur inébranlable confiance en la vie. Je vis dans le nord de la Thaïlande où j'ai fondé une ONG pour l'éducation environnementale : Pai Seedlings Foundation, un écolieu pour l'étude la résilience locale et le développement de la permaculture.

Il y a six ans, à la naissance de mon premier fils, nous avons acheté 8000m² de rizières abusées par la monoculture pour y concrétiser nos rêves : participer activement à la restauration de la fertilité des sols, faire pousser notre alimentation, vivre dans une maison naturelle construite de nos mains. Bref, manifester à notre échelle la transition que nous rêvions de voir dans le monde : celle de la nature, de nos relations sociales, de nos vies personnelles.

Nous vivons désormais dans une maison en terre-paille construite de nos propres mains avec des matériaux locaux – bambou, argile et paille sourcés dans un rayon de 10 kilomètres de chez nous –, nous faisons pousser plus de 70% de notre alimentation, nourrissons sept autres familles, élevons des abeilles, formons des locaux et des voyageurs à la *permaculture et à aux pratiques de résilience locale, et continuons d'approfondir notre lien à la Nature et au monde vivant de manière pratique et utile.*

Covid oblige, nous avons dû, comme beaucoup, apprendre à faire face à l'imprévu : de l'organisation d'ateliers éducatifs nous avons recentré les activités de la fondation sur la mise en place d'une AMAP (Association pour le Maintien d'une Agriculture Paysanne, ou Paniers Bio), la première dans notre vallée, ce qui nous a permis d'augmenter notre impact local et de commencer à créer un vrai réseau avec les productreux locaux et les expatriés sensibles à la question de la résilience alimentaire.

Nous avons aussi, ma femme et moi, commencé à développer des activités d'accompagnement en ligne destinées à celles et ceux qui voient dans la crise actuelle une opportunité pour opérer des transitions fondamentales dans leur vie : sortir du Business as Usual, ne plus craindre l'Effondrement, et s'ancrer dans le Grand Tournant. Changer le monde en modifiant nos rapports à nous même. Questionner l'Être autant que le Faire. Nous continuons d'approfondir les valeurs fondamentales qui nous poussent à agir et notre capacité à manifester le monde que nous voulons voir fleurir.

Rien de tout cela n'était pourtant une évidence. Comment aurais-je pu deviner il y a 15 ans, alors que ma vie orbitait entre une école de commerce (l'ESC Reims) et mon travail de trésorier chez LVMH, que la vie allait m'offrir une telle abondance ? Même avec la meilleure volonté du monde je n'aurais pu imaginer la beauté de ce que je vis aujourd'hui. Même en rêve ce monde m'était inaccessible. J'étais alors malheureux dans une vie qui manquait de sens, je commençais à être physiquement malade d'être si peu connecté à moi-même et à la nature. Bref, j'avais spirituellement déjà un pied dans la tombe.

Ce qui m'a alors poussé à changer de vie, ce n'était pas une vision précise de ce que je voulais. Pas de « Euréka ! », mais le constat douloureux que le statu quo dans lequel je m'étais empêtré – le métro-boulot-dodo - allait me mener à ma perte. D'un côté l'insatisfaction, de l'autre la confiance que la vie avait plus à offrir : voilà ce qui a sonné le glas de mon confortable train-train et m'a poussé à entreprendre un grand voyage vers l'inconnu.

Était-ce du rejet ? Était-ce une quête ? Sans doute les deux. Ce voyage sur les routes de l'Asie a en tout cas été initiatique. Sans la sagesse des anciens pour me guider, mais avec le soutien de mon ami Florent Pitw, compagnon de voyage irremplaçable, j'ai entrepris en aveugle ce que je peux désormais appeler une initiation aux Grands Mystères de la Vie : la rencontre et l'acceptation avec la mort en Inde, la spiritualité, la magie majestueuse et mystique de la Nature, les révélations de la psyché, l'unité profonde qui unit toute chose, l'incroyable diversité des parcours de vie des humains sur Terre… De petites morts en renaissances j'ai vu mon regard sur le monde changer, et le monde se transformer en conséquence. C'est sans doute là, à travers ces expériences directes, qu'est née en moi la certitude que la solution à tous nos problèmes se trouve en nous. Peut-être pas uniquement en nous, mais avant tout en nous.

Pour comprendre cela, il ne m'aura finalement fallu que quelques jours : dix pour être précis. Dix jours de retraite méditative dans un monastère bouddhiste dans le nord de l'Inde et la rencontre, pour la première fois à 24 ans, avec l'esprit du monde et mon âme intérieure. L'inébranlable intuition qui m'a pénétrée lors de la dernière méditation guidée sur la mort, que nos mondes intérieurs et extérieurs sont des reflets ne m'a jamais quittée. C'était il y a 15 ans, et il est honnête aujourd'hui de reconnaître que c'est à la validation de cette révélation que j'ai depuis employé la plus grande partie de ma vie. Des années de recherches et d'expériences : de l'étude du Bouddhisme à la pratique quotidienne du Zen, de l'émerveillement pour la Nature aux rituels mystico-chamaniques, de la curiosité pour la physique quantique à l'adoption de la permaculture comme principe de vie, de la vie solitaire sur une île tropicale au quotidien en famille.

Rien n'est jamais venu désavouer mon intuition primordiale que je considère désormais comme un socle fondamental et solide sur lequel bâtir le reste de ma vie.

Pourquoi est-ce important ? Parce que tout ce que je vais partager dans la suite est issu de mon expérience. Je n'ai jamais su que faire des dogmes et des certitudes que l'on adopte sans les éprouver soi-même, en soi-même ; des accords que l'on fait nôtres sans notre consentement[17]. Pour connaître, nous n'avons d'autre choix que l'expérience sensible et directe. Élevé en France dans la rationalité et l'athéisme, il m'a été très difficile de créer un rapport au monde qui ne soit pas uniquement intellectuel, mental, rationnel. Mais c'est en découvrant et en réhabilitant les autres dimensions de ma vie – le sensible, l'émotionnel, le spirituel notamment - que le monde a commencé à se manifester dans toute sa splendeur. Et c'est ensuite en apprenant à combiner le rationnel et l'intuitif que j'ai pu continuer à grandir.

Pour cela il m'a fallu affronter mes peurs et mes doutes pour franchir la frontière vers l'inconnu, relever des défis et résister à des tentations ; mais, comme pour le héros de Joseph Campbell, cela a ouvert la porte à des alliés, des révélations, et a permis à des transformations radicales de se produire. Avec toujours le même constat, que plus je me transforme en dedans, plus le monde au-dehors change.

---

17 Don Miguel Ruiz – Les Quatre Accords Toltèques.

Chapitre 5
Récit Poétique

Le poème qui suit m'a été inspiré par une muse silencieuse alors que j'entamais mon voyage initiatique et vagabondais sur les routes de l'Asie en 2007. C'est un poème à deux voix entre un poète vagabond en quête de sagesse – la voix alignée à gauche – et son inspiration – la voix alignée à droite. Force m'est de reconnaître, presque 15 ans après l'avoir écrit, qu'il se trouvait déjà dans ces vers beaucoup plus que ce que j'entrevoyais des mystères de la vie à l'époque.

Ô éternelle sagesse des sommets cristallins
Depuis quand t'élèves-tu vers les cieux éthérés ?
Ne rejoindras-tu jamais ce soleil malin
Dont tu n'es rien qu'un éblouissant reflet ?
Voilà des semaines que je marche dans ton ombre
À la lueur de tes cimes, sous la Voie Lactée.
N'as-tu rien d'autre à m'apprendre que le sombre
Silence de ton linceul étoilé ?
Muette inspiration, je fais de toi mon guide,
Fais de moi ton disciple. Parle de l'essence
Du savoir, qui seule guérit de la peur du vide.
Au creux de ton sein, j'accepte ma renaissance.

Mais fais vite, ma pauvre vie d'humain est courte :
Quelles sagesses as-tu apprises des millénaires ?
Quels mystères renferme la mort qui écourte
Les aspirations des plus braves éphémères ?

La vie n'est qu'une étape, elle est l'adolescence
D'un écho dont elle ignore toujours le sens.
Tu comprendras un jour, peut-être à ta mort,
Quand ton esprit sera libéré de ton corps,
Que la vie n'était qu'un prélude à l'existence.
Adorable égoïsme fruit d'une illusion
Tu fuis ce qui a été et poursuis tes rêves
Oripeaux d'une vie qui craint sa condition
Arrête donc ta course et accepte la trêve.
Tu mourras. Alors, ainsi rendu au néant,
Tu intègreras la danse des éléments.
Toi aussi tu deviendras une montagne,
Une étincelle, un courant d'air, une vague
Une éternité transitoire sans autre foi
Que d'avoir aussi été vivant autrefois.

Ô pudique Raison, me parles-tu de si loin,
Que de ta parole sacrée ne me parvienne
Qu'un chuchotis dont je semble être l'unique témoin ?
Ô fatale Obstination, comment faire mienne
Cette fortune : n'y a-t-il nul autre sens
À vivre que celui d'apprendre à disparaitre ?
J'ai traversé la Terre avec pour récompense
De rencontrer ceux qu'en son sein elle voit naître :
À tous comme à toi j'ai posé cette question.
J'ai abandonné toutes mes certitudes
Et tous mes doutes, pour embrasser la solitude
Dans laquelle m'a plongée tant de contradiction.
Rechercher son Bonheur propre ou celui des autres,

Travailler, survivre, s'occuper, méditer,
Aimer, haïr, oublier, rire ou bien pleurer
Mais n'être toujours qu'un avec soi et les autres.
Nous menons tous le même combat ordinaire,
Lutte incessante faite de peines et de souffrances,
Nous vivons tous ensemble, mais chacun a sa manière
De chercher le Bonheur et de fuir l'ignorance.
Mais la Haine complote dans l'ombre de l'Amour.
L'Homme n'a-t-il rien compris ? Il est versatile, inconstant.
Doit-il redécouvrir chaque jour
Le sens perdu de son existence pulsatile ?

Poète philosophe combien tu as raison
De t'interroger et de poser des questions.
Mais ne cherche pas à savoir pour expliquer,
Et ne cherche pas à comprendre pour juger,
Alors que tout est inlassable transition.
Crois-tu qu'en sachant tout, rien n'est plus interdit ?
Envie de découvrir, faculté de sentir,
Curiosité de faire naître et Peur de mourir
N'est-ce pas là suffisant pour toute une vie ?
Souviens-toi maintenant la chaleur du soleil
Et demande-toi : "Le seul sens de la vie,
N'est-il pas de jouir de cette simple merveille ?
Être sensible, ne manques-tu jamais la compagnie
Des doutes de ta Raison, quand tu t'abandonnes
À la contemplation pour tromper ton ennui ?
Rappelle-toi les sourires et la musique
Qui font battre les larmes et pleurer les cœurs,
Suis tes Émotions et jouis de leur don unique
De toucher à ton Dieu sans craindre sa fureur.
Tu es venu jusqu'ici pour rien avec ton mal être,
Je n'ai rien à t'apprendre qui te sera utile,
Je n'ai rien pour toi, ni sagesse, ni maître

Qui perdraient tes pas dans une quête futile.
Tu te trompes si tu m'imagines pareil
À une flèche solitaire pointant le ciel.
Je n'ai nulle ambition, mais sans relâche je veille
À apprécier ma place dans la roue éternelle.

Ô mystérieuse simplicité d'une langue inconnue
Je ne comprends tes mots, mais je reconnais ta voix
D'où vient cette mélodie mise à nue
Sinon de ce Tout, tout au fond de moi ?
Il me semble parfois t'entendre me murmurer
Un bien silencieux message...
Pareil à un lucide présage...
Est-ce toi à l'instant qui m'invites à danser
Avec le Feu ? La foudre est ma seule lueur,
L'orage est intime en compagnie de mes ombres.
Tu caresses le sein des nuages sombres
Lumineux drap de satin sur leurs blanches rondeurs.
Moi je brule et le Feu consume ma vie,
Et je transpire et je pleure l'Eau de la pluie
Les larmes du bonheur d'avoir les pieds sur Terre,
La tête dans les étoiles qui joue un même Air.

Essayez Ceci – Méditation à Cœur Ouvert

Présentation

Il existe de nombreuses formes de méditation. Simplement on pourrait résumer la pratique – du moins dans ses formes les plus élémentaires - comme un renforcement de notre capacité d'observation de nous-mêmes, une habitude que l'on construit pour améliorer et approfondir notre état de présence. Je vous présente ici la Méditation à Cœur Ouvert.

Nous percevons le monde par nos 5 sens, nous le ressentons par nos émotions ; nous l'interprétons par nos esprits : affects, percepts, concepts. Le monde dans lequel nous vivons est en fait une réalité créée de toute pièce par notre cerveau, extrapolée de nos sensations, et cette image modifie à son tour la perception que nous avons du monde. Les sciences cognitives soutenues par les technologies les plus modernes d'imagerie cérébrales le confirment. Nous ne pouvons raisonnablement pas envisager de comprendre le monde dans lequel nous vivons sans faire l'effort de comprendre comment notre cerveau le déforme et l'interprète pour nous le rendre accessible. Ce serait comme de regarder une peinture à travers des lunettes teintées sans jamais questionner la couleur des verres !

L'essence de cette méditation est de faire preuve d'une présence totale, tout en nourrissant une relation amicale, accueillante et généreuse envers le moment présent et la vie en général. Ce qui est à l'intérieur et ce qui est à l'extérieur est accueilli de la même manière... parce qu'il n'y a en réalité rien qui ne soit pas vous ! Dans la pratique, vous êtes invités ici à vous centrer sur votre cœur en inspirant, et à vous ouvrir au monde en expirant.

En pratiquant régulièrement la méditation, vous deviendrez plus sensibles à vous-même. C'est une forme d'hygiène mentale qui nettoie pensées et émotions comme la douche quotidienne nettoie le corps. Plus vous pratiquerez plus vous deviendrez aptes à choisir quelle forme de méditation vous convient. Un jour sans doute arriverez-vous à l'état de pleine conscience prôné par Thich Nhat Hanh, le moine zen vietnamien qui a élu résidence dans le sud de la France : l'état de méditation vous suit alors dans tous vos gestes quotidiens, baignant vos moindres faits et gestes d'une présence accrue.

Mais avant d'en arriver là, asseyons-nous confortablement, fermons les yeux, et plongeons à l'écoute de nos cœurs.

Étape 1 – Installation & Préparation

Asseyez-vous et installez-vous confortablement. Prenez quelques longues et profondes respirations pour savourer le moment présent. Souriez et remerciez-vous intérieurement de ce moment que vous prenez pour votre bien-être. Saluez silencieusement le monde autour de vous et invitez-le en vous.

Ancrez-vous progressivement dans votre corps via la respiration. À chaque inspiration, portez votre attention sur la sensation de l'air qui entre dans vos narines, gonfle vos poumons, votre abdomen et votre cœur. Souriez. À chaque expiration, laissez les tensions de votre corps s'évacuer naturellement, laissez fuir vos pensées, ressentez l'espace autour de vous. Continuez ainsi jusqu'à ce que vous soyez présent, détendu et centré.

Étape 2 – L'espace devant vous

Inspirez dans votre cœur, ancrez-vous. En expirant, portez votre attention sur l'avant de votre corps. Devenez plus sensibles aux sensations sur votre visage, votre poitrine, votre abdomen et la partie avant de vos jambes. Inspirez en votre for intérieur, et expirez en vous ouvrant à l'espace devant vous, au monde des possibles, au monde qui demande à émerger, à vos descendants et à tout ce qui cherche à se manifester. Inspirez ces potentiels en vous, et expirez en vous ouvrant à tout ce qui pourrait-être dans le meilleur des mondes. Souriez, et remerciez le monde pour tout ce qu'il vous réserve. Respirez naturellement dans cet espace aussi longtemps que vous voulez.

Étape 3 – L'espace derrière vous

Inspirez dans votre cœur, ancrez-vous. En expirant, portez votre attention sur l'arrière de votre corps. Devenez plus sensibles aux sensations à l'arrière de votre crâne, dans votre nuque et votre dos. Inspirez en souriant intérieurement, et expirez en relâchant toutes les tensions qui se sont accumulées en vous. En vous détendant, vous vous ouvrez à l'espace dans votre dos, vous vous ouvrez à votre passé, à toutes expériences qui ont tracé votre parcours de vie, depuis votre naissance et même avant. Inspirez profondément en vous, et expirez en vous ouvrant à votre karma : tout ce dont vous avez besoin pour avancer, la vie vous l'a déjà offert : vous êtes forts de vos qualités, de votre expérience, et de tous vos alliés. Inspirez, expirez, et remerciez la vie de sa bienveillance envers vous. Respirez naturellement dans cet espace aussi longtemps que vous voulez.

Étape 4 – L'espace à côté de vous

Inspirez dans votre cœur, ancrez-vous. En expirant, portez votre attention sur les sensations sur les côtés de votre corps. Vous devenez plus sensible aux sensations de vos oreilles, de vos épaules, dans vos bras jusqu'au bout de vos doigts. Inspirez profondément en vous, et ouvrez-vous en expirant. Ouvrez-vous pleinement : vous êtes l'énergie féminine de réceptivité, et l'énergie masculine de créativité. Inspirez, expirez. Vous être le cerveau gauche rationnel, et le cerveau droit intuitif. Inspirez, expirez. Vous êtes forts et vulnérables. Vous êtes vous-même et le monde de dehors. Inspirez en votre cœur, et expirez en vous ouvrant à toutes les qualités qui vous sont disponibles pour manifester vos plus grands rêves. Respirez naturellement dans cet espace aussi longtemps que vous voulez.

Étape 5 – L'espace en-dessous de vous

Inspirez dans votre cœur, ancrez-vous. En expirant, portez votre attention sur les sensations sous votre corps. Sentez la chaise ou le coussin sous vos fesses. Sentez le sol sous la chaise et sous vos pieds. Inspirez en votre cœur, et expirez en vous projetant dans la Terre sous le sol. Ressentez le soutien de la Terre mère sous chaque pas que vous avez pris depuis votre naissance. Inspirez, expirez. Ouvrez-vous à l'énergie de la Terre qui vous soutient et vous nourrit à chaque instant de notre vie. Inspirez pour la laisser entrer au plus profond de vous ; expirez pour lui exprimer votre gratitude. Respirez naturellement dans cet espace aussi longtemps que vous voulez.

Étape 6 – L'espace au-dessus de vous

Inspirez dans votre cœur, ancrez-vous. En expirant, portez votre attention sur les sensations au-dessus de votre corps. Sentez la qualité de l'air au-dessus de votre crâne. Sentez le ciel au-dessus de vous, et l'espace infini au-delà du ciel. Inspirez en votre cœur, et expirez pour vous ouvrir à l'énergie créatrice du ciel, à son infinie source d'inspiration, à sa nature divine. Inspirez dans votre cœur, et expirez en vous ouvrant à son influence sacrée. Respirez naturellement dans cet espace aussi longtemps que vous voulez.

Étape 7 – Expansion

Inspirez profondément dans votre cœur et laissez vos sensations vous dissoudre dans votre environnement à l'expiration. Votre cœur est ouvert devant vous au domaine des possibles. Votre cœur est ouvert derrière vous à toutes vos expériences passées. Votre cœur est ouvert à droite et à gauche à vos forces et à vos alliés. Votre cœur est ouvert sous vous à l'énergie nourricière de la Terre, et au-dessus de vous à l'énergie inspirante du Ciel. Profitez autant que vous le voulez de ce moment de bien-être et de communion avec le monde qui s'ouvre à vous à travers vos sens. Prenez un moment pour exprimer votre amour pour le monde et pour vous-même. Respirez naturellement dans cet espace d'unité avec le monde, aussi longtemps que vous voulez.

Partie 1

Principes d'Écologie Intérieure

Dans le monde moderne, la plupart des gens ont oublié le lien sacré entre eux et tout ce qui les entoure. Il suffirait de nous rappeler de l'interdépendance entre les humains et le cosmos pour réaliser que nous n'avons pas le choix : il faut s'éveiller et agir pour sauver la planète d'un désastre imminent.

[Sadhguru]

Cette partie a deux objectifs distincts et complémentaires.

D'abord réhabiliter nos expériences intimes : celles vécues dans notre chair, dans nos tripes, dans nos têtes et nos cœurs. Trop souvent nous vivons dans l'une aux dépens des autres, nous les opposons, créant ainsi des contradictions. Nos sensations, émotions, pensées et intuitions sont les différentes vibrations de l'expérience humaine, elles se complètent et s'enrichissent. Leurs apparents paradoxes sont là pour nous rappeler à la complexité et à la nécessaire diversité du vivant. Tout comme une symphonie ne peut se passer d'aucun instrument, nous ne pouvons espérer une vie riche et complète sans embrasser toutes les dimensions qui la composent.

Le deuxième objectif est de recréer le sentiment d'unicité entre nous les humains et la Nature. L'Écologie Intérieure doit s'inspirer de la Nature et mimer ses principes, mais ce n'est là qu'une porte pour laisser la nature nous pénétrer, et elle ne saurait se contenter d'en rester là. Fondamentalement, nous sommes la Nature, et c'est par cette identification que nous allons pouvoir évoluer, individuellement puis collectivement, vers un nouveau stade de conscience.

φ

Ces objectifs étant clairement exposés, nous allons commencer dans le Chapitre 1 par décrire quelques métaphores qui nous unissent aux phénomènes naturels. Dans le Chapitre 2, nous allons nous intéresser aux douze principes de la Permaculture et aux clés qu'ils recèlent pour laisser la nature pénétrer nos modes de fonctionnement intimes. Enfin, nous introduirons dans le Chapitre 3, à travers quatre archétypes naturels du soi, la notion d'Écocentrisme qui sera le thème de la partie suivante.

Écologie

ο ῐ κ ο ς – Eco: *habitat, maison, environnement.*

λ ό γ ο ς – Logos: *pour Platon c'est la Sagesse inhérente, émergente, la raison de l'être suprême. En grec le mot logos signifie "mot" ou "raison".*

L'Écologie Intérieure fait référence à la sagesse inhérente et émergente des corps que nous habitons : physiques, émotionnels, mentaux, spirituels, communicationnels, sexuels, écologiques...

Essayez Ceci – La Marche Miroir

Méthode :

La pratique originale de la marche miroir a été développée afin de faciliter une reconnexion avec le monde qui nous entoure et de créer un sentiment d'appartenance, de similitude.

Il est préférable de le faire dans un environnement ouvert avec des choses vivantes qui poussent, mais même dans une ville, nous trouvons toujours de l'herbe qui pousse dans l'asphalte et des arbres dont les feuilles bruissent, reflétant des aspects de notre propre nature.

La marche miroir en solo est une expérience sensuelle. Offrez-vous une belle sortie guidée par votre amour de la vie. Respirez l'air. Bougez librement, naturellement. Laissez votre corps prendre le relais. Prenez le temps de noter pleinement les messages de vos sens. Remarquez la brise sur votre peau. Les odeurs chatouillent vos narines, la lumière et les couleurs attirent vos yeux. Allez dans la direction que vous souhaitez. Laissez le monde plus qu'humain être votre muse. Si vous vous sentez attiré par un arbre, allez-y. Touchez son écorce, sentez-la. Regardez l'arbre comme si vous ne l'aviez jamais vu auparavant. Dites-vous "Je me regarde dans le miroir" et regardez profondément (sentez ou touchez) pendant environ 20 secondes. Continuez à vous déplacer naturellement dans le monde. Lorsque votre cœur vous appelle à explorer une odeur, un son, une vue, laissez-vous tomber profondément dans cette sensation et dites-vous "Je me regarde dans le miroir". Pouvez-vous vous voir dans les plantes tenaces qui émergent du trottoir ? Dans les bourgeons des nouvelles feuilles du printemps ? Dans un caillou ?

Après quinze minutes, trouvez un endroit confortable où vous asseoir, peut-être dos à un arbre. Écrivez à propos de votre expérience. Qu'avez-vous remarqué ? Qu'est-ce qui vous a surpris ? Quels sentiments ont surgi ? Quelles sont les qualités que ces phénomènes naturels vous rappellent ?

Être humain est une expérience à la fois extrêmement simple et infiniment complexe. Un paradoxe qui nous laisse souvent perplexes. C'est à la fois la seule expérience du monde que nous pouvons faire, et le plus grand mystère auquel nous ne serons jamais confrontés.

La vie est paradoxale par nature, car nous sommes tout en même temps : Âme, Égo et Esprit. Êtres de chairs, êtres émotionnels et pensants, communicants et spirituels. Nous sommes à la fois émetteurs et récepteurs, sensibles et créatifs. Nous sommes aussi bien bestiaux dans nos rapports à nos désirs que spirituels dans nos manières de rêver le monde et de lui donner vie. Nous sommes les enfants de la Terre et du Ciel. Nous sommes le féminin et le masculin ; nous sommes isolés dans la chair de nos corps et la solitude de nos pensées, mais irrémédiablement connectés au reste de la vie. Nous sommes à la fois parents, fils et filles, ami·e·s, collègues, employé·e·s ou entrepreneur·e·s, partenaires, coéquipier·e·s, allié·e·s et ennemi·e·s, souverain·e·s et soumis·e·s ; nous sommes des Rois/Reines, des Guerriers, des Magicien·ne·s et des Amant·e·s.

Biologiquement, nous sommes composés à moitié de cellules et à moitié de bactéries : la moitié de ce qui me constitue, n'est en fait pas moi puisqu'elle porte un ADN différent du mien. Mais alors qui est ce moi ?

Nous sommes à la fois la douceur d'une caresse et l'excitation qui en résulte ; à la fois la colère passionnelle qui réclame justice et la retenue rationnelle que ce n'est pas à nous de la rendre. Entre ce que nous ressentons, ce que nous pensons, et ce que nous communiquons, combien de 'moi' différents cohabitent-ils ?

Le don de la vie c'est de faire cohabiter les réalités de toutes ces dimensions, aussi paradoxales puissent-elles sembler, au sein d'une espace et d'un moment unique : l'instant présent de l'expérience sensible. La richesse, la complexité et l'harmonie d'un tel moment sont telles qu'elles ne peuvent pas simplement se 'penser', être appréhendées par la seule imagination. Plus encore que nos autres sens, la pensée se nourrit de stimuli sensoriels. Il nous faut, pour provoquer l'union du 'moi' et du

Tout, ouvrir toutes les portes de nos sens, sans discrimination, ni peur, ni jugement. Toutes les ouvertures pour qu'entre en nous le Cosmos, la Vie.

L'expérience humaine se vit en fait comme un ensemble de relations au monde, de toutes formes et de toutes natures. C'est pour cela que la notion d'Écosystème s'applique tellement bien à l'Humain. Nous sommes un écosystème extrêmement complexe ; c'est le fonctionnement de cet écosystème, son écologie, que se propose d'explorer cette deuxième partie.

Chapitre 6

Quelques Métaphores Naturelles

Nous allons voir dans ce chapitre que nous sommes faits de la même substance que le monde qui nous entoure. À travers quelques métaphores ce que je veux partager ici c'est que, plus que d'interdépendance avec la Nature, c'est d'unité qu'il s'agit. J'espère que vous trouverez ici de quoi entretenir un nouveau rapport à vous-même, envers vous-même et envers le monde.

Climatologie émotionnelle

Il est d'usage d'ouvrir un cercle de parole en demandant à chacun sa température interne, son climat intérieur. C'est une manière simple et directe de décrire les états émotionnels dans lesquels on se trouve, ce qui offre de nombreux indices pour mieux comprendre ce que l'on s'apprête à partager. Une sorte de contexte nécessaire.

Essayez avec vos enfants : vous verrez qu'il leur est beaucoup plus facile de parler d'eux en utilisant des images du monde naturel qu'en utilisant le vocabulaire humain des émotions, encore trop complexe et abstrait.

Les similitudes entre le climat et les émotions sont en effet surprenantes. Les émotions sont fluides, changeantes comme le temps. Nos colères sont des tempêtes, nos rages des explosions volcaniques. La peur nous enveloppe comme une nuit sombre et froide et la tristesse ressemble à une pluie démoralisante. La joie au contraire réchauffe nos cœurs comme un soleil d'été, et la sérénité nous berce comme une douce brise un après-midi de printemps. Émus, nous ressentons des papillons dans le ventre, et rêveurs nous nous envolons vers les étoiles. Ne dit-on pas aussi dans le langage commun que de trop fortes émotions peuvent nous submerger comme un raz-de-marée ou nous balayer tel un fétu de paille par une bourrasque de vent ? Et qu'une grande frayeur nous glace le sang ?

Les métaphores qui lient nos émotions à des phénomènes climatiques sont quasi infinies dans toutes les cultures et toutes les langues : la vie m'a donné la chance d'apprendre de nombreuses langues et j'ai retrouvé ces métaphores naturelles aussi bien dans le français et l'anglais que dans l'allemand, le portugais et le thaï ! Les différences nous en apprennent d'ailleurs long sur les saveurs particulières de chaque culture et les subtils rapports qu'elles entretiennent à la nature. Le mot 'comprendre' se dit en thaï *'khao jai'*, ce qui se traduit littéralement par *'entrer dans le cœur'* ; le cœur, et pas le cerveau comme chez les Occidentaux ! Que l'on retrouve ces liens entre la langue de nos phénomènes internes et la nature n'est pas un hasard et ces similitudes, qui recèlent une sagesse naturelle ancestrale, peuvent nous servir de guide afin de mieux vivre avec nos émotions.

Voilà quelques exemples non exhaustifs trouvés dans la langue française :

« Après la pluie viendra le beau temps. »

Nos tristesses et souffrances d'aujourd'hui rendront d'autant plus appréciables nos joies de demain. Tout comme les pluies printanières font pousser les légumes et les fruits du potager en été, les difficultés que nous traversons à certains moments de nos vies sont nécessaires et nourriront bientôt une nouvelle phase de croissance et de maturation. Les rejeter aujourd'hui c'est refuser de grandir demain. Se détacher de nos souffrances c'est en quelque sorte ne pas rendre hommage à ce que nous aimons et voulons voir émerger dans nos vies.

« Laisser exploser sa rage ! »

Tout comme les tempêtes résultent de la chaleur accumulée dans l'atmosphère et permettent de dissiper ces surcharges énergétiques, nos explosions de colère sont la conséquence d'accumulations émotionnelles et permettent d'évacuer les tensions afin qu'elles ne stagnent pas, et ne se transforment pas en maladies somatiques.

De nombreux médecins holistiques pointent aujourd'hui du doigt le manque d'hygiène émotionnelle comme une des causes principales des pandémies de cancer et de maladies psychosomatiques qui ravagent les sociétés modernes. Alors que nous n'avons jamais vécu une telle période de paix et d'opulence matérielle, les cas de dépressions, de burn-out, d'hypertension et de cancers en tout genre n'ont jamais été aussi nombreux. Pourquoi ? Comme toutes les autres émotions, la colère est naturelle, utile et nécessaire. Nous étudierons plus en détail son utilité dans la Partie 3 – chapitre 2 dédié au Travail qui Relie et à l'alchimie émotionnelle.

Nous confondons malheureusement trop souvent la maladresse des formes d'expression que prend notre colère – et qui résulte en grande partie de l'absence d'éducation à nos émotions et à leur expression – et l'illégitimité de la colère elle-même.

« La peur est froide comme l'hiver et nous glace le sang. »

De même que l'hiver est nécessaire pour faire fleurir certains arbres fruitiers qui ont besoin de nuits en dessous de 0°C, nos peurs nous poussent à mobiliser nos qualités (nos fruits, nos dons à la vie) en nous faisant prendre conscience de ce que nous pourrions perdre ou ne pas avoir.

Face aux multiples crises qui assaillent notre époque (la crise climatique notamment), comment expliquer l'effroyable absence de réflexe de survie collectif ? La peur et l'anxiété que nous éprouvons pour l'avenir sont utiles. Accueillir cette émotion sert à nous préparer, à rassembler notre courage, et à répondre aux menaces qui se présentent à nous. L'optimisme insolent ou le désespoir total sont deux réponses qui bloquent ce mécanisme naturel de mobilisation des forces internes.

Ce que nous montrent ces quelques exemples c'est que nos émotions jouent toutes un rôle spécifique dans nos écosystèmes intérieurs. Que ce soit pour mobiliser nos qualités comme le courage, la patience, la sagesse, la créativité, la passion pour la justice et l'amour, pour réguler nos systèmes nerveux en surcharge ou pour nous mettre en mouvement, nous pouvons compter sur une riche gamme d'émotions qui agissent comme des liens entre nous et le monde. Encore faut-il, dans un premier temps, apprendre à les reconnaître, à les accepter et à les traiter. Ce travail pratique d'alchimie émotionnelle sera traité en détail dans la Partie 3.

Imprévisibles comme le climat, nos émotions sont fluides, vivaces, vont et viennent sans prévenir. La racine latine du mot émotion, *emovere*, signifie d'ailleurs littéralement « *bouger en dehors.* » Les émotions sont par définition des phénomènes transitoires. S'y attacher n'est pas naturel et peut provoquer de nombreux déséquilibres et maladies somatiques (lorsque le corps est affecté par nos pensées et émotions). Beaucoup d'addictions sont des résidus d'attachement à des émotions/sensations agréables qu'on ne veut pas abandonner ou que l'on cherche à ressentir de manière frénétique. Certains cancers ne sont-ils pas aussi la résultante d'émotions traumatiques stockées dans le corps parce qu'elles n'ont pas été naturellement libérées ? C'est en tout cas ce que de nombreuses recherches en médecine holistique et spécialisée laissent entendre.

L'humain est le seul animal à s'attacher ainsi à ses émotions : on observe dans la nature les animaux se secouer frénétiquement le corps suite à une grande frayeur. L'étude scientifique de ce réflexe a révélé que ce mécanisme permet aux animaux d'activer leur système nerveux parasympathique, chargé de ralentir et détendre l'organisme, et de le purger des tensions provoquées par le stress ou la frayeur. Ces mécanismes naturels sont aussi ancrés profondément en nous et nous pouvons les activer pour prendre soin de nous et nous soigner. La danse, le sport, le sexe, la respiration consciente et la méditation – pour ne citer que quelques pratiques – agissent chacun à leur manière sur le nerf vague – ou nerf pneumogastrique –, le plus long nerf du corps humain qui régule notre stress et donc notre réactivité émotionnelle.

Vous pouvez, dès maintenant, décider de faire évoluer la relation que vous avez avec vos émotions : les accepter comme des phénomènes naturels, les observer, reconnaître leur utilité et en tirer une sagesse nouvelle pour mieux vous comprendre et prendre soin de votre écologie intérieure. Enfin, avec de la pratique, vous pourrez faire de vos émotions – toutes vos émotions – vos plus puissants alliés pour ressentir la vie et faire face à vos rêves et défis.

Essayez Ceci – Respiration & Circulation émotionnelle

Le B-A-BA de l'alchimie émotionnelle

1. Observer et reconnaître nos émotions ;

2. Accepter leur utilité pour nous ouvrir aux messages qu'elles nous transmettent ;

3. Nous sentir grandis par elles ;

4. Lâcher prise et les laisser circuler hors de nous sans attachement.

Prenez un moment pour vous et vous seul. Installez-vous confortablement, détendez-vous.

Fermez les yeux et portez votre attention sur votre respiration. N'essayez pas de forcer votre respiration. Observez simplement votre corps respirer. Inspiration. Expiration.

Observez maintenant les sensations qui accompagnent votre respiration : l'air qui glisse dans vos narines gonfle vos poumons et votre abdomen. Soyez attentif. Présent.

Alors que vous observez votre respiration, vous pouvez remarquer qu'elle se produit naturellement, sans votre participation consciente, sans votre volonté. Comme si la vie inspirait et expirait à travers vous. C'est la vie qui vous respire. Vous, et tous les gens autour de vous, et tous les êtres vivants sur cette planète. Nous avons ça en commun : c'est la vie qui nous respire et nous insuffle la vitalité.

Maintenant, visualisez votre respiration comme un fil, ou un ruban d'air. Visualisez le entrer dans vos narines, passer par votre trachée, gonfler vos poumons. Laissez ce ruban pénétrer votre cœur. Et de votre cœur, il s'échappe hors de votre corps et vous reconnecte à tout le vivant sur Terre. Laissez ce ruban de respiration vous traverser le cœur et vous relier à l'infinie toile du Vivant.

Ouvrez désormais votre conscience à la souffrance. Pour cela, baissez votre garde, abandonnez vos défenses, restez à cœur ouvert et ouvrez-vous à votre connaissance de cette douleur. Laissez-la venir à vous aussi concrètement que possible… regardez les images mentales qui s'imposent à vous : vos semblables dans la douleur et le besoin, dans la peur et l'isolement, en prison, dans des hôpitaux, dans des camps de réfugiés… vous n'avez pas besoin de forcer ces images, elles sont présentes en nous en vertu de notre interconnexion, de notre interexistence. Détendez-vous et laissez-les simplement faire surface… les souffrances de nos frères et sœurs humains, de nos cousins les animaux aussi qui meurent par millions dans les océans, dans le ciel et sur la Terre… Laissez cette douleur et cette souffrance vous pénétrer à travers votre respiration. Inspirez-la par votre nez, à travers votre trachée, dans vos poumons et votre cœur. Et expirez-la de la même manière pour la rendre au monde. Rien n'est attendu de vous dans ce processus : votre cœur n'est qu'un conduit par lequel la souffrance du monde transite. Assurez-vous simplement que ce flot vous traverse et ressorte, aussi naturellement qu'il est entré. Ne vous attachez pas à cette souffrance… abandonnez-vous au pouvoir de guérison de la Vie qui coule à travers vous. Ressentez simplement, ne forcez rien.

Si aucune image ne vient naturellement à vous, ne vous inquiétez pas. Respirez et portez votre attention sur cet engourdissement. Lui aussi fait partie de notre monde et de votre réaction à sa souffrance : sans doute est-il là pour vous protéger d'une souffrance que vous ne savez pas tourner à votre avantage.

Si ce qui remonte à la surface de votre conscience à travers cette méditation n'est pas tant de la peine pour le monde que pour votre propre vie, respirez de même à travers ces sensations. Les difficultés que nous traversons en tant qu'individus font partie intégrante de la peine et de la douleur du monde. Inspirez, reconnaissez-les, et expirez-les pour les laisser aller.

S'ouvrir ainsi au monde et laisser entrer ses souffrances dans notre cœur peut être effrayant. La peur que notre cœur explose face à tant de douleur est légitime. Dans ces moments-là, souvenez-vous qu'un cœur qui explose est aussi un cœur qui s'ouvre à tout l'univers. Votre cœur est assez grand pour ça. Ayez confiance en lui, en vous, en l'univers. Respirez, c'est tout ce que vous avez à faire pour que la vie vous traverse et vous guérisse.

Géologie de la psyché

Nous ne pouvons pas contrôler nos émotions, pas plus que nous pouvons modifier le temps (n'en déplaise aux chantres de la géo-ingénierie). Mais nous pouvons modifier nos pensées et nos systèmes de croyances. La bonne nouvelle c'est qu'en devenant le maître de notre esprit, nous pouvons indirectement modifier le climat émotionnel dans lequel nous vivons !

Si le néophyte voit dans le climat des phénomènes imprévisibles et chaotiques, l'expert est capable quant à lui d'y déchiffrer des schémas et d'y lire l'expression d'un paysage particulier. Ce paysage intérieur, c'est celui de nos pensées. De même que le climat d'une région est en grande partie déterminé par sa géographie, nos émotions sont largement déterminées par nos croyances et nos pensées quotidiennes.

En 1984, Ernst Gotsch entame au Brésil un projet de reforestation syntropique. En quelques décennies il transforme avec ses équipes 500 hectares de désert arides en une forêt luxuriante et nourricière, avec pour effet de faire baisser la température moyenne dans la région de plusieurs degrés, de raviver 17 sources d'eau, d'augmenter les précipitations sur toute la biorégion, et de stocker dans le sol une quantité incalculable de CO_2 qui polluait l'atmosphère. Les effets bénéfiques de son travail sur la fertilité, la biodiversité et l'économie locale sont tout aussi phénoménaux. J'aime me rappeler à cet exemple parce qu'étant né moi-même en 1983, je peux voir dans ses réussites les promesses de régénération à l'échelle d'une vie humaine.

Nos systèmes de croyances sont à nos émotions ce que la géographie d'un lieu est à son climat. Ce sont les montagnes qui créent les vents dominants. Ce sont les lacs et les rivières qui rafraîchissent l'air et irriguent les berges. Ce sont les fonds marins rocheux ou sablonneux sur lesquels se forment les vagues, parfois douces et régulières, parfois violentes et destructrices. Ce sont les pentes boisées d'une montagne qui retiennent l'eau pour la stocker dans les nappes phréatiques et irriguer progressivement la vallée ; et ce sont ses flancs rasés qui s'érodent et créent des inondations. C'est la vie qui anime une forêt, qui attire et nourrit la vie dans la forêt.

De la même manière que la géographie d'un lieu affecte son climat, nos pensées influencent nos émotions. Les neurosciences confirment ce que nous apprennent les sagesses ancestrales : entretenir des pensées sombres alimente des émotions comme la colère, la tristesse, la rancœur et la dépression : c'est le cercle vicieux de la destruction ; s'ancrer dans la gratitude entretient au contraire l'optimisme, la joie, la sérénité et affecte positivement notre métabolisme (baisse de la tension, amélioration du sommeil, meilleure digestion, etc.) : c'est le cercle vertueux de la régénération. Il en va ainsi de nos pensées individuelles conscientes comme de nos pensées collectives subconscientes. De quoi est-ce que je parle avec mes proches ? À quoi est-ce que je pense quand je suis seul ? Qu'est-ce que je lis ? À quel récit social est-ce que je m'identifie, ou prends part ? Aucune de ces questions n'est anodine, car toutes affectent la nature de nos pensées ; et toutes nos pensées affectent nos émotions. Nos émotions agissent sur nos corps et la perception que nous avons de la vie.

Je fais personnellement, et douloureusement, l'expérience de cela en ce moment dans mon cercle d'amis intimes et dans ma famille.

Vivant depuis plus de 10 ans dans un relatif isolement des médias mainstream et dans un village peuplé d'alternatifs, nombres des conversations auxquelles je participe concernent la spiritualité, le bien-être, la transition écologique, la bienveillance.

Or, pendant ce temps-là la France a subi de nombreux traumatismes : attaques terroristes, chocs économiques, montée des extrémismes politiques, confinements, vaccination obligatoire, pass sanitaire, prise en otage de nos droits civiques, etc. Je mesure souvent l'impact qu'a ce contexte informationnel sur nos états émotionnels et sur notre capacité à échanger. Je le vois avec le recul : la peur et le stress constants auxquels sont soumis mes proches en France entretiennent leur anxiété, leurs doutes, leur inquiétude, et parfois une susceptibilité et une agressivité que je ne leur connaissais pas auparavant. Leur réactivité émotionnelle est pour moi le symptôme d'un environnement intellectuel qui ne les nourrit pas comme il devrait. Pire, qui les maintient dans un état d'urgence et de stress permanent qui nuit à leur bonne santé physique et mentale ainsi qu'à nos relations.

Nous cumulons deux torts dans les rapports que nous entretenons à nos pensées, et qui font que nos pensées nous blessent. Nous avons tort, déjà, de nous identifier à elles ; et nous avons tort, ensuite, de sous-estimer l'emprise qu'elles ont sur nous. Autrement dit, nous ne possédons pas nos pensées, ce sont elles qui nous possèdent.

Tout se joue au niveau de notre attention : l'attention est la porte d'entrée du monde extérieur dans notre monde intérieur. Ce sur quoi nous portons notre attention vient peupler notre imaginaire, ce que nous ignorons disparaît de notre réalité. Si l'on considère la quantité de pollution informationnelle qui sévit dans la sphère cognitive en ce début de 21ème siècle, il serait bon d'apprendre à faire le tri de ce que nous laissons pénétrer nos esprits.

La surabondance de récits anxiogènes, de fake-news, de banalités maquillées en success-story sur les réseaux sociaux, etc., créé un environnement dans lequel la peur, le doute, la colère et la jalousie pullulent. Peur du terrorisme, peur du climat, peur du virus, peur des étrangers, peur des élections, colère d'être impuissant et dans le camp des perdants, ou culpabilité d'être dans celui des tortionnaires – voir le phénomène social de suprématie blanche –, doute de pouvoir changer les choses et d'être à la hauteur, doute quant à quel camp choisir, jalousie envers les influenceurs sociaux qui semblent – ô joie des manipulations sur réseaux sociaux – tout avoir.

Si nous apprenions à faire le tri dans ce que nous laissons entrer et s'installer dans nos esprits, si nous apprenions à consciemment terraformer les paysages de nos croyances selon nos propres valeurs et besoins, nous verrions le niveau de bien-être de toute la population s'améliorer. Pourquoi ne pas nous régaler de tous nos succès ?

Aux quatre coins du monde des écosystèmes détruits sont ramenés à la vie : forêt Calédonienne en Écosse, Mont sacré Arunachala en Inde, désert Al-Baydha en Arabie Saoudite, récifs coralliens des îles Gili en Indonésie ;

Des régions sinistrées connaissent des miracles économiques basés sur la solidarité : réseaux alimentaires de Détroits par exemple ;

Des découvertes formidables sont faites sur le traitement de nos traumatismes psycho-émotionnels : voir notamment les travaux de Gabor Maté.

En médecine les neurosciences ouvrent les portes de nouvelles disciplines en validant l'intuition ancestrale que les substances psychédéliques telles que le LSD ou la psilocybine peuvent aider dans la guérison de pathologies psychologiques. Les travaux du Dr. Paul Stamets[18] sur des milliers de champignons ouvrent aussi la voie à de nouvelles branches de la médecine en coopération avec la nature.

Dans les domaines de la construction, les avancées dans le design et les matériaux tels que le béton de chanvre permettent d'envisager une révolution dans la manière de concevoir nos habitats.

La confiance remplacera alors la morosité, l'intérêt se substituera à l'apathie, et des solutions créatives fleuriront dans tous les secteurs de la société.

---

18 Paul Stamets est un célèbre mycologue américain fervent défenseur de la bioremédiation. Il est notamment célèbre pour avoir découvert un protocole permettant de recycler les hydrocarbures et plastique grâce à des champignons, et pour avoir soigné le cancer du sein de sa mère grâce au champignon Polypore versicolore.

Les exemples abondent, quel que soit le sujet d'intérêt. Il en va de notre responsabilité individuelle de choisir où nous regardons, où nous portons notre attention, et à quelle réalité nous participons. Notre bien-être en dépend.

Mon discours n'est pas une conjecture optimiste, mais le résultat honnête de l'observation de ces changements dans le monde, en moi-même et chez de nombreuses personnes – toutes ? - qui ont entrepris ce travail personnel.

Ce travail est long, sans garantie préalable de résultat, et pourtant sa réussite dépend d'un seul facteur : notre confiance – notre foi même – qu'il aboutira. C'est cet espoir proactif qui permet à la transformation de se produire, de la même manière que c'est la certitude que le désert cachait une forêt tropicale qui a permis à Ernst Gotsh de la faire revivre… là où la plupart d'entre nous se seraient vautrés dans le deuil d'un écosystème en phase terminale. La question ici n'est pas tant quelles techniques il a utilisées (permaculture, syntropie, patience, cycles etc…) que le fait qu'il se soit armé de foi et d'espoir actif. Il le voulait tellement qu'il y a mis toute son énergie, peu importe les chances qu'il avait de réussir. Ce thème de l'espoir actif est développé plus en profondeur dans la Partie 3 sur l'Alchimie Émotionnelle.

Avons-nous le courage de faire la même chose en nous-mêmes ? L'écologie intérieure s'inspire de ce que nous pouvons facilement observer dans la nature pour reproduire des cercles vertueux envers nous-mêmes. C'est une pratique d'intégration qui cherche à tirer parti des interactions entre nos différentes dimensions afin de mobiliser au mieux la sagesse de chacun de nous. La promesse, ce n'est rien de moins que l'émergence des solutions qui peuvent nous sortir de l'impasse.

Essayez Ceci – Transformer vos pensées limitantes

Une méthodologie inspirée du Travail de Byron Katie

Commencez par identifier une croyance limitante sur vous-même puis répondez sincèrement aux questions suivantes. Prenez le temps d'avancer lentement. La puissance de ce travail réside dans la sincérité avec laquelle vous abordez le processus et la volonté avec laquelle vous souhaitez vous détacher de vos pensées limitantes et de leur emprise.

1. Cette pensée est-elle vraie ? (Si la réponse est non, passez à la question 3)

2. Est-elle vraie de manière absolue, pour tout le monde, quelle que soit la perspective adoptée ? Pouvez-vous le savoir et le prouver ?

3. Comment réagissez-vous, que se passe-t-il, quand vous croyez cette pensée ? Décrivez l'impact de cette croyance sur vos pensées, vos émotions et votre bien-être.

4. Aimez-vous vous sentir comme cela ?

5. Qui ou que seriez-vous sans cette pensée limitante ?

6. Retournez cette pensée : reformulez la pensée limitante pour la remplacer par une autre qui vous soutient, vous nourrit, et vous aide à guérir la blessure que vous vous êtes infligée quand vous étiez sous l'emprise de la pensée limitante.

7. OPTIONNNEL : que pouvez-vous faire pour affirmer ce retournement et vous aidez à y croire ?

Les traumatismes : archéologie psycho-spirituelle

Le traumatisme ce n'est pas ce qui vous arrive. C'est ce qui se passe en vous en réponse à ce qui vous arrive.

[Gabor Maté]

Nos croyances agissent le plus souvent de manière subconsciente. Nous les héritons de nos parents, de nos professeurs et de nos amis, de la culture dans laquelle nous avons grandi, et nous ne sommes presque jamais invités à les remettre en question ou à les mettre à jour. Nous les héritons aussi de nous-mêmes, de la manière dont nous réagissons intérieurement à ce qui nous arrive. Nous adoptons ainsi des certitudes utiles à certains moments de nos vies, et ne nous demandons plus par la suite si ces croyances continuent de nous servir, ou si au contraire elles agissent désormais contre nous. Jeunes enfants par exemple, nous prenons tous l'habitude de crier pour nous faire entendre et obtenir l'attention dont nous avons besoin. C'est, à ce stade de notre développement, parfaitement naturel et utile, voire nécessaire. Mais, garder cette habitude de crier plus fort que les autres pour obtenir l'attention une fois adulte est préjudiciable. Qui aime se faire couper la parole, ou crier dessus lorsqu'il est occupé à quelque chose ? Personne. Cette habitude si elle n'évolue pas risque de nous isoler. Pour approfondir ce thème, je ne peux que conseiller de lire Les Quatre Accords Toltèques de Don Miguel Ruiz, une perle de sagesse pratique très abordable. L'introduction notamment présente de manière limpide la manière dont nous créons le monde par nos interprétations des phénomènes, puis comment nous oublions de remettre à jour ces interprétations.

Une des croyances culturelles françaises les plus profondément ancrées et dommageables est notre rapport à l'échec. Nous évitons instinctivement les échecs et les sentiments qui vont avec. Un héritage sans doute de l'époque lointaine et sauvage où, faire une erreur pouvait entraîner la mort.

Mais cette époque est révolue. Alors pourquoi continuons-nous à associer à l'échec tout un bagage de négativité ? Imaginez si nous embrassions au contraire nos échecs comme la plus grande des sources d'apprentissage. Imaginez comment, un simple renversement de la croyance associée au fait de faire des erreurs peut changer votre vie : à quelles nouvelles expériences iriez-vous vous frotter ? Quels sentiments et quelles leçons de vos échecs passés emporteriez-vous dans votre avenir ? Comment votre confiance en vous et dans le monde en serait-elle affectée ?

Pour moi, une de ces certitudes et pensées limitantes a longtemps été que j'étais un bon élève. Mon père me l'a répété, mes professeurs me l'ont répété, j'y ai donc cru et cela m'a servi à construire un socle de confiance en mes capacités scolaires. Bac avec mention très bien, prépa, école de commerce... Tout allait bien. Jusqu'au jour où il m'est apparu qu'en étant le bon élève de mon père et de mes professeurs, j'étais devenu le modèle de réussite que la société, à travers eux, imaginait pour moi, sans ne m'avoir jamais consulté. J'avais 22 ans quand je me suis demandé pour la première fois ce que j'aimais et ce à quoi ressemblerait la réussite selon mes critères. Accepter la légitimité de la question m'a pris plus de deux ans d'une solitude douloureuse. Explorer les options qui s'offraient à moi a pris cinq années de plus, heureusement beaucoup plus joyeuses et joueuses. Quinze ans plus tard, je découvre encore régulièrement des pensées héritées de mon éducation qui limitent ma capacité à accepter ma propre légitimité, ma valeur, et à exprimer cette réussite selon mes propres critères.

Ces doutes se manifestent par un besoin instinctif de me justifier, par de longues phases de doutes précédents la mise en place de tout nouveau projet, par le manque de confiance que ce que j'entreprends sera bien accueilli par les autres. Tout cela ralentit énormément mon avancée, et constitue des obstacles à ma propre expression.

Repensez à votre enfance ou adolescence. Vous ne faites pas partie de l'équipe ou du groupe des gens 'cool et populaires'. Votre petit·e amie·e vous a trompé. Votre meilleur·e ami·e ne vous a pas soutenu dans un conflit. Vos parents vous ont humilié en public. Vous êtes accusés à tort d'une faute sans pouvoir vous défendre. Votre professeur vous a mis une mauvaise note malgré tous vos efforts; vous avez été agressé·e et abusé·e physiquement ou moralement.

Nous vivons tous de telles situations en grandissant. Que ce soit par leur intensité dramatique ou par leur insidieuse répétition, ces moments déclenchent en nous le besoin de nous défendre. Pour nos esprits qui n'ont souvent pas encore appris à gérer ces situations, la solution la plus efficace consiste souvent à nous déconnecter : nous déconnecter du souvenir de ce qu'il s'est passé − l'amnésie totale ou partielle suite à un événement dramatique est fréquente −, nous déconnecter de l'émotion douloureuse, nous déconnecter de la partie de nous-mêmes qui a été blessée et que nous ne savons pas guérir. Nous créons ainsi des masques derrière lesquels nous nous cachons et derrière lesquels nous cachons nos douleurs pour ne pas avoir à les affronter : masques qui nous protègent de l'abandonnement, masques qui nous protègent du rejet, masques qui nous protègent de l'humiliation, masques qui nous protègent de la trahison, masques qui nous protègent de l'injustice. Pour aller de l'avant, mieux vaut souvent oublier. C'est cette déconnexion que l'on appelle le traumatisme, et sa guérison nécessite une rencontre avec notre Enfant Intérieur, sa réintégration dans notre écosystème intérieure, et un torrent de larmes cathartiques.

J'ai personnellement vécu une enfance heureuse en tous points : mes deux parents étaient présents, attentionnés et aimants, et aucun événement violent n'est venu entacher cette période d'insouciance de ma vie qui, à ce jour, a encore tout d'un âge d'or pour lequel j'éprouve une immense gratitude. Je me suis longtemps considéré comme un des rares chanceux à ne pas avoir de traumatisme à régler, même après des années de travail conscient sur mes ombres. Des douleurs passées, oui. Des traumatismes, non !

Deux expériences bouleversantes au cours des douze derniers mois ont brisé cette certitude. La première au cours d'une séance de visualisation, et l'autre, quelques mois plus tard, pendant un massage Qi Nei Tsang[19].

---

19 Le Qi Nei Tsang est un massage abdominal issu de la médecine traditionnelle chinoise

J'ai vu mes parents à travers les yeux du petit garçon de 6 ans que j'étais, et j'ai douloureusement pris conscience du besoin immense de validation qui a guidé mes pas depuis ma plus tendre enfance : des choix que je croyais être miens étaient guidés par le besoin de plaire et d'appartenir ; ma confiance en mes capacités était dictée par le besoin de me comparer et d'être aussi bon sinon meilleur que les autres ; mon perfectionnisme et l'intégrité de ce que j'entreprenais s'imposaient par la peur d'être jugé pour mes manquements... Bref, être gentil pour ne pas être abandonné, au risque de perdre en authenticité... Prouver au monde que je sais tout faire, parce qu'au fond, le doute d'être assez, simplement assez, me ronge. Faire, faire, faire parce qu'être, simplement être, est trop douloureux.

Pourquoi ? ... C'est un travail d'archéologie psycho-spirituelle qui modifie en profondeur mon rapport à moi-même, et par conséquent aux autres, à mes engagements et au monde. Ces doutes n'appartiennent pas qu'à moi : je suis conscient qu'ils ont aussi irrigué la vie de mon père et de ma mère – et sans doute de leurs propres parents avant eux –. Il m'appartient néanmoins, dans cette vie, de les résoudre, en espérant ne pas les léguer à mes enfants, et de participer ainsi à la libération d'une dette karmique.

L'archéologie de nos traumatismes nous offre l'opportunité d'intégrer le temps long dans nos écosystèmes intérieurs en redonnant vie à la relation que nous entretenons avec notre passé et nos ancêtres, mais aussi avec l'avenir et nos descendants. En prenant la responsabilité, aujourd'hui, de guérir ces traumatismes, peut-être pouvons-nous offrir à nos enfants la possibilité de voir le monde avec un regard nouveau, et d'imaginer des manières d'être et de vivre que nos vieilles blessures maintiennent actuellement hors de notre portée.

---

qui permet de relâcher les tensions émotionnelles stockées dans nos organes internes.

Les Constellations de nos Valeurs

Nos valeurs cardinales sont les idéaux qui nous animent, les constellations qui nous guident et nous permettent de maintenir le cap de nos vies vers nos rêves.

Alors que les émotions sont éphémères, et les croyances relatives, les valeurs sont éternelles et nous permettent de nous ancrer dans un temps long et profond.

Nous fonctionnons sous l'influence de pensées, de certitudes, de croyances, et de perceptions devenues obsolètes, ou restées immatures. Nos réactions et vécus émotionnels le sont par conséquent tout autant, d'où cette impression persistante que les choses se répètent dans nos vies, encore et encore. Nous attirons les mêmes relations qui échouent pour les mêmes raisons. De cela, nous tirons la conclusion erronée que nos croyances sont justifiées et nos réactions émotionnelles validées. Or, rien ne nous empêche de mettre à jour nos croyances, de reprendre possession de nos pensées, et ainsi d'assainir la qualité des émotions qui animent nos quotidiens. Pour cela rien de mieux qu'une carte, un guide, un système de navigation : bienvenue dans la province des Constellations de Valeurs.

Il y a très longtemps, bien avant Google maps, des hommes ont colonisé le monde. Ils ont traversé tous les obstacles, bravé toutes les incertitudes, se sont adaptés à tous les territoires. Ils ont trouvé leurs forces, raconté leurs rêves, inventé des cultures, créé des civilisations. Comment ?

Avant que la lumière des villes ne vienne l'éblouir, l'homme disposait d'une manière infaillible de connaître sa place dans l'univers. Il n'avait qu'à lever la tête une fois la nuit tombée pour voir, dans le ciel étoilé et la Voie Lactée, non seulement une idée de sa juste place dans le cosmos, mais aussi la carte des constellations pour s'orienter. Protégé, par l'immensité du cosmos, de la prétention de se croire trop important, l'homme de la Nature pouvait aussi trouver parmi toutes les constellations celles dont les histoires lui parlaient personnellement, et s'en servir pour naviguer sa vie. Immuables et fiables sont les étoiles. Aujourd'hui encore, les mêmes constellations brillent et peuplent le ciel d'histoires inspirantes vécues par les Héros et les Dieux qui vivent en nous. Quand nous sommes perdus dans des tempêtes dont la violence nous empêche de faire confiance à nos émotions et à nos pensées rationnelles, elles nous permettent de garder le cap et de prendre les bonnes décisions : celles qui jouent en notre faveur sur le long terme et nous rapprochent de nos objectifs et de nos rêves.

C'est ainsi que fonctionnent nos systèmes de valeurs. Identifier nos valeurs cardinales aide à définir les idéaux qui animent nos vies. Certaines de ces valeurs sont sans doute déjà très présentes dans nos vies. D'autres cherchent à être manifestées et incarnées. Quand nous savons ce qui compte le plus pour nous, nous nous mettons au service de ces idéaux et, à travers nous, nous leur permettons de prendre vie, de s'incarner – « *in-carne : dans la chair* » –. En retour, elles nous aident à avancer, nous inspirent, nous guident, nous aident à naviguer, même, et surtout, lors des nuits les plus sombres.

Essayez Ceci – Mantra & Code d'Honneur

Le but de cette pratique est d'identifier, de formuler et d'affirmer vos valeurs cardinales afin qu'elles viennent nourrir votre vie de leur sagesse et vous guident vers vos rêves. Affichez votre code d'honneur ou mantra, ou gardez-le sur vous.

Cet exercice nécessite que vous soyez profondément connecté à vous-même, à ce qui compte pour vous. Installez votre espace, allumez des bougies et de l'encens si cela vous plaît, préparez-vous un thé ou un café. Aller faire une petite balade dehors pour libérer votre esprit d'un maximum de pensées résiduelles, prenez le temps de méditer, avant et à chaque étape du processus. Prêt ?

Étape 1 : **Valeurs** : soyez à l'écoute de votre cœur pour identifier ce qui compte le plus pour vous. Qu'êtes-vous prêt à défendre bec et ongles ? Que rêvez-vous de ressentir au quotidien ? Quelles qualités vous nourrissent le plus ? Qui vous inspire, pourquoi ? Pour quoi êtes-vous prêt à mourir ou à vivre ?

>> Dresser une liste de 5 à 10 valeurs (ou groupe de valeur si vous pensez que plusieurs fonctionnent ensemble).

Étape 2 : **Définition** : qu'est-ce que chaque valeur signifie pour vous personnellement ?

>> Écrivez une courte définition personnelle pour chaque valeur.

Étape 3 : **Principes Opératoires** : pour chacune des valeurs définissez ce que les honorer signifie dans votre quotidien. Qu'est-ce qui est attendu de vous pour que vos valeurs puissent vivre à travers vous ?

>> Identifiez des actions et moments concrets pour manifester vos valeurs.

Étape 4 : Rédiger votre mantra/code d'honneur en affirmant les valeurs que vous êtes et ce que vous vous engagez à faire pour les faire vivre. Le format vous appartient, mais vous pouvez utiliser, par exemple, la structure suivante :

Exemple tiré de mon propre code d'Honneur

Voilà ce que je suis et ce pour quoi je vis

Je suis la Vitalité

Je m'engage à accepter et m'inspirer de toutes les manifestations de l'élan vital, sous toutes ses formes, sans résistance ni discrimination, et à lutter contre tout ce qui cherche à limiter ou cloisonner sa libre expression.

Je suis l'Authenticité

Je m'engage à être honnête, ouvert, transparent et sincère avec moi-même et envers les autres. J'entretiens la curiosité, l'acceptation et l'honnêteté radicale.

VALEURS	DÉFINITION PERSONNELLE	PRINCIPES OPÉRATOIRES

'Arbre de Vie : entre Ciel et Terre

En tant qu'humains, nous vivons entre ciel et terre. Nos idéaux, tel notre regard qui porte vers les étoiles, nous attirent vers le haut. Nos corps, irrémédiablement, appartiennent à la Terre. Nous sommes pareils à l'arbre qui plonge ses racines dans la Terre mère pour y puiser sa nourriture et son ancrage, et qui projette ses branches vers le ciel pour y puiser l'énergie du soleil et faire don de son oxygène au reste du vivant.

C'est le mythe grec de Gaia et Ouranos. La Terre Mère et Père le Ciel.

Comme cet arbre de vie qui trône au cœur de tant de religions et croyances dans le monde, l'homme est appelé à rendre hommage à cette polarité en lui, et dans laquelle il lui est offert de trouver l'état de grâce. Il nous est aujourd'hui plus que jamais demandé d'accepter cette polarité. Parce qu'en niant et rejetant notre nature animale, notre lien à la Terre mère, nous avons mis en danger la totalité de la vie sur Terre. Opérer cette reconnexion ce n'est pas revenir en arrière, redevenir des animaux ou des hommes des cavernes, ce n'est pas non plus nier notre capacité créative : c'est au contraire lui donner les moyens de s'exprimer pleinement, sainement, en nous assurant qu'elle est nourrie et ancrée.

Cette polarité entre Terre et Ciel, nous la retrouvons dans différentes traditions sous les noms de Yin-Yang (Taoïsme), Féminin-Masculin (Tantra), Réceptif-Créatif (Animisme), Âme-Esprit, Bien et Mal, Nord et Sud, etc. Réconcilier les termes de cette polarité, reconnaître qu'ils ne sont pas en opposition, mais au contraire, que chacun n'existe qu'en vertu de l'existence de l'autre, est une étape essentielle de notre bien-être holistique.

Il m'aura fallu attendre de me rencontrer moi-même – l'Initiation à mon âme que je partage dans la Partie 2 –, avant de rencontrer Lyse, qui devint rapidement mon amante, puis une amie, ma muse, et enfin la mère de mes enfants ; et depuis 10 ans la polarité qui me fait, enfin, me sentir complet.

Je venais de passer les deux dernières années de ma vie à explorer les mystères du monde et de l'esprit sur une île tropicale, loin de toute distraction : pas d'électricité, pas de femmes dans ma vie, rien que la quête du sens de la vie. Un boulot certes, que je m'étais créé sur mesure pour répondre à mes besoins, mais sans trop de compromis. Le retour en France après trois ans de vagabondages, pour assister au mariage de mon grand frère et au remariage de mon père, fut un choc. Je mesurai à la fois la distance immense qui m'avait éloigné de ce monde dans lequel j'avais pourtant grandi, et l'instantanéité avec laquelle les vieilles habitudes peuvent se remparer de nous. « Si tu crois avoir atteint l'illumination, va passer une semaine dans ta famille » plaisante Osho. Je compris cette année-là la drôle vérité de son message !

Ne pouvant me résoudre à accepter les petits-boulots que me proposait le Pôle Emploi – qui consistaient pour la plupart à fournir une main-d'œuvre peu chère à l'industrie pharmaceutique – je fis appel à l'Oracle Nomade[20]. Deux cartes me furent offertes en guise de conseil : la Montagne (solide, sûr, incorruptible, valeurs cardinales) et Protection (sécurité et protection de tout notre corps énergétique). La carte Protection représente une femme enceinte.

Prenant l'invitation des cartes au sérieux, je fis mon sac et parti dans les Alpes avec mon amie Martsu Pitw. C'est là que je découvris Cravirolla, un joyeux collectif d'alternatifs dédiés à faire pousser des légumes bio, élever des brebis et faire du fromage. Je m'y sentis immédiatement chez moi. C'est bien dans la montagne que je trouvai enfin ceux qui partageaient mes valeurs.

C'est aussi là que je fis la rencontre de Lyse, dans une étable aux senteurs de bouses et de lait caillé : la femme qui allait porter nos deux enfants, les nourrir de son lait maternel, et changer leurs couches... Tout

---

20 Le Nomadic Oracle est un artefact chamanique puissant, mais subtil, dédié à la liberté personnelle et à l'autonomisation par la divination et la guérison. Son créateur Jon Mallek est un grand ami et un mentor inestimable – www.thenomadicoracle.com/.

était là avant même la rencontre, comme l'arbre est présent dans la graine. Montagne, Protection.

Avec ses yeux en amande, sa crinière sauvage et le mot 'Liberté' tatoué en Khmer sur la nuque, je sus immédiatement que c'est avec elle qu'allaient s'ouvrir les prochains chapitres de ma vie.

Finis la solitude et l'isolement de mon île tropicale. Je savais que j'entamais un retour dans le monde pour construire quelque chose, m'engager et apporter ma contribution, et je sus en la rencontrant que c'est avec elle que j'allais fertiliser mes rêves.

Depuis 10 ans nous poursuivons nos rêves, et nous nous complétons. À mon sérieux elle apporte son exubérance. À son laxisme j'oppose mon perfectionnisme. Je complète sa douceur par ma rigueur, qu'elle assouplit à son tour par ses changements d'humeurs qui nous bercent comme des vagues et nous évitent la calcification mentale propre à ceux qui sont trop sûrs d'eux-mêmes. Elle ose tout quand je doute, et ose s'appuyer sur mes qualités pour les mettre en valeur. Je me dépasse pour donner vie à ses désirs et nourrir en elle cet élan insatiable de beau, de plus, de meilleur, de vie sans laquelle mes engagements seraient une lutte quotidienne plus qu'un rêve de chaque instant.

C'est peut-être l'alignement de nos rêves qui nous a fait nous aimer, mais c'est sans aucun doute la complémentarité de ce que nous avons su apporter à leur manifestation qui fait d'elle et moi une entité à part entière, et de chacun de nous un être complet. Une complémentarité aux allures d'oppositions qu'il nous a fallu domestiquer, parfois dans la douleur, pour apprendre à nous connaître et nous aimer, nous-mêmes et l'un l'autre.

Essayez Ceci – Méditation des 4 éléments

Introduction

Asseyez-vous confortablement. Prenez quelques longues respirations profondes. Laissez votre corps s'installer dans la méditation et votre esprit lâcher prise sur les pensées qui l'occupent.

Plongez-en vous-même, souriez et remerciez-vous de prendre ce moment pour vous, pour vous reconnecter au monde.

Élément de l'Air

Observez simplement votre respiration. Ne la forcez pas. Regardez comme elle se produit par elle-même, sans votre participation consciente. Comme si quelque chose de plus grand respirait à travers vous.

Inspirez : soyez présent à la sensation de l'air qui pénètre par vos narines, descend dans vos poumons, gonfle votre abdomen. Soyez présent à l'oxygène qui chemine dans votre cœur, charge votre sang et nourrit vos organes.

Expirez : soyez présent à toutes les tensions qui se relâchent, à vos poumons qui relâchent le dioxyde de carbone et les toxines dont votre corps n'a pas besoin.

Respirez, et devenez conscient que l'oxygène dont votre corps a besoin vous est fourni par les arbres et les forêts. Respirez, et prenez conscience que ce sont aussi ces arbres et ces forêts qui se nourrissent de votre CO_2. Respirer est un cycle naturel qui se produit à travers vous et la forêt.

Respirez et remerciez l'élément de l'air grâce auquel vous n'êtes qu'un avec les arbres et la forêt.

Élément de la Terre

Vous êtes la forêt, ses arbres, ses branches, ses feuilles. Ressentez la douce caresse du soleil sur votre canopée. Cette douceur, c'est l'énergie primordiale avec laquelle vous vivez. C'est cette énergie du soleil qui vous permet de créer de l'oxygène par photosynthèse ; c'est cette photosynthèse qui vous permet de puiser les minéraux dans le sous-sol et de le faire remonter dans vos veines ; c'est elle aussi qui vous permet de produire le sucre et la douceur que vous partagez avec le reste du vivant à travers vos racines et vos fruits.

La douceur est votre monnaie d'échange, et c'est ainsi que vous faites voyager les minéraux et nourrissez les êtres vivants. En ce sens, en tant qu'humain vous êtes la Terre qui marche sur la Terre.

Remerciez la Terre.

Élément de l'Eau

Vous êtes la Terre, Gaia. Comme elle, votre corps est formé à 70% d'eau. La salinité de vos cellules est similaire à celle de ses océans. Comme elle, ce sont vos veines qui acheminent et distribuent la vie, la fertilité et les nutriments dans tout votre corps. Comme elle le fait avec ses rivières et ses fleuves qui irriguent sa surface.

Comme l'eau des torrents, vos humeurs changent ;

Comme l'eau des océans et des marées qui affluent et refluent, vous pouvez changer le monde avec une patience infinie ;

Comme l'eau des lacs les plus profonds, vous pouvez absorber et intégrer tout ce qui vient à vous.

Comme tout le reste du vivant, vous vivez grâce à l'eau.

Remerciez l'élément de l'Eau.

Élément du Feu

Le Feu est l'élément qui vous anime. Ressentez au plus profond de vous : à quoi ressemble votre passion pour le monde ? À quoi ressemble l'énergie qui vous fait vous lever tous les matins pour entreprendre de grandes choses ? À quoi ressemble votre envie de changer les choses ?

Le feu est l'énergie de la transformation. C'est lui qui met en mouvement, qui initie, qui transforme.

C'est autour d'une immense boule de feu que tourne la Terre.

C'est quand le soleil se lève que la Vie s'ébroue.

C'est quand nous allumons la flamme dans nos cœurs que nous faisons une différence.

Remerciez l'élément du Feu.

Conclusion

Au niveau le plus subtil de nos existences, ce sont ces 4 énergies primordiales qui animent la Vie sur Terre, et qui nous relient au reste du Vivant.

Leur rendre hommage c'est reconnaître notre appartenance, notre unicité.

Prenez encore quelques respirations profondes pour honorer ce lien sacré, souriez-lui.

Chapitre 7
Permaculture Intérieure

Dans ce chapitre nous allons nous intéresser au cadre de réflexion que propose la permaculture afin de modifier notre rapport expérientiel à la Nature, dedans et dehors, la laisser nous pénétrer, et nous transformer de l'intérieur.

Introduction à la Permaculture

La permaculture est souvent considérée comme un ensemble de techniques agricoles appliquées à la production biologique, diversifiée et régénérative des sols. C'est certes vrai, mais la portée de la permaculture est bien plus vaste et c'est davantage en termes de *culture permanente* que d'*agriculture permanente* qu'elle se comprend.

Dit simplement, la permaculture est une manière de repenser notre lien à la nature qui permet d'inspirer des cultures humaines régénératives pour l'homme et la planète.

Ce qui suit est le fruit de 10 années d'exploration et d'application de ces principes dans l'écolieu Pai Seedlings Foundation que ma femme et moi avons créé dans le nord de la Thaïlande. Nous avons utilisé ce cadre de pensée pour transformer 8000m² de rizières abusées – monoculture, utilisation d'herbicide, pâturages excessifs... –, et c'est par ce travail de régénération des sols que la sagesse de cette pratique a lentement mais profondément pénétré chacune de mes cellules. Ce fut là sans doute la plus grande surprise, celle à laquelle nous ne nous attendions pas. En étant au contact actif de la nature tous les jours, à cœur ouvert, nous nous sommes laissés pénétrer, et avons témoigné de la naturalisation de notre pensée. Notre relation de couple en est transformée, notre compréhension de l'éducation de nos enfants aussi, notre vision des enjeux sociaux surtout. Pratiquer la permaculture a été pour moi la porte d'entrée à de nombreuses transformations, et ce sont ces éléments que je veux partager avec vous pour que vous puissiez aussi l'appréhender dans vos vies.

Pour cela, pas besoin d'un jardin potager. Vos pensées, vos émotions, le monde dans lequel vous vivez sont une arène parfaite pour cette pratique. Vous trouverez, en plus d'une courte explication de chaque principe – agrémentée d'un symbole et d'un proverbe – une réflexion personnelle sur des domaines aussi variés que la psychologie, les technologies, l'éducation, l'économie et la gouvernance.

La permaculture est avant tout un processus de design inspiré par des principes et une éthique issue de la Nature. À ce titre elle n'offre pas des solutions, mais un cadre de pensée grâce auquel nous pouvons nous aligner avec le fonctionnement du reste du vivant. La permaculture offre un cadre de pensée et d'action qui permet d'éprouver notre rapport au vivant, de repenser la manière dont nous intégrons nos écosystèmes et de puiser dans la sagesse du vivant des principes d'actions régénératives.

Cette sagesse peut irriguer toutes les dimensions de nos vies.

Appliquée à l'agriculture, la permaculture permet de concevoir des systèmes diversifiés plus productifs qui répondent aux impératifs de santé publique (pas d'utilisation d'intrants chimiques, meilleure qualité nutritive) et de dérèglement climatique (préservation des sols et de leur capacité de séquestration du carbone atmosphérique).

Dans le domaine de l'habitat et des technologies, la permaculture inspire des designs d'habitats qui produisent leur énergie et de la nourriture, qui nettoient leurs eaux usées grâce à un choix judicieux de technologies appropriées (solaire, masse thermique, matériaux naturels, plantes, etc.).

Dans les villes, la permaculture permet de repenser les déplacements, le rapport à l'espace et aux échanges.

Dans le domaine de l'économie et de la gouvernance, c'est tout un univers qu'il reste à explorer avec les économies circulaires et symbiotiques plutôt qu'extractives et compétitives.

Quant à l'éducation et la culture, je suis persuadé que nous avons aujourd'hui l'opportunité de réinventer et de retrouver les récits dans lesquels nous nous ancrons. Si nous saisissons cette opportunité pour recréer un lien d'intimité avec la nature, alors toutes les autres transformations que nous venons de mentionner deviendront possibles.

La psychologie écologique – ou écopsychologie – est une approche éducative visant à comprendre que l'homme est une forme de vie écologique, c'est-à-dire qu'il existe avant tout en vertu des relations qu'il entretient avec ses écosystèmes. Les mêmes processus écologiques qui régissent les comportements complexes de la Terre contribuent à la diversité des récits de la psyché écologique. L'écopsychologie et la permaculture ont en commun de chercher à prendre soin de la Terre, des Humains, et de créer un monde d'abondance justement partagée inspiré de la Nature.

Ce qui suit est une application des 12 principes de la permaculture pour régénérer notre Écologie Intérieure.

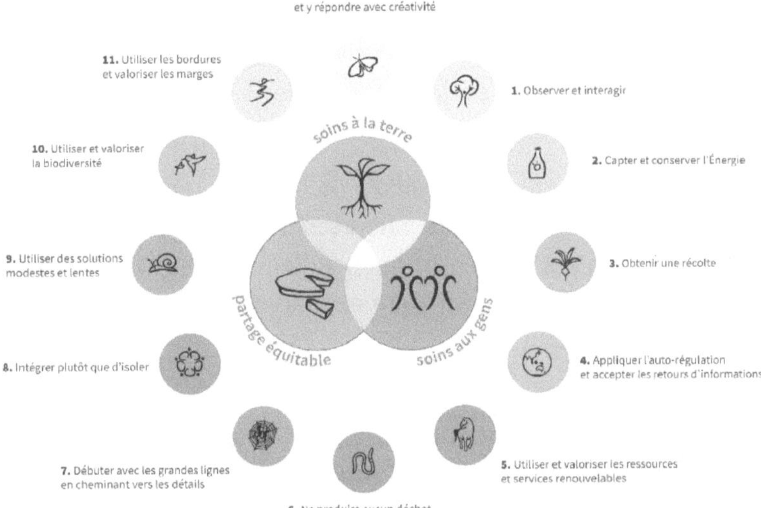

Les 12 Principes Permaculturels – source : www.permacultureprinciples.com

1. Observer et interagir

En prenant le temps d'observer et d'interagir, nous concevons des solutions adaptées à nos situations particulières.

L'icône de ce principe de conception représente une personne qui "devient" un arbre. Observer la nature donne l'occasion d'adopter différentes perspectives pour mieux comprendre ce que vivent les différents éléments du système. C'est l'invitation de la pratique de la Marche Miroir proposée dans la Partie 1.

Le proverbe *"La beauté est dans l'œil de celui qui regarde"* nous rappelle que nous projetons nos propres valeurs sur ce que nous observons. Or, dans la nature, il n'y a ni bien ni mal, seulement des spécificités et des particularités. Le discernement permet d'apprécier les différences sans tomber dans le jugement.

Nous avons été impatients après l'achat de notre terrain, et avons voulu planter des arbres immédiatement. Or, nous ne savions pas encore que le terrain inondait en notre absence pendant la saison des pluies – hé oui, les rizières inondent, nous aurions dû le savoir… – Deux ans d'affilés, nous avons ainsi planté une cinquante d'arbres dont aucun n'a survécu. Cette interaction précoce avec le lieu nous a cependant donné des indices inestimables pour le design des potagers futurs avec de nombreux drains qui allaient empêcher les inondations de la mousson et permettre d'irriguer en saison sèche.

Écopsychologie

La même sagesse s'applique envers nous-mêmes : sommes-nous capables d'observer nos émotions sans les juger, sans les étiqueter comme étant bonnes ou mauvaises ? Sommes-nous capables d'observer nos pensées sans nous identifier à elles, sans nous les approprier, sans les laisser nous posséder et affecter nos perceptions ? Comment nous sentons-nous quand nos pensées et nos émotions nous tirent dans deux directions opposées ?

Le rapport entre l'observation et l'interaction est complexe : selon la physique quantique, la manière dont nous regardons affecte les phénomènes que nous observons. C'est particulièrement vrai pour notre Écologie intérieure : porter un regard critique sur soi est source de tension, de réactivité ; adopter une attitude compatissante provoque au contraire une détente du système nerveux. L'un n'est pas mieux que l'autre, le corps oscille naturellement entre ces deux états. Il est utile d'avoir conscience de cette dynamique pour aligner nos actions avec nos buts.

Politique & Social

Appliquons, par curiosité, ce premier principe à la sphère socio-politique : parce que la grande majorité de la classe politique est issue d'une classe élitiste, ses préoccupations sont très différentes de celles du peuple : ne vivant pas le même quotidien, ne rencontrant pas les mêmes difficultés, n'étant pas soumis aux mêmes pressions matérielles, comment peut-on envisager qu'ils imaginent des solutions adaptées ? Les réformes ne fonctionnent souvent pas parce qu'elles sont imaginées par des personnes qui ne sont pas en contact direct avec la vie qu'ils entendent réguler : la classe technocratique.

Même si l'intention d'aider est forte, le décalage est fatal, parce qu'il faut vivre une situation dans son corps pour en mesurer la portée et lui offrir une réponse adaptée.

2. Stocker l'énergie

En développant des systèmes qui collectent les ressources lorsqu'elles sont abondantes, nous pouvons les utiliser en cas de besoin.

L'icône de ce principe de conception représente l'énergie stockée dans un conteneur pour être utilisée plus tard.

Le proverbe _"faire les foins pendant que le soleil brille"_ nous rappelle que nous disposons d'un temps limité pour capter et stocker l'énergie.

Quand ma femme et moi avons décidé de construire notre maison naturelle, nous nous sommes laissés guidés autant par le cœur – vivre dans une maison ronde de terre-paille, quel rêve ! – que par nos têtes – comment concevoir la maison correctement pour qu'elle nous permette de capter l'énergie et d'économiser des ressources ? Nous vivons dans une région où les nuits d'hiver sont froides – en dessous 5°C – et les étés très chauds et secs – 35-40°C – puis chauds et humides – 95% d'humidité –. Cette amplitude rend difficile le design d'une maison passive.

En optant pour des murs en terre-paille de 35 cm d'épaisseurs, qui prennent le soleil en journée l'hiver mais pas le reste de l'année, nous avons une maison dans laquelle il ne fait jamais plus de 25°C et jamais moins de 15°C, une fourchette idéale pour le confort de la famille.

Construction & Technologie

L'application la plus évidente de ce principe concerne la construction et la technologie. À ce titre, les maisons _earthships_[21] sont ce qui se fait de mieux ! Les murs de ces maisons captent l'énergie solaire pour se chauffer en hiver, mais restent frais en été, recyclent leurs eaux grises, produisent

---

21 Voire le documentaire Garbage Warrior sur l'épopée de l'architecte Michael Reynolds, ses earthships, et son rêve de changer le monde.

leur électricité, sont équipées de serres pour réguler leur température et produire des légumes. Elles sont faites en matériaux naturels et déchets recyclés. Contrairement aux maisons modernes dont les coûts d'entretiens alourdissent le budget quotidien, ces *earthships* sont productrices de multiples ressources !

Santé & Spiritualité

Ce principe est également source de sagesse pour notre santé. Ne sachant jamais quand des coups durs de la vie vont frapper, il est sage d'entretenir des pratiques régulières visant à entretenir notre vitalité – c'est-à-dire notre capacité à faire circuler l'énergie vitale en nous –. En entretenant notre bonne santé au quotidien, nous limitons les risques de tomber malade, de subir une dépression, un burnout, ou d'aggraver les symptômes liés à des virus, etc.

Essayez Ceci – Les MEDS de la santé holistique

Honorez quotidiennement ces 4 dimensions de la santé holistique pour vous assurer que vous stockez l'énergie en vous. Ces 4 pratiques forment l'acronyme MEDS, facile à retenir !

∞ Méditation : réguler votre hygiène mentale et émotionnelle.

∞ Exercice : entretenez votre santé physique.

∞ Diet (Alimentation) : nourrissez votre corps sainement.

∞ Sommeil : le repos est essentiel au maintien de votre métabolisme.

3. Lancer une production

Assurez-vous d'obtenir des récompenses réellement utiles du travail que vous effectuez.

L'icône de ce principe de conception, un légume dans lequel quelqu'un a déjà croqué, nous montre qu'il y a un élément de désir immédiat dans l'obtention d'un rendement.

Le proverbe *"On ne peut pas travailler l'estomac vide"* nous rappelle que nous devons obtenir des récompenses immédiates pour soutenir nos efforts.

Écopsychologie

L'invitation ici est de ressentir dans nos quotidiens les bienfaits des pratiques que nous entreprenons. Il s'agit de ne pas vivre uniquement pour demain et des objectifs lointains et incertains. Si la réalisation de vos rêves vous pousse à sacrifier votre quotidien, peut-être vous trompez-vous de direction ou de méthode. Qui n'a pas connu quelqu'un qui a sacrifié son couple, sa relation avec ses enfants, et souvent sa santé pour sa carrière et sa promesse d'une retraite heureuse et paisible ? Le bonheur parfait à venir… au prix de tout ce qui comptait finalement vraiment pour eux…

Ce que nous cherchons n'est pas non plus la satisfaction immédiate, mais la confirmation dans notre corps, ici et maintenant, que ce que nous entreprenons est bon pour nous. La fable de la Cigale et la Fourmi n'est pas binaire : le but de la Fontaine n'était pas de créer une division en choisissant auquel des deux insectes nous identifier, mais d'inviter une réflexion sur les qualités de l'une et de l'autre, afin de les faire cohabiter au mieux. La Fourmi honore plus le principe #2 – stocker – et la Cigale plutôt le principe #3 – profiter –. La nature a besoin que les deux cohabitent pour entretenir sa vitalité et sa résilience.

Comprendre la portée de ce principe nous engage à un travail profond de reconnexion à notre intuition, qui est la capacité du corps à exprimer sa sagesse.

Agriculture

Quand Lyse et moi avons commencé notre projet de réhabilitation des rizières en ferme de permaculture, nous avons été confrontés à un dilemme : nous savions que rétablir la santé des sols et la fertilité allait prendre des années. Pourtant, nous ne voulions pas attendre si longtemps avant de jouir du fruit de notre travail, de crainte de nous décourager d'une part, et d'autre part de ne pas pouvoir montrer au public les bénéfices de ce que nous entreprenions.

Finalement, nous avons coupé la poire en deux : un travail massif de fertilisation et amélioration des sols d'un côté, et un potager en production immédiate de l'autre. Pouvoir manger nos propres légumes dès les premiers mois de vie sur l'écolieu a été une récompense quotidienne pour le travail que nous faisons.

Maintenant que les efforts sur le moyen/long terme portent leurs fruits, nous développons aussi d'autres potagers plus productifs et pouvons mesurer — et démontrer - les bénéfices du travail et de notre patience. Nous pouvons aussi témoigner de la fatigue des sols là où nous leur avons demandé un effort de production immédiat : c'est désormais à leur tour de se reposer.

4. Appliquer l'autorégulation ; Accepter la rétroaction.

Nous devons décourager les activités inappropriées pour que les systèmes vitaux puissent continuer à bien fonctionner.

L'icône de la Terre entière est l'exemple à la plus grande échelle d'un « organisme » autorégulateur soumis à des contrôles par rétroaction, comme le réchauffement climatique.

Le proverbe « *les péchés des pères se répercutent sur les enfants de la septième génération* » nous rappelle que la rétroaction négative est souvent lente à se manifester. Nos actes ont des conséquences dans le temps long.

Écopsychologie & santé

Dans notre Écologie intérieure, ce principe invite à être sensible aux messages que nous envoient nos corps afin d'ajuster ce qui est bon, ou mauvais pour nous.

Observer les changements subtils de nos émotions quand nous changeons de régime alimentaire ou faisons des excès par exemple, et compenser par un peu plus d'exercice ou de détox. Être sensible à la vitalité de notre corps en fonction de la quantité de sommeil que nous lui accordons. Avoir une attention de tous les jours à ces phénomènes subtils nous permet d'éviter de trop nous écarter de notre santé optimale – mentale et physique –, de réagir à temps en cas de déséquilibre, et de limiter les risques de maladies graves liées à des années de maltraitance.

L'autorégulation et la rétroaction consciente sont des méthodes de régénérations éprouvées. Elles s'inspirent de la nature et honorent un rapport organique au corps, alors que de la pharmacologie moderne préconise des recettes *coup de poing* qui trahissent un rapport mécanique au corps et à l'humain.

C'est d'ailleurs le crédo de toutes les médecines traditionnelles d'être douces et préventives, c'est-à-dire de procéder à des microajustements constants de manière proactive pour se maintenir en bonne santé. La médecine moderne préconise au contraire des traitements de chocs ciblés sur des symptômes spécifiques, souvent au mépris d'effets secondaires sur l'organisme et de conséquences à plus long terme.

Economie

Dans le domaine économique, nous serions aussi avisés d'écouter et d'intégrer les boucles rétroactives. Ce qui provoque les crises économiques depuis des décennies n'est pas des facteurs externes et conjoncturels mais des prédispositions internes et structurelles. C'est pourquoi nous ne reviendrons jamais à une croissance forte et stable, car c'est justement elle qui nous a éloignés de l'équilibre entre nos économies et l'économie de la nature... jusqu'au point de rupture. Une croissance matérielle infinie dans un monde de ressources finies est une aberration.

Adopter un regard 'naturel' sur ces crises économiques nous apprend qu'elles sont des alertes censées nous avertir lorsque nous nous éloignons de l'état d'équilibre – des accès de fièvres en quelque sorte –. Plus les économies gonflent, plus elles s'exposent à ces crises ; en témoigne leur intensité croissante au fil des ans.

Ce à quoi nous nous exposons en refusant d'accepter cet état de fait et les ajustements qui s'imposent, ce n'est rien de moins qu'un effondrement fatal du système une fois que celui-ci ne sera même plus à même d'entretenir ses systèmes vitaux : et notamment son rapport aux ressources et systèmes naturels dont il dépend.

5. Favoriser les ressources renouvelables

Faire le meilleur usage de l'abondance de la nature pour réduire notre comportement de consommation et notre dépendance à l'égard des ressources non renouvelables.

L'icône du cheval représente à la fois un service renouvelable et une ressource renouvelable. Il peut être utilisé pour tirer une charrette, une charrue ou un rondin et peut même être mangé, bien qu'une utilisation non consommatrice soit préférable.

Le proverbe *"laissez la nature suivre son cours"* nous rappelle que le contrôle de la nature par l'utilisation excessive des ressources et la technologie est non seulement coûteux, mais peut aussi avoir des effets négatifs imprévisibles sur notre environnement.

Santé - Il en va de même de notre santé, mentale, physique et spirituelle.

Le réflexe moderne, quand nous sommes malades, de prendre des médicaments issus de l'industrie, est un témoignage flagrant du manque de confiance dans la capacité de nos corps à se soigner naturellement : soit en faisant appel à des plantes, soit en nous accordant le repos que notre corps réclame.

Quand nous sommes fatigués, nous prenons des vitamines plutôt que de dormir et de modifier notre alimentation. Quand nous sommes stressés, nous prenons des calmants. Quand nous attrapons un rhume, nous prenons des antibiotiques. Quand sévit une grippe, nous avons recours à des vaccins… Pourquoi une telle méfiance envers nos défenses naturelles et nos mécanismes naturels d'autorégulation ? Pourquoi ne pas prendre le temps de renforcer notre immunité ? Pourquoi ignorer le jeûne par exemple, alors qu'il est prouvé qu'un jeûne de 24 heures déclenche, de manière parfaitement naturelle, des processus d'auto-entretien et un renforcement du système immunitaire ?

J'ai souffert depuis mon enfance de sinusites tous les hivers et d'allergies tous les printemps. J'en parle désormais au passé. Mes sinusites ne durent désormais jamais plus de deux jours et je les soigne par le jeûne et une détox intestinale, c'est radical. Pareil pour mes allergies : je suis encore sensible, mais je sais qu'en modifiant mon alimentation – pas de viande, pas de produits laitiers, beaucoup de légumes verts crus qui facilitent le transit – à ces périodes de l'année, je n'en souffre plus. Je peux même dormir avec mon chat !

Éducation

Dans le domaine de l'éducation, appliquer ce principe ouvre une perspective nouvelle.

L'éducation actuelle consiste en un long et pénible téléchargement d'une quantité faramineuse d'informations : du primaire à la fin de l'université, le gros de notre éducation se déroule sur une chaise, devant un bureau entre quatre murs, à ingurgiter du contenu qui nous sera – parait-il – utile par la suite.

Mais qu'en est-il du développement de nos ressources naturelles : de notre curiosité instinctive, de notre émerveillement, de l'innocence de notre regard et de notre soif d'apprendre, de l'apprentissage expérientiel ? Nous ne recevons pas d'éducation sur la vitalité de nos corps, nos émotions et nos relations au monde. En entretenant et développant nos capacités intrinsèques, peut-être verrions nous fleurir, non seulement des enfants plus joyeux et des adultes plus matures[22] – ce sera le thème du chapitre suivant –, mais aussi des solutions innovantes pour faire évoluer notre culture et notre société.

6. Pas de déchets

En valorisant et en utilisant toutes les ressources qui sont à notre disposition, rien ne se perd.

Le ver de terre est l'un des recycleurs de matières organiques les plus efficaces. Il transforme les "déchets" végétaux et animaux en une précieuse nourriture pour les plantes.

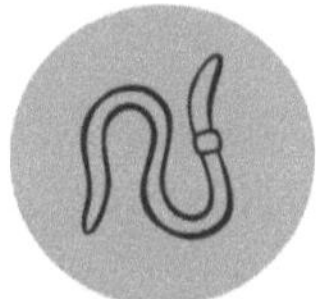

L'entretien opportun de nos systèmes évite le gaspillage. *"Ne gaspille rien, ne désire rien"* nous rappelle qu'il est facile de gaspiller en période d'abondance, mais que ce gaspillage peut être la cause de difficultés ultérieures.

Économie & technologie

Dans le domaine économique et technologique, tout reste à inventer. Nous amorçons la sortie d'un modèle basé sur l'extraction de ressources et la production massive de déchets, et entamons à peine une transition vers des économies circulaires de transformation. Dans ce nouveau modèle, tout déchet produit est réutilisé comme ressource par une autre industrie. Les outils technologiques qui permettent ce revirement commencent à voir le jour et méritent d'être plus largement diffusés. Les déchets organiques issus de

---

22 Le mot 'mature' n'existe pas tel quel dans la langue française : j'utiliserai néanmoins fréquemment ce néologisme/anglicisme. Synonyme : mûre. Antonyme : immature.

l'agriculture et de la restauration peuvent par exemple être compostés très rapidement par des larves de mouches soldates noires, qui serviront à leur tour de nourriture à des poissons et à des poules, qui produisent des engrais naturels pour les potagers bio, qui nourrissent sainement la population, etc.

Ce système circulaire est d'une simplicité déconcertante : nous l'avons mis en place à l'échelle de notre foyer, et produisons ainsi nos œufs et l'engrais pour nos potagers sans aucun coût ou travail supplémentaire ! Les déjections humaines correctement traitées peuvent aussi produire une énorme quantité de biogaz qui alimenterait un réseau de transport en commun par exemple, tout en produisant un fertilisant très utile et sain pour les champs. C'est sur ce modèle que fonctionne la nature et les exemples d'application à la société humaine sont infinis.

Écopsychologie

Ce principe est un des plus inspirants quand il est appliqué à l'Écologie intérieure. Que faisons-nous habituellement de toutes les expériences dans nos vies qui ne correspondent pas au récit que nous nous racontons sur nous-mêmes ? Les moments embarrassants, les moments blessants ? Nos erreurs, nos échecs ? Au mieux nous les oublions ; au pire nous les modifions dans notre mémoire pour qu'ils trouvent leur place dans le récit officiel de notre vie... Ces expériences que nous n'utilisons pas, nous en faisons des déchets : elles sont pourtant une ressource essentielle dans laquelle puiser pour comprendre nos erreurs, apprendre, grandir, s'accepter, s'améliorer, réintégrer nos zones d'ombres, mûrir et devenir de vrais adultes – ce que nous verrons dans la Partie 2 sur le Développement Écocentrique –. Dans notre Écologie intérieure aussi tous les déchets – mentaux, émotionnels, expérientiels, etc. – peuvent-être recyclés et utilisés comme ressource.

7. Des structures d'ensemble vers les détails

En prenant du recul, nous observons des modèles et patterns[23] dans la nature et la société.

Ceux-ci peuvent constituer l'épine dorsale de nos conceptions, les détails étant ajoutés au fur et à mesure.

Chaque toile d'araignée est unique, mais le modèle général des rayons radiaux et des anneaux en spirale est universel. Le proverbe *"l'arbre cache la forêt"* nous rappelle que plus nous nous approchons de quelque chose, plus nous perdons la vue d'ensemble. De la même manière, les principes de la permaculture donnent un cadre commun de réflexion qui permet de faire émerger les solutions propres à chaque contexte.

Écopsychologie

Ce principe me rappelle à l'injonction de Steven Covey, auteur du célèbre livre *Les 7 principes de ceux qui réalisent tout ce qu'ils entreprennent* : « *Know Your Why !* ». Savoir pourquoi nous faisons les choses. Ne pas perdre de vue les valeurs cardinales qui guident nos actions et ce que nous cherchons à manifester dans nos vies, éviter de tomber dans le micro management de nos journées, de vivre selon nos listes de tâches. Le but de votre vie est-il d'arriver au bout de votre liste de tâches ou le but de ces tâches est-il de vous faire avancer vers le but de votre vie ?

Éducation & culture

Pour créer des systèmes éducatifs qui répondent aux enjeux de notre époque, peut-être devrions-nous prendre en compte d'un côté les valeurs et principes que nous voulons manifester - régénération, justice, résilience, équité, etc. -, et d'un autre les spécificités culturelles locales et le contexte d'application. Il n'existe pas de formule magique qu'on puisse appliquer

---

23 Patterns (anglais) signifie schémas, forme.

aux quatre coins du monde pour obtenir des résultats souhaités. Aujourd'hui, il me semble que nous faisons exactement l'inverse : nous uniformisons les cultures et les comportements partout dans le monde − absence de prise en compte de la spécificité locale − et nous ne nous basons sur aucun principe et valeur − absence de but et de vision −.

Comprendre la culture d'une région, son histoire et son lien au terroir permet de concevoir une approche originale et efficace pour l'aligner avec les enjeux globaux du 21ème siècle, sans pour autant remettre en cause son identité ancestrale.

8. Intégrer plutôt que séparer

En mettant les bonnes choses au bon endroit, des relations se développent entre elles et les différentes parties d'un écosystème se soutiennent mutuellement.

Cette icône représente un groupe de personnes, vu d'en haut, se tenant par la main et formant un cercle. 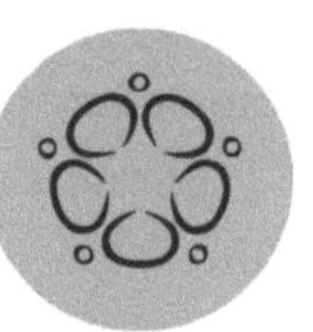 L'espace au centre pourrait représenter le principe selon lequel *"le tout est plus grand que la somme des parties"*[24].

Le proverbe " *de nombreuses mains rendent le travail léger*" suggère que lorsque nous travaillons ensemble, le travail devient plus facile.

Écopsychologie

Nous avons tendance à opposer nos sensations, nos émotions, nos pensées, comme si elles n'étaient pas les reflets d'une seule et même chose : nous. Nous avons aussi tendance à rejeter nos expériences douloureuses, difficiles, ou qui remettent en cause l'image que nous avons de nous-mêmes. Se penser comme un écosystème vivant plutôt que

---

24 Ce phénomène d'émergence symbiotique est développé plus amplement dans la Partie 3, Chapitre 2, Étape 3.

comme un agrégat mécanique de pièces invite à intégrer ses différentes parties du soi : les émotions jouent un rôle particulier, différent et complémentaire des pensées par exemple. Aucune partie de nous ne peut se passer de l'autre.

Une des leçons les plus riches que nous apprises à travers le travail de notre fondation Pai Seedlings est que la résilience est une question collective et pas seulement individuelle. Nous ne pourrons jamais répondre à tous nos besoins seuls, en restant séparés de la société. Notre rêve d'autosuffisance avait pourtant commencé à l'échelle individuelle, puis familiale : il nous semblait important de prouver qu'il était possible de se créer une autre vie en dehors du système mainstream, même sans être riches et avec de jeunes bébés dans les bras. Après 6 ans sur cette voie et de nombreux succès, il nous a fallu reconnaître que si l'aventure était possible, elle était aussi difficile et limitée en portée.

C'est ce qui nous a poussé en 2020 à repenser notre vision et à explorer des manières de nous intégrer plus dans notre écosystème socioculturel. En développant ces interactions, notamment avec la mise en place d'une AMAP, nous nous rendons compte que nous produisons plus, plus facilement, et que le nombre de bénéficiaires du projet augmente sans augmenter notre charge de travail.

Rien dans la nature ne vit ou ne survit en dehors de son écosystème. En plus de ne pas être possible, je dirais même que cela n'est pas souhaitable. Les interactions avec les autres sont nécessaires à notre survie ; et nous sommes aussi dépendants d'elles pour être stimulés et grandir.

Politique & Social

Considérons le système politique français. Que se passerait-il si, à l'hémiplégie actuelle de notre système démocratique – qui oppose le parti au pouvoir à l'opposition – nous avions des partis politiques qui s'écoutent, se complètent, s'enrichissent et agissent de concert pour la mise en place de politiques pour tous ? Qu'arriverait-il si à l'opposition de principe, nous substituions une écoute curieuse et un désir de cocréation ?

À l'heure actuelle, dans la plupart des démocraties modernes, la moitié de l'appareil politique est, au mieux stérile, au pire un frein à la mise en place de réformes. Or l'opposition n'est qu'une forme – immature – parmi les nombreuses interactions possibles au sein d'un écosystème diversifié d'idées et de sensibilités.

Un système dans lequel les différents partis s'écouteraient pour se comprendre et coopérer serait bien plus efficace pour faire accoucher la société des réformes dont elle a grand besoin. Cela nécessiterait de réintégrer des éléments jugés nuisibles ou trop minoritaires dans les processus décisionnels, et de valoriser les différences.

Une trop grande diversité risquerait-elle d'entraîner la paralysie du système ? Rien dans la nature ne pousse à le croire. Aucun écosystème ne s'effondre à cause d'une biodiversité trop riche. Il est très probable qu'il en résulterait néanmoins un ralentissement, et que nous pourrions le mettre à profit pour établir une vision à long terme et une stratégie de coopération pour sortir de l'urgence constante et de la réactivité hystérique.

9. Patiemment, à petite échelle

Les systèmes petits et lents sont plus faciles à maintenir que les grands, ils font un meilleur usage des ressources locales et produisent des résultats plus durables.

L'escargot est à la fois petit et lent, il porte sa maison sur son dos et peut se retirer pour se défendre lorsqu'il est menacé.

Le proverbe *"plus ils sont gros, plus ils tombent facilement"* nous rappelle les inconvénients d'une taille et d'une croissance excessives, tandis que l'expression *"la lenteur et la constance gagnent la course"* nous incite à la patience et à l'adoption de solutions simples et reproductibles.

Écopsychologie

Il en va de même de nous-mêmes. Quiconque a déjà essayé de changer ses habitudes pour sortir d'une spirale vicieuse et s'ancrer dans un cercle vertueux peut témoigner que de tout chambouler du jour au lendemain ne marche pas. Nous rêvons tous de pouvoir, un beau matin, nous lever et décider d'arrêter toutes nos mauvaises habitudes : ''Demain j'arrête de fumer, je mange végétarien et bio, et je me mets au sport trois fois par semaine'' !

Mais la réalité, c'est qu'au premier moment difficile, la pression que nous avons mise sur nos épaules pour atteindre ces résultats ambitieux sera telle que nous craquerons et retournerons à nos pires habitudes, pour nous réconforter...

Une méthode plus efficace et éprouvée consiste à y aller à petits pas. Vous voulez reprendre l'entraînement physique : ne vous imposez pas d'aller à la salle de sport 5 fois par semaine. Commencer par y aller une fois par semaine, puis 2, puis 3.

Attendez qu'un début d'habitude s'installe en vous avant de passer à la vitesse supérieure. Vous bénéficierez ainsi de sa force comme des intérêts sur votre premier placement pour faire votre investissement suivant – voir réflexion sur le principe #3 – lancer une production –. Vous saurez aussi progressivement quand vous serez prêt à aller plus loin et à en faire plus. Comme le disait La Fontaine, *"Rien ne sert de courir, il faut partir à point"*. La régularité des efforts compte plus que leur intensité.

Économie Locale

Nous avons lancé, à Pai Seedlings Foundation, en 2020, en réponse au COVID, un projet d'AMAP[25]. L'idée est simple : rassembler quelques consommateurs conscients pour soutenir la transition bio d'un agriculteur et se partager les récoltes.

---

25 AMAP : Association pour le Maintien d'une Agriculture Paysanne. Organisation par laquelle le producteur est soutenu à l'année par les adhésions des consommateurs à l'association. En échange ils n'achètent pas la production mais en sont co-propriétaires.

Lors de nos réunions, l'habitude d'aller plus vite, de faire plus, s'est souvent fait sentir. Or, de par la nature du projet, nous sommes obligés d'aller au rythme des saisons : la capacité de production de la ferme était telle, au départ, que nous ne pouvions envisager de nourrir plus de 4 familles. Nous avons donc commencé lentement, avec des paniers bio pour 4 familles et un jardinier. Ce travail patient nous a permis de continuer à améliorer les sols, et notre organisation : un an plus tard, nous avons pu commencer à réinvestir les fruits de notre travail pour agrandir le projet : depuis novembre 2021 nous nourrissons 7 familles en ne leur fournissant pas uniquement des paniers bio mais aussi des petits plats cuisinés de la ferme, et employons 3 autres travailleurs locaux dans le projet. Début 2022, ce sont 6 autres membres qui nous rejoignent, ce qui permettra dans quelques mois d'alimenter la cantine d'un orphelinat local.

En prenant le temps de grandir lentement, nous laissons aussi à tout le monde le temps d'intégrer l'ambition du projet qui consiste à créer des modes de fonctionnement économiques différents, non plus basés uniquement sur l'échange commercial, mais sur une structure de soutien et d'engagement à long terme avec de multiples bénéfices collatéraux.

10. Favoriser la Diversité

La diversité réduit la vulnérabilité à une menace et met en avant les qualités et la nature unique de l'environnement dans lequel elle réside.

L'adaptation remarquable du colibri capable de planer pour siroter le nectar de fleurs longues et étroites avec son bec en forme d'épine symbolise la spécialisation de la forme et de la fonction dans la nature.

Le proverbe *"ne mettez pas tous vos œufs dans le même panier"* nous rappelle que la diversité est une assurance contre les variations de notre environnement.

Écologie Intérieure

Comme dans la Nature, entretenir la diversité de notre monde intérieur est gage de résilience et de bienêtre. Qu'une maladie physique s'abatte sur vous, vous serez plus à même d'y faire face et de vous remettre sur pied en puisant dans vos forces émotionnelles et mentales. Face à une période émotionnellement difficile, nous avons souvent le réflexe d'aller faire du sport, de transpirer, d'appeler nos amis pour évacuer et transformer la charge émotionnelle. Après avoir longuement réfléchi à une question épineuse, il est bon de faire appel à notre intuition avant de valider la conclusion à laquelle nous sommes arrivés.

Ce sont là des réflexes sains qu'il est bon d'entretenir en rendant hommage à la vie dans toute la diversité de ses expressions : sexuelle, physique, émotionnelle, relationnelle, mentale et spirituelle.

Sphère informationnelle

Depuis le début de la crise sanitaire du COVID, la pression dans la sphère informationnelle est à son comble : les pros contre les antis, chaque parti étant persuadé qu'il a raison et que l'autre à tort. Cette hémiplégie ne mène à rien de bon. C'est une attitude qui nourrit l'uniformité – *'il faut que tout le monde soit d'accord'* mène à l'exclusion des minorités – au détriment de l'unité – *'ne pas être du même avis mais rester unis'* –. Cette division du peuple risque d'avoir des conséquences dramatiques sur la résilience du corps social qui a besoin de diversité et de solidarité pour répondre aux crises qui le secouent.

Par définition, la diversité est une condition de l'unité. Or *l'unité est le meilleur remède à la division, et ne peut exister qu'entre personnes ayant des convictions, des croyances, des pratiques différentes, mais sachant néanmoins se respecter mutuellement et vivre ensemble. Lorsque ces différences ne sont plus tolérées, comme actuellement, ce n'est pas l'unité qui règne, mais l'uniformité qui en est l'exact contraire, puisqu'elle détruit la diversité indispensable au vivant au profit de la conformité. L'uniformité est son parfait opposé puisqu'elle nie au contraire le besoin de différence.*[26]

---

26 Olivier Clerc – blog – 'Qui sont nos vrais ennemis ?'

11. Valoriser les bordures

L'interface entre les choses est l'endroit où se produisent les évènements les plus intéressants.

Ce sont souvent les éléments les plus précieux, les plus divers et les plus productifs du système.

L'icône du soleil qui passe à l'horizon avec une 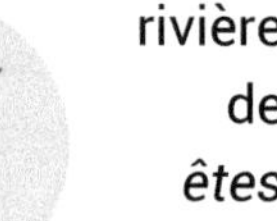 rivière au premier plan nous montre un monde composé de bordures. Le proverbe *"ne pensez pas que vous* êtes *sur la bonne voie simplement parce que c'est un chemin bien battu"* nous rappelle que l'approche la plus populaire n'est pas nécessairement la meilleure.

Écopsychologie

Le confort : existe-t-il une force plus à même d'entretenir notre immobilisme et de nous empêcher d'avancer ou de grandir ? La fameuse zone de confort est une inertie contre laquelle nous devons lutter pour devenir qui nous aspirons à être. Pour grandir, il nous faut nous dépasser, nous frotter à notre environnement, aller chercher nos limites, car c'est ainsi que l'on découvre des qualités que nous ne soupçonnions pas.

C'est aussi quand nous cherchons nos limites que nous découvrons des interactions bénéfiques, avec notre environnement, nos alliés, et tout un microcosme qui nous était encore inconnu.

Économie réelle

Pensons nos campagnes comme des zones de bordure entre les espaces urbains – les territoires des hommes – et les espaces sauvages de la Nature.

Les espaces agricoles sont les interfaces entre la culture et la nature. La dégradation de nos campagnes en dit long sur la relation que nous entretenons avec le monde sauvage ! Forêts rasées, sols détruits, pollués et mis à nus, vie sociale quasi morte, dépendance à la voiture et aux longs trajets, disparitions des commerces et services de proximité…

J'ai passé de longs mois dans l'Oise à témoigner de ce qu'est devenue l'agriculture productiviste en France : je n'ai jamais vu un humain toucher la terre, seulement des machines la retourner, l'asperger, l'écraser.

Afin de repenser une culture inspirée de la Nature, il nous faut absolument repenser cette interface avec le monde sauvage, ces bordures de nos sociétés qui produisent toutes les ressources dont nous avons besoin pour vivre.

12. Réagir de manière créative

Nous pouvons avoir un impact positif sur les changements inévitables en les observant attentivement, puis en intervenant au bon moment.

Le papillon est un symbole positif du changement transformateur dans la nature : il est en effet le résultat improbable d'une chenille qui s'est décomposée pour se transformer. 

Le proverbe *"la vision ne consiste pas à voir les choses telles qu'elles sont, mais telles qu'elles seront"* nous rappelle que la compréhension du changement est bien plus qu'une projection linéaire. C'est une sagesse du changement que l'on retrouve dans le Yi King, le livre des transformations chinois.

Écospiritualité

Le changement est la seule constante de l'univers. Tout est en constante transformation. Nous aussi. Nos corps, nos psychés, notre sens de qui nous sommes et de notre place et direction dans la vie.

La sagesse ici repose dans l'acceptation de ce qui est, et la gratitude pour ce qui nous est offert. Si tout change, qui nous dit que ce qui ressemble à un problème aujourd'hui ne se révèlera pas être une solution demain ?

Je trouve les enfants particulièrement inspirants pour intégrer ce principe : la manière dont ils font de la vie un jeu, le naturel avec lequel ils acceptent tout ce qui arrive sans discrimination, la fluidité avec laquelle ils s'inventent et se réinventent en fonction de leurs besoins, l'émerveillement et l'innocence dont la Nature les a dotés pour s'adapter à la vie et apprendre à être humain… voilà des qualités dont nous pourrions continuer à faire preuve tout au long de nos vies !

Naissance du Nouveau Monde

J'aime particulièrement la manière dont ce dernier principe rend hommage à une des qualités les plus propres à l'Homme : sa créativité. Cette infinie capacité à nous réinventer, à fabriquer du nouveau, à imaginer ce qui n'est pas encore pour le créer ensuite de nos mains. Plus que quiconque dans la nature, l'homme a ce don de changer ses propres règles du jeu.

Le pinacle de notre intelligence, aujourd'hui, consiste à avoir l'humilité de reconnaître que nous avons fait fausse route en nous écartant autant des principes de la nature. Certes, ces dérives ont été causées par la poursuite de notre potentiel créatif. Plutôt que de nous interdire – par peur – d'en rajouter, nous serions avisés au contraire d'être plus créatifs que jamais, tout en nous assurant que nos actions s'ancrent dans une logique qui nous transcende et prend en compte le reste de la vie sur Terre.

C'est ce cadre que proposent les 12 principes que nous venons de voir et qui, je le souhaite, vous a inspiré une manière de repenser votre propre expérience d'humain. Adopter cette méthodologie pour penser le monde et interagir avec lui prend du temps, mais elle finit par s'imposer comme un réflexe, un second regard, un prisme par lequel beaucoup de choses prennent enfin sens. Pour les adopter, je vous conseille d'en choisir quelques-uns d'abord. Laissez votre intuition choisir. Éprouvez-les dans votre vie quotidienne, apprenez à changer votre regard, et vous verrez que petit à petit vous arriverez à vous voir comme la Nature vous voit. C'est une des plus belles transformations qu'il m'a été donné de vivre, et une des plus enrichissantes que je vous propose.

Belle découverte !

Chapitre 8
Archétypes Écocentriques

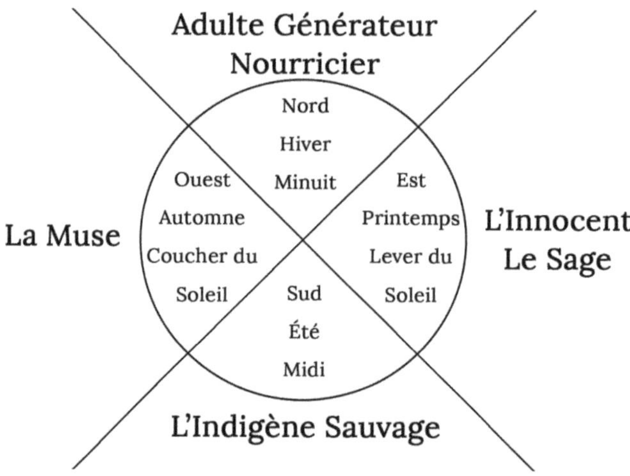

4 archétypes psychologiques inspirés de la Nature.[27]

Nous allons tenter dans ce troisième chapitre de porter un regard neuf sur nous-mêmes, de raviver notre nature humaine, de redonner vie aux anciennes intuitions de qui nous sommes, et d'apprendre à célébrer, comme nous le faisions autrefois, notre affinité instinctive avec la communauté terrestre dans laquelle nous sommes enracinés. C'est ce

---

27 Bill Plotkin – Wild Mind : A Field Guide to the Human Psyche, 2013.

que j'appelle ici l'Écocentrisme, une notion qui sera plus amplement développée dans la Partie 2 suivante.

Nous allons ici nous rappeler quatre facettes du soi, inspirés de la Nature. Que nous le reconnaissions ou pas, que nous l'honorions ou pas, nous faisons partie de la grande communauté du vivant. Plus que jamais dans la longue histoire humaine, nous avons tendance à oublier cette appartenance. Nous sommes aujourd'hui appelés à redécouvrir ce que signifie être humain dans un monde extrêmement diversifié, peuplé de créatures à plumes, à poils et à écailles, de fleurs et de forêts, de montagnes, de rivières et d'océans, de vent, de pluie et de neige, de soleil et de lune.

Dans la culture occidentale, nous nous sommes enfermés dans une sécurité excessive et illusoire, et une définition superficielle et anthropocentrée du "bonheur", alors que le monde nous invite à franchir ces barrières pour découvrir notre liberté dans des domaines plus prometteurs et plus riches en possibilités. Nos psychés humaines possèdent des capacités d'une étonnante richesse que les sciences occidentales – la psychologie notamment – ne reconnaissent pas, ou si peu. En découvrant et en récupérant ces ressources innées, qui sommeillent en chacun de nous, nous pouvons plus facilement comprendre et résoudre nos difficultés intrapsychiques et interpersonnelles.

Résoudre nos problèmes personnels est, bien sûr, important pour nous tous, et faire appel à nos ressources psychologiques innées ouvre tout un champ d'action. Ce sont nos facultés naturelles que nous devons cultiver afin de protéger et de restaurer activement les écosystèmes de notre planète et de susciter la renaissance nécessaire et urgente de nos cultures modernes. En même temps, ces ressources humaines innées sont précisément celles qui permettent à chacun d'entre nous d'identifier le génie unique et le trésor caché qu'il détient pour le monde – et, de cette façon, de participer pleinement et consciemment à l'évolution de la vie sur Terre.

Quatre archétypes de notre psyché vivent en nous, mais nous ne savons pas qu'ils existent jusqu'à ce que nous découvrions comment y accéder, cultiver leurs pouvoirs et les intégrer consciemment à notre vie quotidienne. La reconquête de ces capacités humaines essentielles pourrait nourrir le développement de la psychologie, de l'éducation, de la religion, de la médecine et du développement du leadership de manière à faire fleurir une culture d'un nouveau genre, inspirée par la nature humaine profonde et un profond respect pour la vie sur Terre. Cela nous permettrait de nous réveiller, de nous lever, de devenir de véritables agents de transformation culturelle et, ce faisant, de connaître l'épanouissement le plus profond de notre vie.

Il y a une facette du Soi associée à chacune des quatre directions cardinales : nord, sud, est et ouest. Décrire le Soi de cette manière correspond aux traditions du monde entier qui ont cartographié la nature humaine sur le modèle des directions cardinales (et les modèles étroitement liés des quatre saisons et des quatre temps de la journée : lever du soleil, midi, coucher du soleil et minuit).

L'Adulte Générateur Nourricier

La facette Nord du Soi est l'Adulte Générateur Nourricier. C'est l'aspect compatissant et compétent de notre psyché, pleinement capable d'assurer le bien-être des autres et le nôtre et de prendre soin des habitats qui nous font vivre et de toutes les espèces qui constituent collectivement la toile de la vie sur Terre. Cette facette Nord du Soi est ce qui nous permet de servir avec empathie et courage nos communautés humaines et plus qu'humaines – le monde sauvage des animaux, des plantes, des rivières et des montagnes, etc. – en tant que guides, enseignants, parents, guérisseurs, bâtisseurs, agriculteurs, designers, scientifiques et artisans. L'adulte générateur et nourricier est au cœur des archétypes jungiens du Roi et la Reine bienveillants, du Guerrier spirituel, de la Mère et du Père.

L'Indigène Sauvage

La facette Sud est l'Indigène sauvage. Il est la dimension sensuelle, émotive, érotique, ludique et instinctive de nous-mêmes qui aime s'incarner en animal humain, qui célèbre l'expérience charnelle et toutes les émotions, qui est pleinement à l'aise dans le monde plus qu'humain, qui jouit d'un lien viscéral – de parenté –avec toutes les autres créatures et qui est profondément enraciné dans les divers écosystèmes qu'il habite – les rivières, les montagnes, les déserts, les plaines et les forêts de nos biorégions. L'Indigène Sauvage est en résonance avec les archétypes de l'Amant, de Pan, Artémis/Diane (Dame des bêtes) et de l'Homme Sauvage.

L'Innocent/Sage

La facette Est du Soi est l'Innocent/Sage. C'est un amalgame de l'Innocent, qui perçoit le monde de manière pure, simple et claire comme en enfant, et du Sage, qui possède une sagesse légère et détachée sur le monde. L'Innocent et le Sage ont beaucoup en commun - ils aiment tous deux, par exemple, le paradoxe dont ils aiment rire et le jeu, et sont parfaitement à leur aise dans des situations inattendues qui exigent de nous abandon et acceptation. Notre Innocent/Sage prend parfois la forme du Fou sacré - qui vit au-delà des règles et des normes du monde social et mondain – ou du Joker – qui utilise l'humour et la chicanerie pour nous aider à nous détendre et à apprécier les grandes réalités de nos vies et du monde.

La Muse

La facette Ouest est la Muse. C'est la dimension aventureuse et visionnaire de nous-mêmes qui aime explorer l'inconnu, l'obscurité féconde, les processus de décomposition et de mort – le recyclage naturel des choses – le monde des rêves et de l'imagination, des métaphores, du symbolisme, de la poésie et du mythe. La Muse-Bien-aimée est notre romantique intérieur qui est attiré par des liaisons et des expériences à la fois dangereuses et séduisantes, y compris la descente dans les mystères souterrains de l'âme. Outre la Muse et le Bienaimé, cette facette est également en résonance avec des archétypes de l'Anima/Animus, le Magicien, le Vagabond, et l'Ermite.

Nous sommes nés avec la capacité d'incarner chacun de ces quatre archétypes psychologiques, mais nous devons les cultiver consciemment afin d'y avoir accès facilement et de les laisser s'exprimer. La culture occidentale ignore ou supprime malheureusement souvent ces quatre facettes parce que les modes de vie égocentriques ne sont pas compatibles avec une vision d'un soi multidimensionnel dans lequel elles peuvent s'incarner.

Dans un monde idéal les humains arrivés à maturation – ceux qui ont cultivé leurs quatre archétypes - développent l'infrastructure des sociétés futures et durables. En tant qu'agents de transformation et de renaissance culturelle, ils réussissent de manière extraordinaire dans les domaines de l'éducation, de l'économie, de la religion et de la gouvernance, parce qu'à travers leurs archétypes, ils laissent s'exprimer la voie de la nature, et alignent ainsi leurs actions. Dans leur vie quotidienne, ces femmes et ces hommes façonnent et encouragent des manières contemporaines d'être humain qui sont durables et améliorent la vie, tant pour les sociétés humaines que pour la grande communauté du vivant sur Terre.

En puisant dans la nature une compréhension du développement humain, ils accompagnent l'éducation et la pleine maturation du potentiel de chacun. En respectant les cycles des saisons et les cycles entre faune et flore, ils développent des systèmes agricoles nourriciers et régénérateurs. En observant attentivement les plantes, ils sélectionnent les technologies dont le biomimétisme rend un maximum de services tout en minimisant son impact sur le système. Ce sera là le thème de la Partie 2 qui propose un modèle de Développement Écocentrique pour soutenir la maturation humaine.

Un regard écocentrique sur les 4 archétypes

Lorsqu'un écosystème a été endommagé – par exemple par l'exploitation forestière, le surpâturage ou une monoculture dépendant de produits chimiques – et que vous le laissez ensuite tranquille, des espèces envahissantes apparaissent et prennent le dessus. Si vous tentez alors de supprimer ou d'éliminer ces espèces envahissantes, que ce soit par l'application de pesticides ou par un désherbage héroïque, vous ne renforcez pas l'écosystème, vous vous contentez de supprimer un symptôme appelé "mauvaises herbes".

En revanche, si vous prenez soin de la santé de l'écosystème – par exemple, en améliorant la qualité du sol ou en plantant des espèces indigènes – les envahisseurs trouvent le site moins accueillant et l'écosystème retrouve plus rapidement sa plénitude naturelle.

De même, lorsque nous veillons au bien-être de nos psychismes – en améliorant notre "sol" social et écologique et en cultivant les "espèces indigènes" du Soi - il y a moins d'occasions pour les éléments fragmentés ou blessés de nos psychismes de prendre le dessus ; *l'espace psychologique* est déjà occupé par les facettes d'un être plus pleinement épanoui, car nous avons mis l'accent sur la promotion de la santé et de la plénitude plutôt que sur la suppression de la pathologie et de la fragmentation.

Nous pouvons arroser nos psychés de pesticides pharmaceutiques et les désherber de manière 'thérapeutique', mais une bien meilleure approche consisterait à améliorer notre sol psychologique, culturel et écologique et à cultiver les capacités de notre intégralité humaine native. Autrement dit, entretenir notre bonne santé mentale et psychique consiste peut-être aussi à entretenir la vitalité de tous nos archétypes naturels. Ce n'est certes pas la seule et unique voie de guérison, mais une approche fondamentale qui renforcera les effets de toutes les autres pratiques thérapeutiques.

Essayez Ceci – Méditation des 5 sens

Présentation

Bien que cette méditation puisse se pratiquer n'importe où, je vous conseille de vous installer en extérieur. Un paysage naturel ouvert est idéal, mais l'expérience m'a appris qu'une rue de grande ville, aussi chaotique soit-elle, se prête formidablement bien à cette méditation.

Étape 1 – Installation & Préparation

Asseyez-vous confortablement, fermez les yeux, et installez-vous dans votre corps. À chaque inspiration vous plongez plus profondément en vous. En suivant l'air qui pénètre dans vos narines, gonfle votre abdomen et vos poumons, et nourrit votre cœur, vous vous ancrez dans le moment présent. À chaque expiration, relâchez les tensions qui occupent et contractent votre corps et votre esprit et détendez-vous. Inspirez et souriez en votre cœur. Expirez et souriez au monde. Une fois bien installé en vous-même, passez à l'étape suivante.

Étape 2 – 5 sensations visuelles

Ouvrez délicatement vos yeux et laissez la lumière du monde vous pénétrer. Sans regarder quoi que ce soit en particulier, autorisez votre regard à voir ce qui est devant vous : absorbez ce qui se passe en périphérie de votre regard, sur les bords extrêmes de votre champ de vision, à droite, à gauche, en haut et en bas. Pour tout voir, il vous faut apprendre à ne rien regarder. Ne vous laissez pas distraire, soyez simplement présent. Votre regard porte au loin, le plus loin et le plus large possible.

Maintenant, devenez conscient à un élément visuel en particulier. Sans le regarder plus que le reste, laissez sa présence vous pénétrer. Intégrez ainsi un deuxième élément visuel. Puis trois, quatre et enfin cinq.

Restez ainsi ouvert et conscient de ces cinq éléments visuels, sans vous attacher à eux, sans les regarder. Soyez simplement sensibles à leur présence dans votre champ de vision.

Étape 3 – 4 sensations sonores

Refermez les yeux. Ou gardez-les ouverts.

Déplacez délicatement votre attention de votre vue à votre ouïe. Plongez sans retenue dans l'univers sonore autour de vous. Soyez ouvert sans discrimination. Entendez, sans écouter.

Comme vous l'avez fait avec la vue, ouvrez-vous à un élément sonore de votre environnement et laissez-le vous pénétrer. Puis à un deuxième. Puis un troisième et un quatrième. Ne procéder vers un autre élément sonore qu'une fois que vous avez intégré les autres de manière à enrichir progressivement votre paysage sonore.

Restez ainsi conscient des quatre éléments sonores simultanément pendant quelques profondes respirations.

Étape 4 – 3 sensations physiques

Déplacez maintenant votre attention vers les sensations de votre peau. Si vous le pouvez, restez présent à vos sensations sonores pendant la suite de la méditation.

Ouvrez-vous délicatement à vos sensations physiques, à votre sens du toucher. Quelle est la qualité de l'air sur votre peau ? Ressentez-vous des tensions dans votre corps ? De la chaleur ? Quelle autre sensation est présente ?

Pour commencer, ouvrez-vous à une sensation physique particulière. Laissez cette sensation se préciser, devenir vivante. Soyez sensible à ce qu'elle raconte sur vous. Une fois présent à cette sensation, intégrez-en une deuxième, puis une troisième, en prenant toujours le temps de garder les premières vivaces. Ne remplacez pas une sensation par une autre, faites-les cohabiter.

Restez ainsi conscient des trois éléments physiques simultanément pendant quelques profondes respirations.

Étape 5 – 2 sensations olfactives

Amenez maintenant doucement votre attention au sens de l'odorat. Avec l'expérience vous pourrez le faire tout en restant présent à vos autres sens. Si ce n'est pas le cas, c'est sans importance. Ouvrez-vous, et soyez présent.

Sentez avec votre nez le monde autour de vous et commencez par isoler une odeur de votre environnement. Ce n'est pas le sens le plus développé chez l'humain et cela peut prendre du temps, mais soyez patient, présent et attentif.

Quand vous serez ouvert à une odeur, essayez de vous ouvrir à une deuxième odeur simultanément. Laissez ainsi votre univers olfactif gagner en profondeur et soyez conscient à cette dimension.

Restez ainsi conscient des deux éléments olfactifs simultanément pendant quelques profondes respirations.

Étape 6 – 1 sensation gustative

Continuez la plongée dans vos sens. Du sens de l'odorat, plongez dans le sens du goût. Si vous le pouvez, maintenant la conscience des éléments de vos sens explorés précédemment. Avec l'expérience cela deviendra plus aisé.

À quoi ressemble votre univers gustatif ? Isolez un goût en particulier dans votre bouche et soyez présent à cette sensation pendant quelques profondes respirations.

Conclusion

Prenez votre temps. Ouvrez les yeux si vous le souhaitez, lentement. Prenez le temps d'être présent et conscient à un maximum des sensations que vous venez d'explorer. Simultanément. Absorbez ainsi votre environnement et délectez-vous de la richesse de l'expérience sensorielle qui vous est offerte. Ici et maintenant… et à chaque instant de votre vie pour peu que vous tendiez vos sens au monde qui vous entoure.

Prenez un moment pour remercier le monde et votre corps.

Essayez Ceci – Le modèle SPERMS

Présentation

Le modèle SPERMS est l'occasion de prendre conscience des différentes dimensions qui créent votre expérience de la vie, et de prendre soin de vous. Il permet de s'aimer consciemment à tous les niveaux. Plus qu'un acronyme amusant, le modèle SPERMS offre un cadre holistique d'amour de soi.

Aucune de ses dimensions n'existe de manière isolée, toutes sont des aspects interdépendants d'un tout, et chacune est digne d'être prise en compte.

<u>Spirituelle</u> : profondeur de votre niveau de conscience, votre sens de l'engagement, votre lien avec l'Unité
<u>Physique</u> : votre niveau de vitalité et de bien-être, l'aisance de votre corps.
<u>Émotionnelle</u> : confiance, attention à vos sentiments et capacité à les exprimer de manière saine.
<u>Relationnelle</u> : sens et profondeur de la connexion dans vos relations clés.
<u>Mentale</u> : clarté, concentration, capacité de choisir quand et à quoi penser.
<u>Sexuelle</u> : capacité à danser avec votre énergie sexuelle, votre énergie vitale.

Statu quo et Désir

Comme pour tout acte créatif, la conscience de soi est la première étape vers ce que l'on veut. C'est pourquoi nous allons consciemment explorer chaque aspect du modèle SPERMS. Méditer sur la relation que vous entretenez avec vous-même dans chacune des dimensions du SPERMS vous permettra d'avoir une meilleure idée de la nature du terrain.

À travers cette pratique, vous allez sans doute célébrer la beauté de certaines choses, alors que d'autres dimensions vous paraîtront plus délicates et moins confortables. Allons découvrir ça...

Remplir le tableau

Commencez avec les dimensions qui vous semblent les plus aisées, cela permettra de vous familiariser avec l'exercice et d'avancer en confiance vers les dimensions moins évidentes pour vous.

Pour chaque dimension, vous allez vous poser 4 questions :

1 – Qu'est-ce qu'elle représente pour moi ?

Prenez un moment pour méditer sur le sens que vous donnez à cette dimension et à la relation que vous entretenez avec elle.

2 – Comment est-ce que je la vis ?

Prenez un peu de temps pour réfléchir à cet aspect de votre bien-être. Vous pouvez stimuler votre réflexion en vous posant les questions suivantes :

∞ Comment est-ce que je me sens par rapport à cet aspect de moi-même ?

∞ Qu'est-ce qui me vient à l'esprit quand je pense à ce domaine de ma vie ? Quoi d'autre ?

∞ Y a-t-il quelque chose que j'aimerais célébrer ?

∞ Y a-t-il des défis que je rencontre ?

∞ Si cela aide, notez de 1 à 10 votre niveau de satisfaction dans cette dimension de votre vie.

3 – À quoi j'aspire ?

Méditez maintenant sur ce que vous voulez. Dans certains cas, vous constaterez que vous souhaitez simplement maintenir le statu quo, alors que dans d'autres, vous souhaitez des changements substantiels. Dans tous les cas, c'est l'occasion de vous faire plaisir. Veillez à exprimer clairement ce que vous voulez plutôt que ce que vous ne voulez pas. Par exemple, « Je ne veux pas être confus » devient « Je veux de la clarté » ou « Je veux arrêter la malbouffe » peut devenir « Je veux manger des aliments sains qui nourrissent ma vitalité ». Pour identifier ce que vous voulez, vous pouvez demander :

∞ Parmi tout ce que je fais déjà, qu'est-ce que je veux conserver ?

∞ Qu'est-ce que je veux changer ici ?

∞ Quelle est l'expérience dont je rêve pour cet aspect de ma vie ?

∞ Qu'est-ce qui fait que cette partie de moi prend vie ?

∞ Comment puis-je aimer au mieux cette partie de moi ?

4 – Qu'est-ce que je peux faire pour réduire l'écart entre ce que je vis et ce que je veux ?

L'invitation est ici d'être proactif et d'identifier quelques actions qu'on peut s'engager à faire pour améliorer notre niveau de satisfaction et nous rapprocher de notre idéal.

Nota Bene : Nous avons ajouté dans le tableau la dimension Nature qui mérite, autant que les autres, d'être honorée dans notre définition du bien-être.

Dimension	Comment je le vis	/10	Comment je le veux
Sexuelle			
Physique			
Émotionnelle			
Mentale			
Relationnelle			
Spirituelle			

Nature			

Partie 2

Modèle de Développement Écocentrique

L'impermanence est la seule constante de l'univers.

[Sagesse bouddhiste]

Nous avons étudié dans la première partie un certain nombre de principes de fonctionnement des systèmes naturels qui s'appliquent aussi à l'expérience humaine, et ce afin de recréer un sentiment d'unicité avec le reste du vivant : ce que nous avons appelé le *soi écocentrique*.

Mais si l'être humain est un être de nature, il est aussi une créature à part, doté de dons uniques qu'il nous faut aussi interroger afin de mieux cerner l'expression optimale de son potentiel créatif.

La première partie a répondu à la question de l'appartenance de l'humain à la nature sauvage. **Cette deuxième partie s'intéresse plus directement à la nature humaine – l'âme – et à la question du développement psycho-spirituel individuel et collectif.**

φ

Tout dans la vie est amené à changer, à évoluer, à se transformer. C'est une constante encore plus profondément ancrée dans la vie que les 12 principes de la permaculture décrits dans la partie précédente. Nos pensées et émotions, nos corps, nos relations, nos sociétés, les écosystèmes, l'Univers… Tout est en transformation permanente. S'attacher à ce qui est, c'est se scléroser, se fermer à la vitalité. C'est refuser la vie.

Nous avons fait jusque-là un état des lieux de ce qu'est l'expérience humaine, et des multiples manières dont la nature la modèle. Nous avons commencé par-là, car c'est par ce processus d'identification que commence la reconnexion à et la guérison par la Nature.

À cet état des lieux descriptif, nous allons dans cette partie apporter du mouvement, du dynamisme ; nous allons rendre à nos vies intérieures ce que j'aime appeler la *Volution*. Moins réactive que la *Révolution* et moins directive que l'*Évolution*, la *volution* c'est la caractéristique qu'a la vie de se mouvoir, de muer, de s'inventer, d'aller combler les espaces et de remplir le vide. C'est l'Élan Vital d'Henri Bergson, le Vif d'Alain Damasio qui fait que toute chose vivante grandit, évolue, change, se transforme. Être n'est, par définition, qu'un état transitoire et ce n'est paradoxalement que dans cette fugacité que nous pouvons faire l'expérience de la Vie.

<u>Une différence culturelle intéressante</u> :

La pensée classique chinoise avait fait de la maîtrise du temps un art, une cosmogonie même. Le Yi King, un des plus grands classiques chinois, a été écrit il y a 3000 ans, et agrémenté depuis de nombreux commentaires de ses plus grands penseurs. Cet ouvrage divinatoire qui continue d'influencer la pensée de millions de personnes de nos jours, pense le monde, non pas en tant qu'états de la matière, mais en tant que mutations du temps. Là où l'homme moderne décrit le monde comme un agencement de 64 éléments chimiques – la célèbre table de Mendeleïev ou classification atomique des éléments –, les Chinois le décrivent, depuis des millénaires par 64 caractéristiques du temps, ou transformations/mutations. C'est dire l'importance d'assimiler ces transformations dans nos paysages intérieurs.

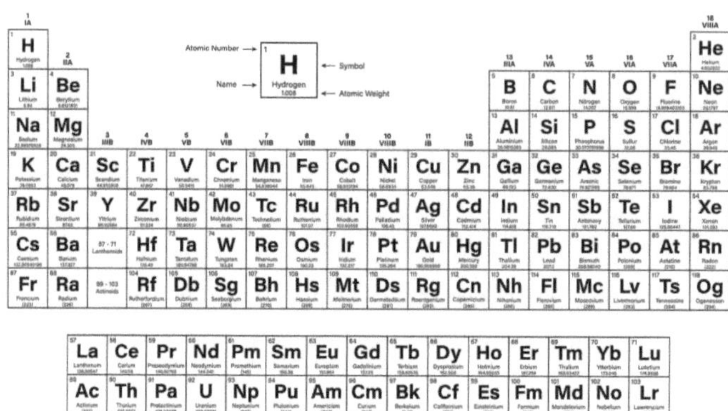

Description linéaire et matérielle de la réalité selon les Occidentaux.
(Table de Mendeleïev)

Description circulaire et temporelle de la réalité pour les Chinois.
(Yi King)

Chapitre 9
Contexte & Définitions

Survivre simplement ou s'épanouir pleinement ?

Le discours dominant sur l'écologie moderne se cantonne au concept de *durabilité* : développement durable, société durable.

Certes, une société durable est un grand pas en avant par rapport au paradigme d'exploitation et de destruction dans laquelle la société moderne s'est empêtrée depuis la révolution industrielle ; mais c'est voir petit.

La notion de *société durable* entretient malheureusement aussi, de manière sournoise, l'idée de simple survie : évoluer certes, par nécessité d'éviter l'effondrement, mais pas plus. Se transformer pour aller chercher plus et grandir à nous même ? Ne plus être poussés par la peur mais tirés par l'envie ? Nous n'en sommes malheureusement collectivement pas encore là. Survivre est utile certes, nécessaire même, mais tellement peu ambitieux. Quel manque d'imagination ! La Nature, depuis 4 milliards d'années, ne fait pas que survivre, elle prospère, elle est florissante. Elle n'est pourtant partie de rien : caillou à la dérive dans le vide de l'espace, elle a su développer une abondance de formes de vie phénoménale. Ce miracle n'est pas la résultante d'un simple réflexe de survie, mais témoigne de sa capacité, de sa volonté même, à créer pour elle-même des conditions sans cesse plus favorables pour évoluer, et se réinventer sans cesse.

Il me semble raisonnable et honnête de penser que l'humain est animé par la même énergie de *volution*. Comment expliquer, sinon, la formidable épopée de l'Histoire humaine ? Si c'est la survie que nous visions, sans doute serions-nous restés à l'abri des forêts tropicales comme nos plus lointains ancêtres.

Mais non, l'imagination, la curiosité, la soif de plus et de nouveau nous ont poussés toujours plus loin sur les routes de la découverte et de l'abondance, jusqu'à ce 21ᵉᵐᵉ qui, malgré son fatalisme, nous invite à nous réinventer, encore. En filigrane des multiples crises qui secouent nos vies, on peut lire une invitation de la nature à transformer radicalement l'humain pour que celui-ci retrouve sa place dans l'Écologie planétaire et dans son âme.

Se transformer, oui, pour s'aligner avec sa nature profonde oubliée et accepter, enfin, ce que nous avons toujours été.

C'est l'ironie de toute transformation spirituelle sincère que de faire tant d'efforts pour enfin devenir ce que nous avons toujours été.

La pyramide de Maslow[28] qui décrit la hiérarchie des besoins humains témoigne de cet état d'esprit 'survivaliste' et limitant. Nous devons effectivement nous assurer de répondre à nos besoins physiologiques et psychologiques avant de pouvoir nous épanouir dans la dimension spirituelle de nos vies.

Mais cet épanouissement personnel n'est pas le sommet de notre développement contrairement à ce que prétend Maslow. C'est au contraire une porte d'entrée, une seconde naissance grâce à laquelle nous avons

---

28 cf. Hiérarchie des besoins d'Abraham Maslow. A Theory of Human Motivations, 1943.

enfin la maturité et les ressources de nous mettre au service de quelque chose de plus grand que nous : notre communauté, notre environnement.

Il est intéressant de rappeler que le peuple indigène Siksikas chez qui Maslow a séjourné et qui lui a inspiré sa pyramide avait compris et intégré ce stade suivant de l'évolution humaine, comme la plupart des peuples traditionnels. Là où le récit de la culture occidentale moderne est absorbé par l'individu, celui des Siksikas – et de nombreux peuples indigènes partout sur la planète – rend hommage à la plus grande communauté de la Vie sur Terre. C'est dans ce paradigme que s'ancre ce livre et tout particulièrement cette quatrième partie.

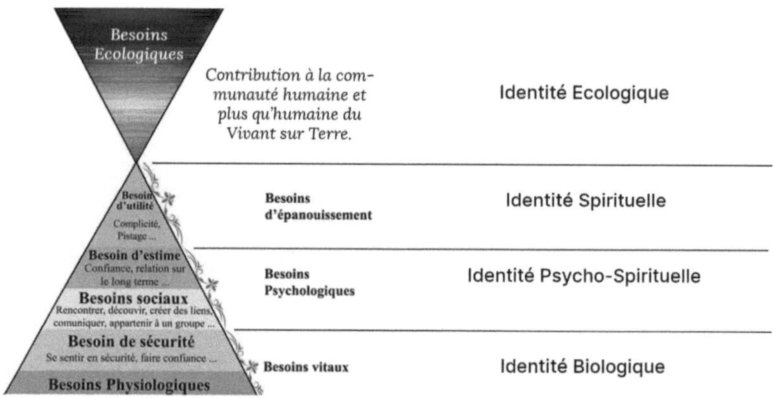

La pyramide de Maslow améliorée des besoins liés à notre identité écologique.

Carl Jung, à qui l'on doit notamment l'identification des archétypes de la psyché, a partagé cette intuition. Le psychologue des profondeurs décrit ce processus de maturation comme le passage de la psychologie enfantine à celle de l'adulte, processus au cours duquel la nature des archétypes évolue. Le Héros, qui permet à l'enfant/adolescent de développer une identité forte, des idéaux et des valeurs a pour but ultime : lui-même.

Arrivé à maturation le Héros immature se transforme en Guerrier, qui met la même énergie combative (détermination, adaptabilité, fermeté, aptitude, loyauté, discipline, détachement émotionnel, créativité…) au service d'une cause plus grande que lui.

Je n'ai aucun doute que c'est ce qui est attendu de nous aujourd'hui, individuellement et collectivement. Nous réinventer, remettre à jour le sens que nous trouvons à nos existences et assumer la place qui est la nôtre dans ce monde.

La plus haute forme d'intelligence pour l'espèce
humaine est celle du jardinier.

[Terence McKenna]

Prendre soin de notre environnement parce que c'est de sa bonne santé que dépend la nôtre. Je pense que cette transformation consiste notamment en la réhabilitation de notre identité écologique – un concept que l'on doit à Arne Naess, père de l'Écologie profonde, et qui fait référence à un sens du soi qui dépasse les limites de notre corps physique et rayonne dans nos appartenances à des écosystèmes –.

Blocage : la patho-adolescence moderne

Mais alors qu'est-ce qui nous empêche d'évoluer ? Pourquoi ne vivons-nous pas notre plein potentiel ?

Un développement humain sain requiert un équilibrage constant des influences qu'exercent sur nous, à chaque étape de notre vie, la Culture et la Nature. L'enfant par exemple a autant besoin pour se développer pleinement, de faire l'expérience directe de l'enchantement du monde naturel (influence de la nature), que d'apprendre les valeurs, les pratiques, les normes, l'histoire et la mythologie de sa famille et de sa culture (influence de sa culture).

L'influence de la culture est particulièrement forte chez l'humain : aucun animal ne crée de cultures et de mondes virtuels aussi denses que nous. Or cet équilibre entre influences naturelles et culturelles a été perdu. En nous aliénant du monde sauvage, nous avons perdu l'intégrité et les valeurs de survie et de prospérité implicites des systèmes naturels.

La société industrielle a, depuis des siècles, minimisé, ignoré, ou supprimé les tâches développementales liées à la Nature : les enfants ne sont pas initiés à l'émerveillement du monde sauvage, les adolescents ne sont pas accompagnés dans leur découverte du monde, les jeunes adultes ne sont pas initiés aux mystères du monde et de leur âme, etc. Les tâches développementales, culturelles et naturelles, et leur nécessaire équilibrage dans le processus de maturation sont développés en détail dans le chapitre 3 de cette partie et les huit stades de développement écocentrique.

Cette déconnexion radicale et précoce explique pourquoi la plupart des gens cessent de mûrir avant même de devenir adultes. On retrouve cet arrêt de notre maturation quand on considère les 'leaders' de la culture moderne – politiciens, star et leaders d'opinion notamment – qui ont remplacé les sages et les anciens des cultures traditionnelles : dirigeants politiques qui cherchent gloire et satisfaction personnelle au risque de déstabiliser leurs pays ; hommes d'affaires et chefs d'industrie qui sont obnubilés par le profit à court terme au risque d'épuiser les ressources mêmes sur lesquelles repose leur survie à long terme ; 'stars' qui tirent leur notoriété d'une image superficielle et d'un succès amplifié par le phénomène des réseaux sociaux plutôt que par une contribution particulièrement bénéfique à la société.

Dans le milieu naturel, les espèces adoptant ce type de comportement pour survivre s'appellent des parasites. Les parasites nuisent à leur hôte ou leur environnement au point de les mettre en danger. En biologie, on dit d'une cellule dont le développement se fait aux dépens de l'organisme qu'elle est cancérigène. Laisser notre destinée collective à ces pseudo-adultes immatures et toxiques est futile et suicidaire !

Est-ce vraiment ce que nous pouvons imaginer de mieux ?

Cet arrêt de notre processus de maturation a des conséquences dramatiques dans nos vies personnelles, et dans notre capacité à jouer dans le monde le rôle que les humains devraient assumer de par leur potentiel créatif. Cependant, il sert et nourrit la croissance industrielle et alimente le cercle vicieux de l'économie consumériste. Comment ? En supprimant la dimension naturelle de notre développement – via le système éducatif, les valeurs sociales, la publicité, des loisirs déconnectés de la nature, le design de nos villes et habitats, des pratiques médicales et psychologiques dénaturées, etc. – la société industrielle engendre des citoyens immatures incapables d'imaginer une vie au-delà de la société de consommation, et une contribution autre que celle d'être d'une pièce interchangeable dans cette machine infernale.

Dans la société égocentrique moderne, l'accent est mis sur le succès socioéconomique et la conformité plutôt que sur la vie dans toute sa splendeur. Nous voulons que nos enfants deviennent des adultes responsables, c'est-à-dire fidèles à leur travail, capables de payer leurs emprunts et d'emmener leurs enfants à l'école. C'est ce que nous voulons pour eux, alors qu'au fond nous ne le souhaitons même pas pour nous même. Les jeunes en bonne santé ne veulent pas survivre, mais vivre. Animés du feu de l'adolescence ils ne veulent pas être bêtement responsables, mais animés, passionnés, engagés, vivants, joyeux et amoureux du monde.

Nous avons perdu les rites de passage qui devaient accompagner nos jeunes vers cet âge adulte mature, et avons totalement négligé notre Nature humaine. Et c'est ce qui nous a menés à la tragédie que nous vivons aujourd'hui. Destruction de notre planète, destruction du lien social, perte de sens, dépressions et suicides, participation inconsciente au massacre de la vie... La plupart des humains modernes sont aliénés de leur essence individuelle, et l'humanité entière est aliénée du monde naturel qui nous a fait évoluer et nous maintient en vie depuis l'aube des temps. Nous sommes beaucoup trop nombreux à ne plus avoir de relation intime avec le monde naturel vivant et avec nos âmes, et par conséquent nous causons des dégâts incalculables aux deux.

Heureusement il n'est pas trop tard. Nous croire définitivement perdus serait une insulte à la capacité régénératrice du vivant et au pouvoir créatif humain. C'est un regard étriqué qui nourrit le récit de l'Effondrement.

Le modèle de développement présenté dans cette partie[29] propose une vision simple et pratique pour nous refamiliariser avec les tâches de développement culturelles et naturelles afin de reprendre un développement sain, équilibré, à même de faire de nous des humains matures capables d'assumer leur place dans la grande communauté du Vivant sur Terre.

Devenir pleinement humain, ce n'est pas devenir super humain, ce n'est pas développer des super pouvoirs. Être pleinement humain c'est avant toute se considérer comme citoyens de la planète Terre, et refondre nos systèmes de valeurs en fonction de cette appartenance primordiale. L'Écologie intérieure aide, dans ce processus, à différencier ce qui émane de notre égo de ce qui nous est inspiré par notre âme, et de réordonner nos priorités pour nous aligner avec les besoins de la planète.

La société actuelle est tellement incohérente avec tous les principes du vivant qu'elle n'est pas à même de soutenir cette transformation des individus. Nous pouvons tous décider, quand nous entendons la petite voix de notre âme nous inviter à nous éveiller, de participer à l'avènement d'une nouvelle culture mondiale.

Comme disait Albert Einstein, « *un problème ne peut pas se résoudre avec le même niveau de conscience qui l'a créé* ». Il nous faut individuellement faire évoluer notre niveau de conscience pour faire émerger une nouvelle culture, inspirée par et au contact de la Nature, afin

---

29 Inspiré par Bill Plotkin, Nature and the Human Soul.

que les enfants à venir puissent imaginer les solutions qui ne nous sont pas encore accessibles aujourd'hui.

La danse de l'Esprit, l'Âme, et l'Égo

Afin d'étendre le niveau de conscience dont parlait Albert Einstein, il nous faut redéfinir le Soi, le faire grandir au-delà des frontières étriquées de notre Égo et le faire entrer en contact intime avec notre Âme et l'Esprit.

J'utilise dans la suite à de nombreuses reprises les notions d'Esprit, d'Âme et d'Égo. Ce sont là trois dimensions naturelles du Soi, enlacées dans une danse karmique dont dépend notre développement et notre maturation.

Afin que mon propos soit mieux compris, il m'a semblé essentiel de définir ces trois termes le plus précisément possible.

L'Esprit

Dans la suite du livre, j'utiliserai le terme Esprit pour faire référence à la nature dans sa dimension transcendantale. L'Esprit c'est ce qui est universel, et qui transpire en toute chose dans le cosmos. Il est le Tout, sans limites, le Mystère éternel qui imprègne et anime toute chose dans l'Univers, et les transcende.

On l'appelle aussi, selon les traditions, l'Absolu, le Divin, le Tao, Dieu, Allah, Bouddha, l'Anima Mundi, la Force. Au même titre que l'Âme et l'Égo – que nous définirons plus loin – l'Esprit fait partie du Grand Mystère.

L'Esprit, c'est ce que nous, et toutes les choses de l'univers, avons en commun : notre adhésion commune à une même réalité ; et nous sommes tous individuellement une facette unique de ce Tout qui nous contient tous. Dieu est tout, et en tout.

Il est l'objet d'intérêt des religions, mais n'appartient pas au domaine religieux. La question spirituelle est centrale dans ce livre, et centrale à l'expérience humaine. Il est important de la comprendre comme détachée du religieux et indépendante de tout dogme. Le spirituel est par essence une expérience, intime et sensible, avec la dimension sacrée de la vie. Chacun en fera l'expérience de manière unique en rapport avec ses propres sensibilités et croyances.

L'Esprit est souvent une des premières facettes du soi qui se révèle à nous lors des expériences transcendantales : danse extatique, méditation profonde, ou utilisation de substances psychédéliques et enthéogènes[30] telles que la psilocybine – les champignons magiques – ou la DMT/ayahuasca. Lorsque la membrane de la personnalité devient poreuse grâce à ces médecines et pratiques sacrées, le sentiment d'unité avec le reste de la vie s'impose avec une telle force que nul n'oublie jamais l'expérience.

L'Esprit c'est aussi la Nature dans son sens le plus large, la nature extérieure, sauvage, l'écosystème Terre, conscient et pris dans son ensemble.

---

30 Le terme « enthéogène » est construit à partir du grec, ενθεος (entheos) qui signifie « inspiré, possédé, rempli du divin » et γενέσθαι (genesthai) signifiant « devenir ». Ainsi, un enthéogène est une substance qui est la cause d'une inspiration, d'une sensation ou d'un sentiment à connotation spirituelle ou divine.

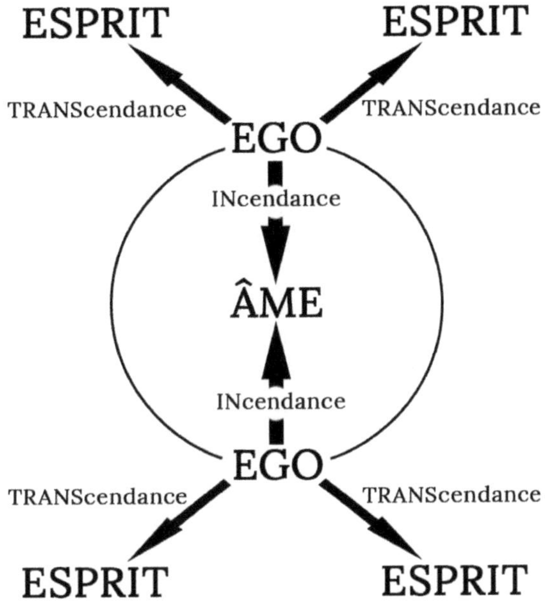

INscendance vs TRANScendance

Nous n'étions qu'une petite trentaine à avoir pu rejoindre l'île de Hainan dans le sud tropical de la Chine pour le Rassemblement Rainbow 2008. Jeux Olympiques obligent, le pays était strictement verrouillé et les déplacements sous contrôle comme nous avions pu en faire l'expérience à la frontière tibétaine. Nous avions croisé la flamme olympique dans la bourgade de Shangri La[31] au Yunnan, et dans son sillage un cortège funèbre d'opposants et de moines morts de s'être opposé à l'impérialisme chinois.

---

31 Dans la tradition bouddhiste, Shangri La fait référence à un lieu utopique clos aux merveilleux paysages où le temps est suspendu dans une atmosphère de paix et tranquillité. Le village où nous avons séjourné quelques semaines portait bien son nom.

C'est donc plus en froid que jamais avec les impérialismes culturels de tous bords que nous sommes allés passer quelques semaines dans la jungle sauvage de Hainon pour ce rassemblement de hippies alternatifs.

Et c'est dans le calme somptueux de cette jungle que la nature s'est révélée à nous pour la première fois dans sa robe mystique. Quelques champignons au chapeau légèrement bleuté, ramassé à même la bouse de buffles sauvages, s'occupèrent des présentations.

Cette expérience sacrée permise par les champignons magiques, comme les nombreuses explorations qui ont suivi, comment les décrire ? Elles ont tout changé, sans pourtant rien déplacer. Je me rappelle la pureté de la lumière à travers les branches des arbres, la douceur de l'eau qui coulait sur moi, en moi, à travers moi alors que je m'extasiai de faire l'expérience d'être la rivière. Je me souviens aussi de l'absence des mots, et de leur incapacité totale à relater la magie d'une telle expérience d'intimité avec la Tout.

Ces expériences avec des substances enthéogènes ont été une bénédiction pour apprendre à percevoir le monde, mais les mots manquent pour décrire ces voyages et les leçons qu'ils m'ont apprises n'appartiennent pas à la seule dimension intellectuelle. Il faut passer soi-même les portes de la perception pour connaître. C'est pour cela que, malgré l'importance qu'elles ont eue dans mon cheminement vers une nature intérieure vivante, je n'en parle que peu dans ce livre.

« L'homme qui revient par ces Portes ne sera jamais tout à fait le même que celui qui est sorti. Il sera plus sage, mais moins sûr, plus heureux, mais moins satisfait de lui-même, plus humble dans la reconnaissance de son ignorance, mais mieux équipé pour comprendre la relation des mots aux choses, du raisonnement systématique au mystère insondable qu'il tente, toujours vainement, de comprendre. [...] Les sensations, les sentiments, les intuitions, les fantaisies - tout cela est privé et reste, sauf par le biais de symboliques empruntées, incommunicable. Nous pouvons *rassembler des informations sur ces expériences, mais jamais revivre les expériences elles-mêmes.»* [32]

L'Âme

L'Âme c'est la nature qui s'exprime à travers nous.

L'Esprit n'est pas la seule force qui nous invite à nous développer et à grandir. Le travail vers l'extérieur – la trans*cendance* vers l'Esprit – est équilibré par un travail vers l'intérieur – l'in*scendance* vers notre Âme –. Là où la recherche de l'Esprit provoque une expansion de la conscience personnelle, l'ouverture à notre Âme invite notre conscience à s'approfondir, à aller, non plus au-delà, mais au fond d'elle-même.

L'âme d'une *chose* – toute chose : humain, animal, objet, évènement, relation, etc. – est sa place privilégiée dans l'écosystème monde. Par place j'entends non pas uniquement sa position géographique, mais l'ensemble des rôles, fonctions, stations et statuts que cette *chose* a en rapport avec les autres *choses*. L'âme peut se concevoir comme la configuration idéale des relations de cette chose avec toutes les autres choses dans le monde.

L'âme d'un humain, c'est ce qu'il est appelé à réaliser dans sa vie. Lui, et pas un autre. C'est ce que sa nature la plus profonde cherche à vivre.

---

32 Aldous Huxley, les Portes de la Perception, 1954.

> *'C'est la plus grande conversation que l'on
> peut entretenir avec le monde'*
>
> **[David Whyte]**
>
> *'La plus grande histoire que la vie nous réserve'*
>
> **[Jean Houston]**

L'idée intrinsèque à la notion d'âme, c'est que nous sommes tous invités par la nature, le jour où nous venons à la vie, à occuper une place bien précise dans les écosystèmes qui seront les nôtres : dans nos relations humaines, mais pas seulement. Nous sommes tous en ce sens différents les uns des autres, chacun appelé à mener un rôle bien particulier, à occuper une niche écologique bien précise ; cependant ce n'est pas cette différence, cette autonomie qui fait de nous les individus que nous sommes, mais les interdépendances et les relations mutuellement bénéfiques que nous entretenons avec le reste de la nature et du vivant afin de manifester notre âme.

Partir à la recherche de son âme a été le thème et le but des voyages initiatiques de nombreuses cultures. On pourrait argumenter que c'est la transition la plus éloquente qu'un être humain est amené à vivre, car c'est le moment où il va plonger tout au fond de lui, pour se métamorphoser en lui-même. Tout comme le papillon qui doit abandonner son identité de chenille, nous sommes appelés par notre âme à abandonner notre identité sociale – durement acquise au cours de notre adolescence – pour exprimer notre vraie nature intérieure. Ce thème est fondamental à l'Écologie Intérieure puisqu'il touche à la manière dont la nature s'exprime à travers nous.

En partant à la recherche de notre âme, nous découvrons la toile sacrée de notre vie, celle tissée avec les fils de nos passions, de nos talents, et de ce que nous a appris notre expérience personnelle. Car derrière ce qui nous touche instinctivement, ce qui nous intéresse intuitivement, ce qui s'est spontanément présenté à nos vies, derrière tout ça s'exprime le divin marionnettiste de notre âme. L'âme nous attire irrémédiablement à elle, pour qui sait l'écouter, et ne s'offre pleinement qu'à ceux dont l'égo est prêt à évoluer et mûrir.

L'Égo

L'égo est ici entendu comme notre état de conscience quotidien. En tant qu'état de conscience, l'égo est soumis à des fluctuations naturelles puisqu'il régit – de manière plus ou moins saine et mature – les émotions, pensées, sensations ou tout autre stimulus qui font le quotidien d'une vie.

Pour faire simple, mon égo c'est mon moi tel qu'il pense et ressent la plupart du temps : c'est la partie de moi qui régit mes réflexes et mes réactions spontanées, qui organise mes pensées et défenses psychiques en réponse à des expériences traumatiques, qui alimente mon dialogue intérieur, qui s'identifie à mes pensées et s'attache à mes émotions. Lorsque nous prenons soin de nous et de notre développement, notre égo est capable d'évoluer et de mûrir au cours de la vie, devenant plus sage à mesure qu'il s'ouvre à l'Esprit et qu'il apprend à danser avec notre Âme. Mais il arrive aussi à son développement de caler ou de régresser, ce qui a tendance à se manifester par des états de déconnexion profonde, de manque d'empathie, d'intérêt ou d'enthousiasme envers soi-même, ses proches et la vie.

L'égo est une caractéristique parfaitement naturelle et normale des êtres humains. Comme toute chose animée de vitalité, l'égo évolue, et arrive à maturation avec le temps. Malgré sa mauvaise réputation, il a son rôle et son utilité dans notre écosystème intérieur. C'est lui qui filtre et trie les informations utiles, gère l'intendance du corps, et interagit directement avec le quotidien.

Parce qu'il est chargé de l'intendance et des tâches les moins 'glorieuses' de nos vies, on associe souvent l'égo à nos défauts, nos bassesses, nos manquements... Bref, on a vite fait de dire que notre égo est responsable de tout ce qui ne va pas bien dans nos vies. Pourquoi ? C'est que notre égo assure notre identité, notre survie, notre défense, et entretient par conséquent la séparation nécessaire au maintien de notre intégrité.

Bien que l'égo soit notre état de conscience quotidien, nous n'avons, dans la société moderne, que peu, ou pas, d'éducation quant à son fonctionnement. Arrivés à l'âge dit adulte — qu'il ne faut pas confondre avec l'âge mûr — nous ne savons pas quoi faire de lui et ne savons pas qui il est : parfois objet de nos chasses aux sorcières spirituelles, souvent grand incompris qui règne en tyran dans l'ombre de notre subconscient. Trop fréquemment l'égo est un sujet dont on ne parle pas — par peur, par honte ou par ignorance — bien qu'il dirige invisiblement nos vies.

La descente dans nos profondeurs pour y trouver nos plus grandes forces et notre raison d'être — un travail qui s'appelle le Shadow Work — ou travail sur les ombres dont nous parlerons plus tard — est un élément culturel indissociable du voyage initiatique. Pour s'ouvrir à son âme, le héros doit se confronter à son égo et son passé, à ses peurs, à ses envies, trier entre ses croyances qu'il doit mettre à jour, celles qu'il doit intégrer et celle qu'il doit laisser derrière lui. C'est un travail par essence très intime, mais pour lequel, s'ils étaient guidés par la sagesse des Anciens, les jeunes seraient bien mieux préparés. Nous pourrions alors voir fleurir rapidement une génération de gens alignés avec leur nature profonde, connectés avec leur environnement, et donc à même de pouvoir participer à l'élévation des consciences et au changement de paradigme nécessaire à l'avènement du Nouveau Monde.

Au moment de la Vie où l'humain est initié à son âme — une transition cardinale de la vie qui sera étudiée plus en détail dans la Partie 2, Chapitre 3, Stades 4&5 —, l'égo et l'âme deviennent amants : l'âme inspire à l'égo ce qu'il trouvera de plus épanouissant dans la vie — ce qui nous permet d'identifier nos plus grandes passions, les causes au service desquelles nous souhaitons nous engager, le sens de notre vie —, et l'égo permettra à l'âme de manifester et d'incarner ses désirs et de réclamer sa place privilégiée dans le monde —faisant de nous le véhicule de nos plus grandes aspirations –. Cette transition majeure dans notre processus de maturation marque le passage à l'âge adulte véritable. Nous étudierons ce processus en détail plus tard.

Chapitre 10

Le Développement Humain Écocentrique

À quoi ressemblent les stades de développement de l'être humain quand il grandit avec la nature et son âme comme guides ?

Ce chapitre propose un modèle de développement humain inspiré de la Nature et qui rend hommage au potentiel créatif de la psyché humaine. Ce modèle a été développé par Bill Plotkin, auteur, psychologue des profondeurs, guide en nature sauvage et tisseur de cocons. Ses 25 années d'expériences pratiques avec ce modèle nous apprennent qu'en équilibrant, à chaque étape de notre développement, les influences de la nature et de la culture, nous pouvons :

✓ Enraciner notre enfance dans l'innocence et l'émerveillement ;
✓ Germer en adolescents animés du feu créatif sacré et curieux d'explorer les mystères du monde ;
✓ Fleurir en adultes authentiques et matures, artistes de nos vies et leaders visionnaires ;
✓ Mûrir, enfin, et embrasser le rôle d'anciens pour polliniser sagesse et grâce en entretenant une relation holistique au reste du monde du Vivant.

La perspective écocentrique consiste à penser de manière holistique, ce que l'écologiste Arne Naess appelle le moi écologique ou ce que James Hillman appelle "une psyché de la taille de la terre".

Authoritaire, dualiste, non-durable, mécanique, destructif, imprudent, déséquilibré, pouvoir sur

Démocratique, holistique, durable, florissant, compatissant, régénérateur, sage, équilibré, interdépendant, organique, pouvoir avec

Ce modèle se dit écocentrique en ce sens qu'il modèle le développement individuel humain dans la perspective des cycles, rythmes et patterns naturels. La nature ne fait pas que nous nourrir, nous habiller, nous protéger. Elle ne fait pas que nous offrir des expériences mystiques. Elle ne fait pas que nous offrir des merveilles telles que des pierres précieuses, la senteur des fleurs, la caresse du vent sur nos joues. Elle ne fait pas qu'inspirer en nous musique et art. En plus de tout cela, la Nature informe et guide chaque étape de notre maturation, à condition que nous l'écoutions et la laissions faire. Par essence, ce qui suit est un modèle biomimétique de développement humain. Ce sont les forces de la Nature et de l'Âme qui guident notre développement, que nous y prêtions attention ou pas. Mais celui qui apprend à écouter en tirera forcément les bénéfices.

Ces pratiques s'articulent en trois aspects.

1. Une histoire, ou carte,
du développement humain optimal

La vie humaine se comprend mieux comme une histoire. Le modèle raconte une histoire, en huit actes, de maturation humaine, et offre une carte pour y arriver.

Ce dont nous avons le plus besoin aujourd'hui pour sortir des récits du Business as Usual et de l'Effondrement, et pour nous ancrer dans le Grand Tournant, ce sont de nouveaux récits collectifs, de nouvelles histoires à raconter, que l'on peut aider à exister dans le monde en incarnant dans nos vies des versions individuelles de ces grands récits. Comme le laisse penser David Korten[33], un des aspects les plus délicats du Grand Tournant, c'est de changer nos récits. La roue vous aidera, je l'espère, à trouver des conseils pour faire évoluer vos histoires personnelles et collectives.

L'histoire du développement humain optimal telle qu'elle est présentée dans la suite vous surprendra peut-être. Elle utilise en effet des éléments du monde tel que nous le connaissons, mais les tisse différemment pour dessiner une toile nouvelle.

Il nous faut réaliser des ajustements à chaque stade du modèle pour nous en rapprocher et apprécier sa subtile et naturelle sagesse.

---

33 David Korten, The Great Turning: From Empire to Earth Community, 2001.

2. Des conseils pour soigner nos blessures psychologiques

Avancer dans la vie c'est aussi prendre conscience de nos blessures psychologiques et les guérir. Comme nous l'avons abordé plus tôt[34] nos traumatismes nous ancrent dans le passé comme des amarres : nous devons les couper ou les détacher afin de mettre les voiles et de prendre la mer.

Ce modèle s'ancre dans une approche holistique pour aborder et soigner les blessures psychologiques. Plutôt que de mettre le dysfonctionnement – le symptôme – au centre de notre analyse nous allons plutôt nous demander : qu'est-ce qui, chez la personne malade, manque à l'incarnation de sa plénitude, et que peut-elle faire pour cultiver ces qualités manquantes ou capacités bloquées ?

Comme nous allons le voir, cultiver ces qualités revient le plus souvent à s'ancrer dans une relation intime à la nature et de prendre soin des tâches de notre développement naturel que nous avons délaissées et laissé inachevées. La méditation, par exemple, possède des vertus thérapeutiques qui proviennent sans doute du fait qu'elle rétablit une dimension de plénitude – calme, présence, innocence – qui est un acquis de notre jeune enfance[35], mais qui est rarement, voire jamais, entretenue au-delà. La neuroscience moderne est capable, grâce à l'imagerie cérébrale, de mesurer et de prouver l'intuition des sagesses ancestrales : en méditant quotidiennement sur le sentiment de gratitude par exemple, nous pouvons soigner des maux tels que le stress, l'anxiété, l'hypertension, les troubles digestifs et du sommeil, etc. Nous pouvons aussi améliorer nos états émotionnels et nous sentir plus heureux et sereins.

---

34 Partie 1 – Chapitre 1 – Les Traumatismes : archéologie psycho-spirituelle

35 cf. Partie 2 – Chapitre 3 – Stade 1 : La tendre enfance.

3. Un outil de design de communautés humaines florissantes

Une société humaine saine commence avec des individus humains sains. Quand nous réapprendrons à poursuivre notre maturation humaine au-delà de la patho-adolescence moderne, nous verrons trois phénomènes se produire qui créeront un effet boule de neige :

- ✓ Plus d'adultes matures feront leur apparition, et assumeront leur rôle de leaders inspirants et visionnaires. C'est à travers leur pouvoir créatif qu'émergeront les alternatives pratiques dans nos modes de vie et que notre société se remettra à évoluer dans le bon sens.
- ✓ Les anciens et les sages, qui ont quasiment disparu de notre société, ou qui ont vu l'importance de leur rôle méprisé (« *que comprennent les vieux au monde moderne ?* »), se remettront à assumer leur rôle de guide, en aiguillant notamment les jeunes vers les Grands Mystères et l'Initiation à leur âme[36].
- ✓ Ainsi plus d'adolescents atteindront le stade d'adultes matures et accéléreront à leur tour l'évolution de la société.

Dans ce modèle, chaque stade de développement a des qualités propres, un don pour le reste de la Vie. À ce titre, chaque étape est la plus belle dans laquelle vivre. Où que nous en soyons de notre développement, nous y sommes pour une raison bien particulière et la meilleure chose que nous puissions faire c'est de la vivre pleinement, à fond, sans retenue, ni jugement, ni anticipation de ce qui viendra après. Ce modèle a pour vocation de nous faire apprécier chaque étape de la vie, pas de nous faire anticiper la suite. La suite nous sera présentée quand, et uniquement quand, nous serons prêts à avancer.

---

36 cf. Partie 2 – Chapitre 3 – Stade 4 : Adolescence.

C'est pour cette raison que vous lirez, à la fin de chaque stade, qu'il était le meilleur moment de notre vie : parce qu'une vie vécue pleinement, dans l'appréciation de chacune de ses phases, s'accompagne immanquablement de mélancolie au moment d'entrer en transition…un sentiment qui bientôt laissera la place à l'excitation d'entrer dans un nouveau stade et une nouvelle relation à soi-même et au monde.

Je suis particulièrement reconnaissant à Bill Plotkin pour ce joyau de sagesse, et fier de traduire et partager, pour la première fois en français, une partie de son héritage dont j'aurais tellement aimé bénéficier dans ma jeunesse.

Je me souviens avec beaucoup de clarté des doutes qui m'ont assailli quand j'ai, pour la première fois, entendu les cris de détresse de mon âme agonisante. Bien sûr, à l'époque, je ne savais pas ce qu'était cette douleur. J'étais étudiant, apprentis trésorier dans un grand groupe français. En me rasant pour aller travailler un matin, j'ai croisé mon regard dans le miroir : froid, mécanique. Quand avais-je vu, pour la dernière fois, ce visage sourire ? Pourquoi, malgré mes réussites académiques et professionnelles, émanait de moi une aura d'une telle tristesse ?

Ces questions m'ont hanté pendant des mois. J'avais, sans le savoir, ouvert une boite de pandore : qu'est-ce que je fais ici ? Où va ma vie ? Quel est le sens de tout ça ? Qu'est-ce que le bonheur ? Et surtout : à qui puis-je m'adresser pour réfléchir à ces questions qu'on ne peut ignorer ?

Je suis resté seul, de plus en plus seul, avec ces interrogations que si peu de mes amis semblaient partager. Ces années ont été douloureuses. Éventuellement c'est en cherchant à ramener un sourire sincère et spontané sur mon visage que j'ai pu trouver et suivre les bonnes pistes.

Je sais néanmoins que tous ceux qui passent par ces doutes n'ont pas la chance que j'ai eue, et j'espère que ce modèle en aidera certains à trouver une lueur pour naviguer leurs difficiles transitions.

Chapitre 11

Les 8 Stades du Développement Écocentrique

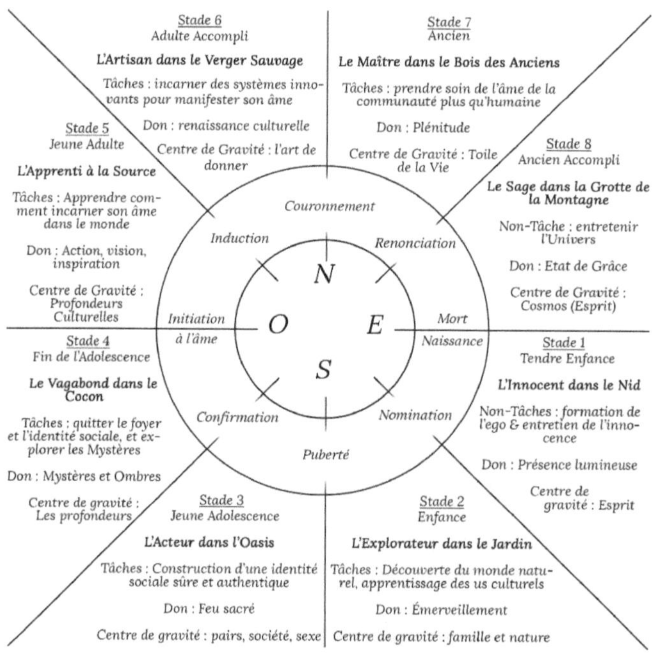

La Roue de Développement Ecocentrique de Bill Plotkin (Nature & The Human Soul, New World Library).
Traduction Damien Masselis.

Je décris dans la suite les stades de développement les uns après les autres, tels qu'ils se présentent, éventuellement, à nous. J'y mêle des commentaires de son auteur, Bill Plotkin, des réflexions issues de discussions entre amis, et des réflexions et évènements issus de mon expérience personnelle. Il n'est pas exclu que certains éléments du modèle vous mettent mal à l'aise ou vous semblent complètement étrangers, surtout sur les stades les plus avancés dont nous n'avons pas encore l'expérience intime.

À chaque stade développement correspondent :

✓ Une période de la vie : Tendre Enfance, Enfance, Jeune Adolescence, Fin de l'adolescence, Jeune Adulte, Adulte Accompli, Ancien Accompli ;

✓ Un archétype associé à une niche écologique : l'Innocent dans le Nid, l'Explorateur dans le Jardin, l'Acteur dans l'Oasis, le Vagabond dans le cocon, l'Apprenti à la Source, l'Artisan dans le Verger Sauvage, le Maître dans le Bois des Anciens, le Sage dans la Grotte de la Montagne ;

✓ Une transition : Naissance, Nomination, Puberté, Confirmation, Initiation à l'Âme, Induction, Couronnement, Renonciation, Mort.

✓ Un don : Innocence, Émerveillement, Feu Sacré, Mystères, Vision, Renaissance Culturelle, Plénitude, État de Grâce.

J'utilise délibérément dans le texte des majuscules pour faire référence à ces périodes, archétypes, lieux et transitions et dons particuliers.

Dans l'hémisphère Est notre centre de gravité penche vers l'Être, alors que dans l'hémisphère Ouest, il penche vers le Faire. Dans l'hémisphère Sud, notre centre de gravité penche vers l'Individuel, alors qu'il évolue vers le Collectif dans l'hémisphère Nord.

Stade 1 - Tendre Enfance :
l'Innocent dans le Nid

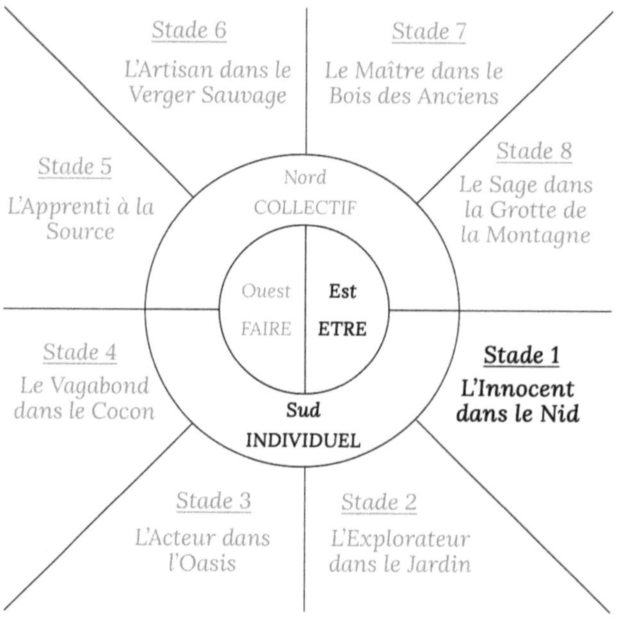

La véritable innocence, semblable à celle de l'enfance, n'existe qu'autant qu'elle s'ignore elle-même.

[Johann Paul Friedrich Richter]

La Naissance est, avec la Mort, le plus grand mystère de la Vie. Expérience mystique par excellence, à la naissance, nous quittons l'obscurité du ventre de notre mère pour atterrir, maladroitement, dans la lumière du jour et notre fragile vie d'humain. Ce passage mystérieux du grand Esprit à la vie incarnée sur Terre se produit dans la direction cardinale de l'Est, qui représente le soleil levant, l'aube, le renouveau, l'innocence des débuts et l'Esprit du Tout.

Pendant tout ce stade, nous vivons dans la protection du Nid, une extension de l'utérus qui nous a vu grandir pendant les neuf mois qui ont précédé la naissance. Dans l'utérus comme dans le Nid la satisfaction de tous nos besoins ne nous incombe pas : c'est à nos parents de prendre soin de nous.

Bien que nous soyons incarnés, nous vivons encore, à ce stade, dans la pleine conscience de notre unicité au monde qui nous entoure. Les parents savent qu'un jeune enfant, n'ayant pas encore de conscience individuelle, n'ayant pas encore développé d'égo séparé et individué, vit le monde comme il se vit lui. Les stades suivants de notre développement nous éloignent progressivement de cet état d'unicité avec le développement de l'égo et de l'identité sociale.

Il est intéressant de noter qu'à l'opposé du cadran se trouve la transition de l'Initiation à l'âme[37], une seconde naissance qui, inversement, va laisser derrière elle l'égo et l'identité sociale pour réembrasser son appartenance à l'univers et au Tout.

Le don de l'Innocence

Les nouveau-nés font don au monde de leur présence lumineuse : il est quasiment impossible pour une personne émotionnellement vivante, de ne pas ressentir la joie et la présence divine propre aux jeunes bébés. Les jeunes enfants incarnent cette innocence, et ils l'ancrent dans la société humaine par leur présence et en nous rappelant que nous avons tous, aussi, été ces pures pépites de lumières.

---

37 cf. Partie 2 – Chapitre 3 – Stades 4 & 5 : Adolescence – Jeune Adulte

J'ai la chance immense d'être le papa de deux garçons merveilleux âgés de 4 et 7 ans. Ma femme et moi sommes d'incorrigibles activistes engagés corps et âme vers l'émergence du Nouveau Monde. Telle était déjà notre mission avant de devenir parents, et nos enfants ont encore renforcé notre conviction et notre détermination à un moment où tout le monde nous disait de 'rentrer dans le rang' pour prendre soin d'eux... Pour accomplir ma mission j'ai endossé ces dernières années, beaucoup de rôles que je prends très, parfois trop, au sérieux : père, amant, ami, coéquipier sportif, entrepreneur, président et chef de projets, traducteur, fermier, designer et constructeur de maisons écologiques, prof à la maison, écrivain... Perfectionniste, volontaire et intègre à l'extrême, il m'arrive souvent de stresser et de m'épuiser 'pour la bonne cause'.

Les seules personnes à avoir su me faire prendre conscience que je pouvais effectivement lâcher prise sont mes deux garçons : « C'est pas grave Papa, allez viens jouer ! » me répètent-ils régulièrement quand ils voient mes sourcils se froncer et mes cernes se creuser.

Il y a dans l'innocence de leurs paroles et dans leur attitude un impératif doux à ne pas oublier ce qui est le plus important : ne pas délaisser le simple bonheur de jouer quand le jeu se présente, quand bien même des soucis préoccupent mes pensées d'adultes. J'ai récemment entrepris de m'abandonner consciemment au jeu plusieurs fois par semaine afin de rendre hommage à mon enfant intérieur, gardien de l'innocence et de la lumière. Je m'en sens formidablement bien, mieux, mentalement, émotionnellement et physiquement rajeuni !

Préserver l'innocence revient à assister les enfants, les adolescents, les autres adultes et nous-mêmes à être pleinement présent à leurs expériences immédiates, sans discrimination de tout ou partie de ces expériences.

Cette innocence est la fondation naturelle sur laquelle l'adulte construit sa vie. Elle est la graine de l'émerveillement qui sera notre qualité primordiale à l'Enfance[38]. S'émerveiller du vol d'un papillon ou d'un

---

38 cf. Partie 2 – Chapitre 3 – Stade 2 : L'Enfance.

morceau de piano requiert en effet de pouvoir être pleinement présent à l'expérience.

Notre capacité à nous émerveiller pose à son tour les bases sur lesquelles nous construirons, à l'Adolescence[39] une identité sociale authentique. Développer un soi authentique nécessite en effet que nous puissions nous émerveiller des nombreuses manières d'appartenir socialement qui s'offrent à nous. Ces trois qualités – Innocence, Émerveillement, Authenticité – forment le socle de notre voyage initiatique dans les mystères du Cocon[40], qui est la porte d'entrée obligatoire pour devenir un adulte mature capable de renouer la communion avec la nature.

La communion et la séparation sont toutes deux nécessaires au développement d'un individu sain. Bien que la formation progressive de l'égo nous exile de notre sens inné d'union avec le monde, la préservation de l'innocence – ou sa redécouverte grâce à un travail conscient sur l'Enfant Intérieur – permet, plus tard dans la vie, de revivre l'expérience consciente de cette unité, et d'épanouir notre interconnexion au monde, une étape essentielle dans l'avènement du soi écologique.

La naissance de la conscience de soi

Quand cette formidable époque de la vie, dont nous ne pouvons malheureusement garder aucun souvenir autobiographique, prend-elle fin ? Au cours de sa première année dans le Nid, l'enfant n'a pas conscience de lui, ne fait pas de différence entre le sein de sa mère et son propre corps. Ce n'est que vers la fin de cette première année que commence à se développer le sens de séparation et d'individuation. Il lui faudra pourtant attendre encore un an ou deux pour que se développe un sens de soi qui lui permettra, entre autres, de commencer à former des

---

39 cf. Partie 2 – Chapitre 3 – Stade 3 : L'Adolescence.
40 cf. Partie 2 – Chapitre 3 – Stade 4 : Fin de l'Adolescence.

phrases pour s'exprimer. Mais pour la plupart des psychologues, c'est l'apparition de la mémoire autobiographique – qui permet à l'enfant de raconter une histoire dans laquelle il a un rôle et une position spécifiques et de tisser ses expériences propres en souvenirs – qui marque la naissance de la conscience de soi. Ce n'est pas un hasard si c'est à cette époque de notre vie que remontent nos premiers souvenirs.

C'est à ce moment miraculeux de notre croissance que le Nid prend fin. À la joie immense de voir son enfant grandir se mêle un deuil terrible. Ce stade précieux de l'Innocence, cet âge d'or de la connexion originale au Tout et de l'attachement privilégié enfant-parent est terminé et ne pourra jamais être ranimé. À bien des égards, l'Innocence dans le Nid était le meilleur stade de la Vie dans lequel se trouver.

Essayez Ceci – Mettre à jour nos tâches de développement de la Jeune Enfance

Préserver et embrasser notre nature sauvage originale

En préservant l'innocence, chez nos enfants aussi bien qu'en nous-mêmes, nous entretenons les qualités essentielles (instinctives, émotionnelles, sensuelles, imaginatives) de notre Indigène Sauvage voire définition Partie 1, chapitre 3). Cet *id* que Freud voulait à tout prix contrôler, je vous conseille au contraire de le célébrer.

>> Pour compenser la rigidité sociale de votre quotidien, autorisez-vous des moments dédiés à l'exploration sensorielle du monde naturel (sortez, touchez, sentez, goûtez, écoutez, voyez la nature), riez à gorge déployée, touchez-vous, bougez et dansez pour le plaisir simple et sans but de jouer avec votre corps et vos sens. Racontez des histoires pour inventer votre monde d'une manière différente de celle qui vous est constamment présentée.

>> Si vous êtes parents, laissez vos enfants libres d'explorer le monde de leurs sensations sans restriction, laissez-les jouer dans la boue et sous la pluie. Réservez vos 'Non' pour les préserver du danger réel. Touchez vos enfants, allaitez-les si vous le pouvez, et favorisez les contacts peau à peau, vous en avez autant besoin que votre enfant. Jouez avec eux comme si vous étiez vous aussi des enfants, suivez leur exemple et laissez-les vous réapprendre l'innocence. L'éducation qui va dans les deux sens apporte beaucoup plus à tout le monde.

Sans doute guérirez-vous ainsi nombre de blessures et traumatismes de votre jeune enfance en vous épargnant une psychothérapie !

Stade 2 - Enfance : L'Explorateur dans le Jardin

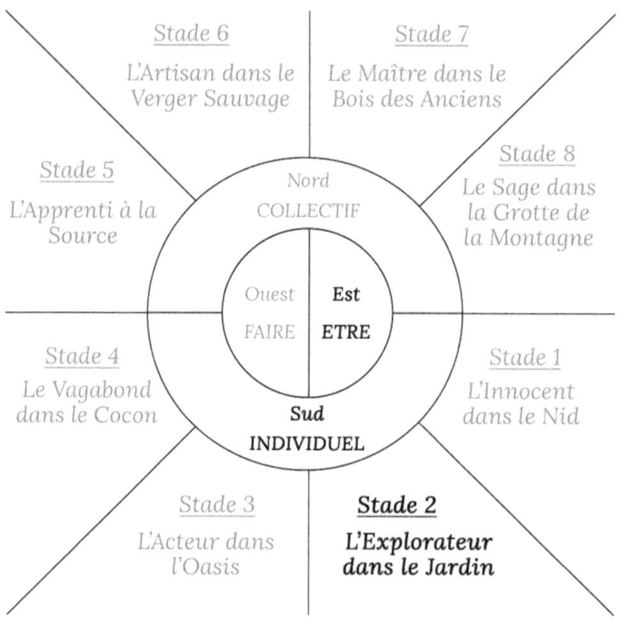

Je ne suis qu'un militant du parti des oiseaux,
Des baleines, des enfants De la Terre et de l'eau.

[Renaud, Le Déserteur]

C'est ici et ainsi que commence l'expérience consciente de la vie. L'expérience, au début de l'enfance, d'être séparé du monde et donc dans un sens abandonné, représente un cataclysme majeur qui n'épargne aucun de nous. Même dans les familles les plus saines et avec les parents les plus aimants, nous vivons tous, de manière plus ou moins traumatique, ce sentiment d'être éjecté du Nid et de notre paradis d'Innocence. Soudain séparés du Tout, nous devons prendre des décisions indépendantes pour notre propre bien. Tombés du Nid dans le Jardin nous sommes amenés à l'explorer. Nous acceptons progressivement que nous comprenons nos propres besoins mieux que nos parents, une révélation douloureuse. Cette douleur, cette blessure sacrée, est la cause et la conséquence de l'émergence de notre égo, ce mode de conscience en charge de notre survie et de notre comportement dans le monde à qui il incombe de faire de nous un membre à part entière de notre famille, de notre société et du monde naturel.

À ce stade, le développement de l'égo est à la fois vécu comme une blessure sacrée et comme une bénédiction. L'innocent devenu explorateur hérite d'un monde inconnu à découvrir, et pour cela il va jouer avec ses états de conscience et ses perspectives sur le monde : c'est ce que les enfants font quand ils jouent à tourner sur eux même jusqu'à en perdre l'équilibre, à faire des roulés-boulés dans l'herbe, à faire le cochon pendu dans les branches des arbres, ou à se surprendre à retrouver, caché sous les coussins, le jouet qu'ils ont eux-mêmes placés là. C'est ce qu'ils cherchent à faire en jouant, en assumant un rôle puis un autre, afin de donner au monde du volume, de la perspective. L'enfant apprend ainsi à observer le monde depuis autant de perspectives que possible, en jouant de curiosité, de persistance, de pureté, de clarté, d'observation et de délices. Sa nature l'invite à explorer l'inconnu, à expérimenter ses sens et ses réactions, à faire face à ses peurs et ses désirs. Ce sont là des qualités qui nous seront essentielles quand, à l'aube de l'âge adulte, il nous faudra explorer les Mystères des profondeurs de la vie. Si le phénomène est inconscient dans l'Enfance, comprendre que nos traumatismes sont des déclencheurs de nos processus de maturation sera une des clés du passage à l'Adulte Accompli[41].

---

41 cf. Partie 2 – Chapitre 3 – Stade 5&6.

L'Enchantement pour le monde

Parmi les souvenirs les plus vivaces de mon enfance se trouvent les heures passées dans le jardin à construire des cabanes avec mes frères, mes parents et mon grand-père. Ramasser des branches d'olivier fraichement coupées et des pierres pour les murs, de la mousse pour les matelas, et des bâtons pour se défendre, et faire ainsi du monde notre maison et terrain de jeu. Je crois que ces moments ont imprimé dans mon cœur un tel sentiment de plénitude et d'alignement que c'est à construire une maison naturelle que je me suis attelé sitôt devenu père. Avec la toute-puissance créative propre aux Jeunes Adultes je me suis armé de terre, de bambou et de paille pour construire une maison où abriter ma famille et nous offrir un lieu confortable pour nous émerveiller des choses de la nature.

S'abandonner à l'enchantement de la Nature, on ne le répètera jamais assez, est essentiel à l'enfance, à la découverte de soi, et à toute la suite du processus de maturation. Et pourtant, c'est sans doute une des tâches développementales les plus négligées de nos jeunes vies.

S'enchanter de la manière dont la Nature s'exprime en nous est tout aussi essentiel. Une enfance saine se manifeste par une abondance souvent chaotique d'émotions : joie, tristesse, peur, colère, amour, culpabilité... ces émotions arrivent constamment, se bousculent naturellement. Elles sont parfois simples et innocentes, parfois plus complexes et difficiles. Mais elles sont toutes des trésors qui aident les enfants à appréhender leurs expériences de la vie et à former une relation authentique à eux même et vis-à-vis du monde des autres. De même que l'exploration de la nature sauvage nous donne une idée de notre place dans le monde vivant, l'exploration de nos émotions nous donne une idée de notre place dans le monde des humains. L'absence d'entraves et un soutien encourageant sont des ingrédients essentiels de cette phase de vie.

Mon fils aîné, comme moi à son âge si j'en crois mes parents, est d'une nature émotionnelle très sensible, ce qui se traduit régulièrement par des 'crises' ou 'drames' émotionnels auxquels, en tant que parents, nous nous trouvons mêlés bien malgré nous. Ces crises qui prennent parfois des proportions dramatiques nous ont maintes fois donné, à ma femme et moi, l'occasion de débusquer notre propre incapacité à accepter les émotions de notre fils, et aussi les nôtres.

Après une après-midi de jeu avec ses copains, Kenji s'écroule en larme, incapable d'exprimer ce qui ne va pas, ou ce qu'on peut faire pour l'aider. En bon papa je cherche souvent dans ces moments difficiles à le faire parler, à partager ce qu'il ressent ; je le conforte, je l'invite à raisonner et à trouver des solutions pour que cessent ses crises, ou au moins son impuissance face à elles... je sais que mon intention est bonne, mais je réalise aussi maintenant qu'en proposant des 'solutions', je lui transmets l'idée que ses moments émotionnellement intenses sont un problème. En voulant le faire sortir de sa crise, c'est mon propre inconfort à rester avec une personne en détresse qui se révèle. C'est une manière déguisée de ne pas accepter ses émotions et de détourner l'attention du moment présent. En l'invitant à raisonner, je l'écarte de son expérience immédiate et de la présence sensible de ses émotions. Je lui ouvre en grand la porte de la distraction : une porte qu'il enfonce souvent en demandant la télé ou n'importe quoi pour s'éloigner de ses émotions. J'oublie que sa maturation actuelle ne lui permet sans doute pas d'utiliser la partie rationnelle de son cerveau pour canaliser ses émotions, et que cette compétence ne viendra que dans quelques années, une fois qu'il aura appris à observer et apprivoiser ses émotions.

Sans doute est-ce là un réflexe que j'ai hérité de mes parents, et eux des leurs, et que dans cette dette karmique que nous nous transmettons de génération en génération se trouve une des racines de notre déconnexion à notre nature intérieure, avec toutes les conséquences dramatiques que nous savons. Ne pas transmettre à nos enfants l'aversion que nous avons, en tant qu'adultes, envers les émotions fortes, complexes et parfois douloureuses est à la fois un de nos plus grands défis et un des plus grands cadeaux que nous pouvons offrir aux générations futures.

En tant qu'adultes et parents, il est important de reconnaître et respecter que les enfants ne sont pas seulement des adultes en devenir, mais portent en eux, tels qu'ils sont, un don pour le reste de l'humanité. Certes nous rêvons tous que nos enfants assument très tôt certains rôles dans le cadre de la famille et fassent preuve de maturité : prendre soin de leurs jouets, ranger, mettre la table, participer aux tâches ménagères, etc.

Mais ce sont là des tâches secondaires dans leur stade de développement : leur don instinctif au monde n'est pas leur contribution aux tâches sociales, mais leur don d'émerveillement. Tout comme l'Innocence est la plus pure chez les bébés, l'Émerveillement est à son paroxysme chez les jeunes enfants. Qui peut rester insensible à leur exubérance naturelle, à l'excitation de la découverte, aux explosions de joie et à la nature créative qui anime chaque minute de la vie d'un enfant en bonne santé ?

Je me considère comme un adulte ouvert d'esprit et très curieux, prompte à m'intéresser aux autres et à poser des questions. Mais je fais pâle figure face à l'émerveillement de mes deux fils. Des psychologues ont estimé qu'un enfant âgé de 4 à 6 ans pose en moyenne jusqu'à 400 questions par jour. Multipliez ça par deux enfants, divisez le nombre d'heures d'une journée par le résultat et vous comprendrez pourquoi la plupart des parents finissent par botter en touche face à la tâche colossale de répondre à toutes ces interrogations sur le monde : « Papa, c'est quoi ça ? Pourquoi ça s'appelle comme ça ? Et à quoi ça sert ? Et pourquoi on ne l'utilise pas pour autre chose ? Et c'est qui qui l'a inventé ?... » Ces questions à tiroir sont littéralement infinies et révèlent l'infinie curiosité qu'ont les enfants pour le monde dans lequel ils sont amenés à vivre et grandir.

Développement Cognitif

En posant ces milliers de questions, en se confrontant à une gamme d'émotions aussi nouvelles qu'intenses, en explorant le monde autour de lui, l'enfant développe et tire profit de ses nouvelles capacités cognitives, celles que le pédopsychiatre suisse Jean Piaget nomme les Opérations Concrètes.

Selon lui, les enfants développent, entre 5 et 7 ans, la capacité à penser les objets concrets qui leur sont présentés de manière logique : c'est ainsi qu'ils commencent à apprécier les différences entre leur perspective et celles des autres : différences de motivation, de valeurs, de capacités… C'est là une nouveauté cognitive qui leur permet de s'ouvrir, de reconnaître et de savourer les différences individuelles… et de s'en émerveiller ! La capacité à critiquer et juger, qui accompagnera un nouveau rapport à leurs émotions et un besoin de prendre parti et de choisir, ne viendra que plus tard, vers 8 ou 9 ans. Avant cela, cette sensibilité aux différences va nourrir le développement conscient de l'empathie et de l'altruisme, deux qualités fondamentales pour les aider à trouver leur place.

Arrivé à maturité, le centre de gravité psycho-spirituel de l'enfant est de nouveau soumis à une transition : l'émerveillement instinctif qu'il portait à la nature et sa famille se déplace pour se fixer sur ses pairs, les membres du sexe opposé – ou du même sexe – pour qui il éprouve une attraction toute nouvelle et les possibilités quasi infinies qu'offre la société. Cette transition, la Puberté, marque le passage de l'Enfance à la jeune Adolescence. Avec cette transition s'étiole l'Innocence du jeu, de l'Émerveillement et de l'exploration imprudente du monde. Cette simplicité essentielle nous fait dire que l'Enfance, quand elle a été vécue sainement, était le meilleur moment de la Vie…

La maturité de l'homme, c'est d'avoir retrouvé le sérieux qu'on avait au jeu lorsqu'on était enfant.

[Nietzsche]

Essayez Ceci – Mettre à jour les tâches
de Développement de l'Enfance

Appendre le fonctionnement du monde et notre place.

Les activités/tâches présentées ci-dessous sont là pour inspirer la manière dont vous pouvez, si vous êtes parents, prendre soin du développement de vos enfants. Mais elles sont aussi d'essentielles étapes pour tout adulte cherchant à parfaire sa maturation : elles peuvent en effet aider à combler un déficit de notre enfance, ou nous permettre de raviver un sentiment dont nous nous sommes éloignés en grandissant et nous rappeler à certaines leçons primordiales de la vie.

<u>1. S'ouvrir à l'enchantement de la Nature :</u>

- Rechercher le contact intime avec le monde sauvage : une randonnée, une excursion ou même un simple moment de présence et de jeu dans la nature sauvage. Cherchez des endroits où vous cacher et observer, des endroits où grimper, ramasser des objets avec lesquels faire des choses : branches, boue, cailloux… Observez la présence des êtres non humains avec qui nous partageons le monde : les rivières, les montagnes, les arbres et les animaux par exemple.

- Appartenir : similitudes et différences. En observant attentivement les êtres non humains qui peuplent la nature, nous pouvons nous inspirer d'une infinité de qualités naturelles : l'élégance furtive du chat, la ruse du renard, la légère insouciance du papillon, la solidité de la montagne, l'assiduité de l'abeille… Passez 15 minutes en compagnie d'un animal ou d'un être de nature, observez-le et observez-vous. Qu'avez-vous en commun ? En quoi est-il différent ? Quelles qualités incarne-t-il qui pourraient vous être utiles ?

- Jouer d'imagination avec la Nature : se raconter des histoires sur la nature, les éléments, le temps et les animaux développe le sens de l'empathie envers le monde non humain, qu'il soit réel ou imaginaire. Imaginer ce que pense un animal, ce qu'il ressent et se déplacer comme lui favorisent aussi l'identification.

- Éducation environnementale expérientielle : découvrir la nature par les analyses scientifiques est devenu anxiogène : connaître le monde naturel ce n'est pas uniquement savoir à quelle vitesse les écosystèmes se dégradent, quels effets de paliers vont nous être fatals, et quelles sont les causes de tout ce dérèglement. Faire l'expérience directe du monde vivant (en allant observer des animaux dans leur habitat par exemple, en ressentant la douceur de l'eau ou la force du vent sur la peau) créé une relation intime et dévoile des forces et des qualités qu'ignorent les analyses froidement scientifiques, rationnelles et factuelles.

Or c'est dans l'expérience directe et l'intimité qu'elle inspire que réside la confiance que tout n'est pas perdu.

<u>2. S'ouvrir à l'enchantement de la Nature Humaine :</u>

Si la Nature représente tout ce qui existe indépendamment de l'invention humaine, nous pouvons considérer nos corps, notre imagination profonde et nos émotions comme étant des phénomènes naturels. Il est aussi important de s'en émerveiller que de s'enchanter de la nature sauvage.

- Honorer le corps humain et ses capacités : pratiquer des activités qui vous permettent de découvrir et d'approfondir vos capacités physiques (force, agilité, mouvement …), pratiquer des méditations centrées sur vos sens, essayez des médecines naturelles qui reposent sur les dons de guérison de votre corps, etc.

- Entretenez votre imagination en vous demandant sincèrement : comment puis-je être dans ce monde ? À quoi ressemblerait la vie si je vivais différemment ? Quelles sont les différentes versions de moi ? Qu'est-ce que j'aimerais découvrir et/ou créer dans ce monde ? Qu'est-ce que ça nécessiterait venant de moi ? Comment dire à mes proches que je les aime et partager mes émotions ? Qu'est-ce qui serait différent dans le monde si je changeais ma manière de penser ? À quoi ressemble le monde pour un ours ou un aigle ? Forcez-vous à faire face à ces questions fondamentales sans laisser votre esprit rationnel poser de limite à votre imagination.

- Familiarisez-vous avec vos émotions : la première étape est d'identifier les manières dont nous évitons de nous confronter aux émotions fortes : allumer une cigarette, se servir un verre, scroller sur les réseaux sociaux, regarder un film, changer de sujet de conversation, trouver une explication rationnelle à ce que nous ressentons… nous avons tous des mécanismes de défense pour nous distraire et éviter la confrontation à nos émotions fortes. Apprendre à rester présents à nos émotions, à reconnaître leur utilité (que nous apprennent-elles ?) et leur valeur (en quoi changent-elles le rapport que j'ai à moi-même et au monde ?) fait partie du travail d'authenticité nécessaire à notre guérison et maturation.

- Jouer des interactions entre corps, imagination, émotion et nature sauvage :

> Imagination & Nature : qu'est-ce que ça ferait d'être un chat ? Une branche d'arbre que l'on coupe ? Une fleur qu'une abeille butine ? …

> Corps & Nature : ne faites pas qu'observer, mais interagissez avec la nature à travers vos 5 sens : plongez dans la rivière, roulez-vous dans l'herbe, sentez le fumier, goûtez votre sueur…

> Émotions & Nature : ressentez dans la pluie qui tombe votre propre tristesse. Dans la chaleur du soleil, votre joie. Sous l'orage, ressentez votre peur. Etc.

> Emotions & Corps : quand une émotion forte s'empare de vous, plongez dans votre corps et essayez d'identifier où elle se loge : avez-vous mal au ventre, dans le dos, dans la nuque, dans la gorge ? Avec le temps, vous apprendrez ainsi à mieux identifier vos émotions et que faire pour les faire circuler.

> Imagination & Émotions : Comment aimeriez-vous que les choses se passent ? Se poser sincèrement cette question peut aider à mieux identifier l'émotion qui nous assiège.

3. Apprendre la culture : valeurs, connaissances, histoire, mythes et cosmologie

- Pratiques sociales : il est essentiel pour grandir (et ensuite pouvoir les remettre en cause) de connaître les bonnes manières de s'exprimer, de manger, de jouer, de célébrer et de faire le deuil, de danser, chanter, argumenter, résoudre des conflits, raconter des histoires, apprendre, respecter les choses sacrées…

- Valeurs : apprendre les valeurs de la culture est essentiel pour développer une appartenance saine et ensuite être capable de les remettre en cause. Il est prouvé que de grandir sans un système de valeur clair mène à la confusion et souvent, à l'âge adulte, une incapacité à définir ses propres valeurs. Remettre en cause le système de valeurs social est essentiel, mais ne peut se faire sainement avant de l'avoir appris et reconnu. Avez-vous identifié les valeurs de la société dans laquelle vous vivez ? Avez-vous identifié votre propre système de valeurs ?

- Connaissance : de quelles connaissances avez-vous besoin pour entretenir un sens riche d'émerveillement vis-à-vis de la nature sauvage et humaine ? Savez-vous comment fonctionnent les écosystèmes autour de vous ? Savez-vous comment fonctionne votre corps ? Vos émotions ? Votre imagination ?

- Histoire : l'histoire de notre culture définit une large part de ce qui se passe dans notre subconscient. Connaître notre histoire commune est essentiel pour tisser un sentiment d'appartenance nécessaire à la cohésion sociale. Ne pas la connaître c'est ignorer la manière dont les gros muscles de l'histoire influencent notre comportement à notre insu. Connaissez-vous l'évolution des grandes idées de votre culture ? Connaissez-vous l'historique des combats que vous menez aujourd'hui ? Êtes-vous sensibles aux spécificités historiques de votre culture dans ces combats ? Connaissez-vous les racines des conflits qui agitent votre pays aujourd'hui ?

- Mythologie & Cosmologie : les mythes nous aident à appréhender les grandes questions métaphysiques qui influencent notre psyché individuelle et collective. Connaissez-vous les archétypes, les métaphores et les symboles qui sont utilisés pour décrire le monde ? Passer quelques nuits sous les étoiles à se rappeler ou apprendre les histoires des Dieux grecs qui ont donné leurs noms aux constellations et aux étoiles permet souvent de se rappeler à nos origines, aux croyances primordiales qui ont créé notre monde. S'ouvrir à l'histoire de l'Univers c'est aussi s'ouvrir à l'appréciation du sens et de la place de l'homme dans le plus grand récit de la vie.

Stade 3 – Jeune Adolescence :
L'Acteur dans l'Oasis

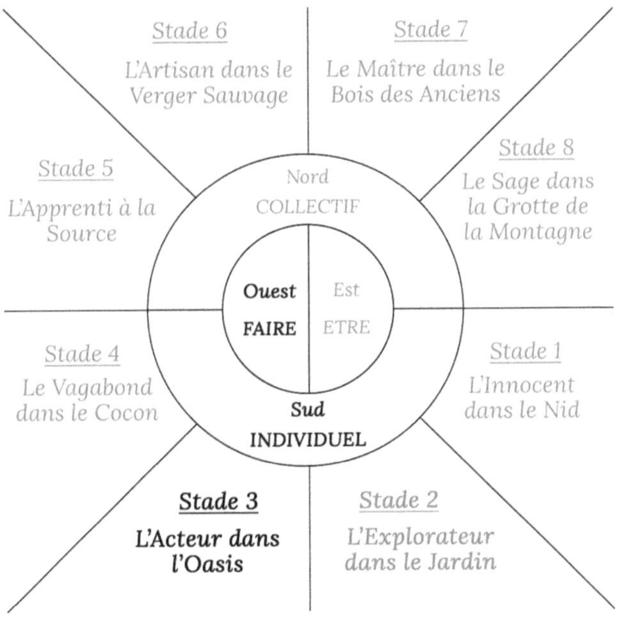

Comme un éclat de rire vient consoler tristesse
Comme un souffle avenir vient raviver les braises
Comme un parfum de souffre qui fait naître la flamme
Jeunesse lève-toi...

[Damien Saez, Jeunesse lève-toi.]

La puberté est une des transitions de vie les plus spectaculaires, dramatiques et souvent traumatiques dans la vie d'une personne... et de ses parents. À la floraison biologique des fonctions sexuelles qui marquent la fin de l'enfance s'ajoute des développements cognitifs, émotionnels, sociaux et motivationnels difficiles à comprendre et qui, par conséquent, provoquent souvent des conflits familiaux : l'ado est un incompris tumultueux, en particulier quand ses parents ne disposent pas de la bonne grille de lecture pour comprendre cette étape du développement humain de leur progéniture. Tempêtes émotionnelles, ouragans hormonaux, bourrasques relationnelles, typhons amoureux... la vie émotionnelle de l'adolescent ressemble à une éruption volcanique permanente !

Mon entrée dans l'adolescence a marqué le début d'un conflit avec mon père qui a duré presque 20 ans, et dont je ne suis pas sûr qu'il se soit encore libéré. Je me souviens encore des innombrables conflits idéologiques qui ont commencé à nous opposer, du jugement constant que je ressentais vis-à-vis de mes relations sociales, de mes tentatives de choix identitaires, de mes prises de positions politiques, des préférences que je commençais à assumer.

Tout était hyper réactif, au point qu'il m'a fallu des années pour identifier et remettre en question des aspects entiers de ma personnalité que j'avais développé spécifiquement en réaction à ce conflit. À quel point ma méfiance envers le big-business a-t-elle été une forme de jugement indirect de sa carrière chez IBM par exemple ?

Je lui ai à l'époque souvent reproché de ne pas montrer l'exemple et de ne pas faire preuve de plus d'intelligence émotionnelle que moi, alors qu'il était censé être un adulte. Je reconnais aujourd'hui avec beaucoup plus de compassion que, n'ayant sans doute pas mené à bien cette phase de son propre développement personnel à l'époque, il pouvait difficilement me servir de guide. Lui n'a pas connu son père, et cette absence de modèle a forcément pesé quand il est devenu papa à son tour. C'est bien inconsciemment qu'il a transmis son traumatisme non résolu.

L'histoire suggère que l'adolescence est un stade de développement relativement récent, qui apparaît plus au moins au début du XXème siècle dans le monde occidental. Elle pourrait révéler un avantage certain en termes d'évolution si nous étions capables d'évoluer socialement pour en tirer profit. Plutôt que d'être projeté de l'enfance à l'âge adulte, nous avons en effet l'opportunité historique de nous y préparer.

La Puberté – la transition qui marque l'entrée dans l'adolescence – est la première grande transition de notre vie où nous sommes conscients de nous-même avant et après la transition. Nous avons conscience de ce qu'est l'enfance avant, et de ce qui change au cours de l'adolescence. À ce titre, la manière dont nous vivons cette transition servira plus ou moins consciemment de modèle aux transitions suivantes que nous serons, éventuellement, amenés à vivre. Pour les parents, l'opportunité se présente de conclure cérémonieusement leur rôle de parent d'un enfant dépendant d'eux, d'offrir leur bénédiction, et de se préparer au rôle bien différent de parents d'un jeune beaucoup plus indépendant : l'adolescent.

Centre de Gravité

Une des caractéristiques les plus flagrantes de l'entrée dans l'adolescence est le revirement radical du centre de gravité psycho-spirituel : pour la première fois de notre vie nous quittons la sécurité de notre famille pour nous aventurer dans le monde. Nos parents cessent d'être nos principaux modèles et référents, et nous embrassons sans retenue les influences riches et contradictoires de nos pairs, de nos potes, et de la société que nous découvrons en sortant de chez nous. Jamais le monde n'avait été aussi vaste et diversifié ; c'est dans un immense marché aux airs de souks où tout est disponible que nous débarquons. Nous rencontrons des personnes de tous âges et styles, aux modes de vie inimaginables, où la tentation se mêle au danger.

Pour le jeune qui est animé d'un besoin urgent et dramatique de devenir quelqu'un, de faire quelque chose de sa vie, l'opportunité est aussi grande que bienvenue : il va pouvoir initier de nouvelles relations sociales, se confronter à de nouvelles expériences, prendre des responsabilités, explorer sa sexualité, bref choisir qui il veut devenir dans cette Oasis sociale.

Développements cognitifs

Ce besoin primordial est permis et nourri par de nouveaux développements cognitifs propres à l'adolescence. Jean Piaget les appelle Opérations Formelles : ces nouvelles aptitudes confèrent la possibilité de raisonner dans le monde abstrait des possibilités. Le jeune peut désormais envisager de nouveaux comportements hypothétiques, penser plusieurs scénarii en même temps, envisager des possibles qui n'existent pas vraiment, voire qui sont contraires aux faits observés. Il devient sensible aux principes abstraits de la logique, aux symboles et métaphores et donc à la poésie. Ces nouvelles capacités cognitives lui permettent de contempler des idéaux, d'architecturer ses propres valeurs, et de se comprendre lui-même, ses motivations et ses relations d'une manière qui lui était jusqu'alors inaccessible. Il lui vient aussi la capacité à masquer ou déguiser les raisons qui le poussent à agir. Ceci explique en partie qu'au cœur de l'adolescence trône le besoin de se façonner une vie propre, authentique, et que cela nécessite dans un premier temps de quitter le Nid familial et le Jardin qui ont protégé l'enfant en lui donnant la structure qu'il ne pouvait, alors, développer seul.

Authenticité et appartenance

Si l'émerveillement de l'enfance a été nourri, c'est avec une soif de découverte que le jeune adolescent va entamer son processus d'individuation social pour trouver sa place authentique et privilégiée. Celui qui, au contraire, entame sa transformation avec peur et timidité risque fort de limiter ses expériences sociales et ses découvertes, et donc d'assumer une personnalité sociale de convenance plutôt que d'authenticité.

Pour le jeune, la vie sociale est sa raison d'être, la scène sur laquelle il peut être un acteur de théâtre : à la recherche constante de nouveaux rôles, de nouvelles formes d'expression, il s'essaie à tout dans sa quête, souvent inconsciente, d'authenticité et d'appartenance. C'est qu'il se cherche. Après avoir passé toute sa jeune vie à adopter et respecter le cadre posé par les valeurs de sa famille, il cherche désormais son propre système de valeur, son style, qui il est. Une quête qu'il doit sans cesse équilibrer avec le besoin vital qu'il a d'appartenir à un groupe. Ce revirement de loyauté est souvent mal vécu par ses parents, car mal compris.

À ce stade les parents se sentent souvent rejetés par leur adolescent, jugés par ses recherches de valeurs différentes, une attitude qui remet en question celles qu'ils lui ont inculqué. Pourtant, ce n'est pas *contre* les valeurs familiales que les jeunes poussent pour grandir, mais *sur* elles. Les valeurs acquises à l'enfance, si elles sont solides, permettent au jeune de s'appuyer dessus - et sur ses parents - pour aller en explorer d'autres. Ils ont besoin, à ce moment crucial de leur vie, de sentir que leurs parents sont solidement ancrés dans leurs valeurs pour pouvoir s'appuyer sur eux avec confiance, afin de voler de leurs propres ailes et aller explorer le monde. Si au contraire les parents flanchent et cèdent au conflit en manquant d'incarner ce qu'ils ont prêché toute leur vie, c'est tout un édifice de confiance qui risque de s'écrouler entre eux et leur enfant entré dans l'adolescence... au détriment de tout le monde.

J'espère que mon père ne m'en voudra pas d'étaler ici publiquement une partie de notre relation. C'est qu'elle m'a tant apporté que je rechigne à ne pas partager certaines de ces expériences qui, douloureuses, ont néanmoins été formatrices. J'en parle aujourd'hui avec sérénité car la tempête est passée et le soleil brille à nouveau dans notre relation.

L'expérience suivante, je l'ai vécue bien après ma Jeune Adolescence, et elle ne m'a donc pas affectée de la même manière. Elle m'a été infligée, je le sais, car il avait confiance dans le fait que je puisse répondre seul à mes besoins. Elle illustre cependant à merveille la perte de confiance qui peut résulter du manquement de nos parents aux promesses faites pendant notre enfance – ou plus précisément de la perception que nous avons de ces soi-disant manquements –.

Les conflits idéologiques qui nous ont opposé, mon père et moi dès la sortie de l'enfance, ont duré longtemps. Des années plus tard, j'avais fini par atterrir et vivre à peu près aussi loin que possible de ce qu'il espérait pour moi… Lui qui rêvait de me voir continuer ma carrière en finance chez LVMH, se désolait de me voir vaquer, nus pieds, à des recherches spirituelles sur une île quasi déserte du sud de la Thaïlande. Quant à moi, j'apprenais à assumer que telle était ma voie, envers et contre tout, et j'avançais en me rappelant ce qu'il m'avait répété depuis ma tendre enfance : « Quoi que tu décides pour ta vie, je serai là pour te soutenir ! ». « Même si tu veux devenir éboueur » se plaisait-il à rajouter pour plaisanter. Cette promesse de confiance, j'ai voulu l'éprouver un jour, ou en tirer profit : j'avais en effet besoin d'une petite somme d'argent pour faire les stocks du restaurant que j'allais ouvrir et lui ai demandé de m'avancer les fonds. Je savais qu'il ne me suffirait que de quelques semaines pour le rembourser et je sautais le pas pour lui demander son soutien. Sa réponse fut sans équivoque : « Tes choix de vie sont désolants, mais ils t'appartiennent : maintenant assumes-les et démerde-toi. » Le ton n'était ni vindicatif ni agressif. Juste froid et factuel, avec suffisamment de mépris – réel ou perçu ? – pour trahir que la blessure entre nous n'était pas encore guérie.

Qu'elle qu'ait été son ressenti et ses raisons à l'époque, j'ai vécu sa réponse comme une trahison impardonnable à sa parole. Je n'avais aucun doute sur le fait que je pourrais ouvrir mon restaurant sans son aide, là n'était pas le problème. Sans doute me faisait-il d'ailleurs sincèrement confiance pour que je me 'démerde' sans lui. Pendant des années je me suis raconté qu'il avait trahit ce jour-là ce qu'il m'avait promis toute mon enfance : son indéfectible soutien quels que soient mes choix de vie. Je lui en ai beaucoup voulu. Pendant des années ce manquement à son intégrité a été comme une plaie béante entre nous et a failli mettre fin à nos relations. Ce n'est que bien plus tard dans mon processus de maturation personnelle que je lui ai pardonné. La compassion m'aidant à voir en lui un être humain, et plus uniquement le Dieu vivant qu'il avait été toute mon enfance.

Je m'interroge en partageant aujourd'hui cette expérience : que s'est-il dit ce jour-là ? D'où venait sa réponse ? Se peut-il qu'il ait en réalité exprimé ce jour-là ses valeurs ? La confiance en moi pour traverser cette expérience sans le soutien et la protection qu'il m'avait toujours accordés, et la fierté de me voir grandir et assumer mes choix comme un homme. À quel point cela lui a-t-il couté ?

Le souvenir de cet incident est vif dans ma mémoire, mais sa signification ne cesse de changer alors que je mûri dans la vie ; il en est souvent ainsi il me semble.

Le feu sacré de la passion

Si les adolescents sont aussi volatiles dans leurs explorations, incertains dans leurs identités, parfois changeants dans leurs engagements, c'est qu'ils sont animés, plus qu'à n'importe quel moment du développement humain, par le feu sacré de la passion.

Le feu est changeant, inconstant ; il brûle tout sur son passage et est désespérément dépendant d'une source de combustible extérieure pour brûler. Ce feu sacré qui est le don de l'adolescence se manifeste par l'enthousiasme, l'idéalisme, l'innovation, la recherche de nouvelles perspectives et un désir insatiable de vie. L'excitation sexuelle caractéristique de l'entrée dans l'adolescence témoigne autant de l'intérêt nouveau pour le sexe opposé – ou les partenaires du même sexe – que de l'éveil à sa propre essence, son énergie sexuelle propre – le *Kundalini* pour reprendre le terme yogi qui décrit mieux ce phénomène que les concepts occidentaux –.

C'est ce Feu qui brûle dans leurs entrailles qui donne aux jeunes autant d'énergie pour partir explorer le monde, et qui indirectement permet à la société de ne pas se calcifier dans ses vieilles habitudes et de ne pas se prendre trop au sérieux. À ce titre, il sera bon de se rappeler, dans les phases suivantes de notre développement, ce don unique à embrasser la nouveauté et à se réinventer.

Les tâches développementales de l'adolescence

Afin de mener à bien cette formidable étape de notre développement psycho-spirituel, il est important de :

1) Considérer sérieusement où nous en sommes des tâches développementales du Nid et du Jardin (Stades 1 & 2) ;

2) de s'appliquer à se confronter autant que possible aux tâches propres à l'Oasis afin de développer une identité sociale authentique et viable (voir la section 'Essayez ceci' ci-dessous).

Comme pour toutes les autres phases de notre maturation, ce n'est pas notre volonté, ni celle de nos pairs, parents ou professeurs qui peut nous propulser dans la phase suivante. C'est à la vie elle-même et au Mystère de décider du passage de la Confirmation. Contrairement aux phases précédentes qui sont fortement corrélées au développement de fonctions cognitives que tout le monde acquiert plus ou moins au même âge, la sortie de la jeune adolescence ne se fait pas pour tout le monde au même moment. Comme nous l'avons vu précédemment, c'est un stade dans lequel la plupart de nos contemporains reste bloquée, nous enfermant dans les rôles immatures et réactifs du conformiste, du rebelle, de la victime, du prince ou de la princesse qui constituent la société patho-adolescente moderne. Néanmoins les personnes prêtes à entrer dans le Cocon (stade 4) se reconnaissent à deux traits fondamentaux :

Pour commencer, elles ont su développer une personnalité à la fois authentique et socialement acceptable. Ce qui suit semblera peut-être beaucoup à ce stade, mais ne résulte en réalité que d'une juste appréciation de la place du 'je dans le 'nous'.

- ✓ Elles savent qui elles sont dans leur environnement social et se sentent relativement bien tout en sachant qu'elles ont encore du chemin à faire ;
- ✓ Elles ont des ami·e·s qui reconnaissent leur valeur ;
- ✓ Elles savent reconnaître la vérité de leurs velléités de tromperie ;
- ✓ Elles possèdent les bases pour exprimer leurs préférences et leurs émotions, même dans la gestion des conflits ;
- ✓ Elles reconnaissent les besoins de leur corps et de la nature où elles vivent ;
- ✓ Elles savent exprimer leur amour pour leurs proches, et s'excuser pour leurs erreurs ;
- ✓ Elles savent de qui s'entourer et qui éviter ;
- ✓ Elles connaissent leurs compétences et commencent à en jouer pour gagner leur vie ;
- ✓ Enfin, elles savent qu'elles appartiennent à la planète Terre et à leur culture.

Le deuxième signe est un revirement profond du centre de gravité psycho-spirituel : progressivement le regard se tourne vers l'intérieur. L'attirance envers la vie sociale caractéristique de la jeune adolescence cède progressivement le pas à l'exploration des Mystères de la vie et de l'esprit. La beauté mystique de la vie et ses profondeurs sacrées, le mystère de la mort et du divin commencent à exercer leur magnétisme. On commence aussi alors à soupçonner que les relations romantiques impliquent plus que la satisfaction d'un besoin physique ou l'assouvissement d'un désir émotionnel.

La sortie de l'Oasis et l'entrée dans le Cocon (Stade 4) sont immanquablement teintées d'une forme de tristesse. Nous laissons derrière nous l'excitation de la vie sociale, les statuts et les habits stylés, les aventures érotiques sans sens ni lendemain, les explorations sans engagements dans différents styles de vie et systèmes de valeurs, les relations polymorphes… Nos réussites héroïques empreintes d'une liberté totale ont fait de nous, pour la seule et unique fois de nos vies, des rois et des reines du monde. L'Oasis était sans doute le meilleur stade de notre vie.

Essayez Ceci - Mettre à jour les tâches de Développement de la Jeune Adolescence

Développer une identité sociale authentique et viable

La tâche culturelle de ce stade de développement est l'**acceptation sociale** – se définir une place viable dans l'écosystème social –. La tâche naturelle est l'approbation personnelle, ou l'**authenticité de la personnalité**. Cette première identité sociale que nous développons à l'adolescence est censée être provisoire, mais son développement adéquat est essentiel à l'émergence, par la suite, de notre caractère profond.

L'Adolescence est un moment explosif de par le potentiel de contradiction entre ses dimensions culturelles et naturelles. Être soi-même est presque paradoxal avec être accepté par les autres. Pencher en faveur de l'acceptation sociale revient (souvent) à se conformer ; pencher en faveur de l'authenticité à se rebeller. À titre d'exemple on peut évoquer une personne homosexuelle dans un groupe homophobe. Le désir d'appartenir est tellement fort qu'il peut nous mener à enfouir profondément des pans entiers de nous-même. C'est cette tension omniprésente, la vivacité de ce paradoxe entre conformisme et rébellion qui explique, en partie, le besoin particulièrement fort de guides à ce stade, et qu'en leur absence, autant de personnes n'arrivent à pas à sainement le dépasser pour entre dans le Cocon (stade 4).

- Exploration des Valeurs et authenticité sociale :

Vous sentez-vous libres et équipés pour expérimenter des nouvelles valeurs et adopter les modes de vie qu'elles impliquent ? Cela requiert de nous émanciper psychologiquement des valeurs familiales et de tester notre loyauté envers les valeurs de notre enfance. S'intéresser à leur potentiel, poser des questions, s'inquiéter des contradictions fait partie du jeu, de même que d'apprendre à accepter simultanément, sans rejet, deux systèmes idéologiques en apparente contradiction. Pour développer cette capacité, vous pouvez facilement aller discuter avec une personne qui vit très différemment de vous et vous intéresser à elle. Après lui avoir demandé son accord, posez-lui autant de question que vous aurez besoin pour comprendre la logique qui régit ses choix, et observer vos réactions émotionnelles. Comment réagissez-vous face à vos différences ? Restez-vous ouvert et dans l'acceptation ? Vous sentez-vous agressé et en proie au doute ?

- **<u>Intégration et compétences émotionnelles</u> :** voilà une autre manière d'utiliser une boussole et les quatre directions cardinales pour cartographier vos émotions et faciliter leur assimilation.

> EST : description somatique de l'expérience : observez la façon dont l'émotion se manifeste physiquement dans votre corps.

> SUD : description psychologique de l'émotion : nommez l'émotion (est-ce de la colère, de la souffrance, de la peine, de la honte, de la tristesse, de la joie, de la sérénité, de la peur, de l'envie, de la jalousie, de l'inquiétude, du désespoir, de l'amour ?...) et laissez votre corps accepter cette émotion sans résistance.

> OUEST : introspection : quel est le sens de cette émotion ? que veut-elle me dire ? Sur quel danger la peur attire-t-elle mon attention ? Qu'ai-je envie de célébrer qui me rend joyeux ? Qu'ai-je perdu qui me rende triste ? Qu'ai-je fait de mal qui nourrit mon sentiment de culpabilité ou de honte ? Qu'est-ce qu'on m'a fait qui provoque ma colère ? Que puis-je apprendre sur moi en comprenant ces émotions et le contexte dans lequel elles se manifestent en moi ? Que m'apprennent-elles sur mes valeurs, mes désirs, mes besoins, mes espoirs, mes croyances, mes limites ?...

> NORD : action : que puis-je faire pour aligner mon monde social et mondain avec mon monde émotionnel : dois-je changer ma manière d'être ? Dois-je apprendre à exprimer mes états émotionnels ? Dois-je apprendre à poser des limites saines ? ...

> retour à l'EST : illumination : relisez ce que vous avez écrit dans le cercle et essayer d'en tirer une leçon, d'y trouver de l'humour ou des raisons d'avoir de la compassion et de l'amour pour vous-même.

- L'art de la résolution de conflit : les conflits inter et intra-personnels sont inévitables. Sans compétences dans l'art de la résolution de conflit, il vous sera impossible de concilier acceptation sociale et authenticité. En étant agressif vous pourrez acquérir l'authenticité au prix de l'acceptation par autrui ; en étant gentil vous serez accepté au prix de votre authenticité.

Equilibrer ces deux dimensions sont pour certains l'affaire de toute une vie. En développant les compétences suivantes, vous pourrez vous ouvrir à la résolution de conflit, acquérir des bases. Ceci n'est qu'un commencement.

> Communication Non Violente (voir Marshall Rosenberg) : Observation – Sentiment – Besoin – Demande.

> Ecoute empathique : être présent et non réactif afin d'accompagner l'autre dans la recherche et l'expression de sa vérité émotionnelle, sans craindre de jugement ni opposer de résistance.

> Validation des émotions de l'autre sans se sentir obligé d'adhérer à ses croyances.

> Être capable de modifier sa position dans un échange et/ou d'accepter le désaccord.

> Utilisation pratique des temps morts dans les conversations difficiles pour gérer vos états émotionnels et maintenir un niveau de présence de qualité.

- Accueillir notre Soldat Loyal : le Soldat Loyal est un archétype de notre personnalité subconsciente qui se développe dans l'enfance pour nous protéger : il met en place des mécanismes de défense des stratégies de survie pour préserver notre intégrité physique, sociale et psychologique, et éviter les blessures. Lorsque nous grandissons, ces stratégies et mécanismes peuvent devenir contre-productifs en nous maintenant dans des patterns subconscients immatures et/ou obsolètes qui nous empêchent de grandir. L'Observateur, ou l'Adulte Générateur Nourricier –

deux autres archétypes de notre psyché – peuvent nous aider à remarquer les moments où nous utilisons ces mécanismes de défense.

Plutôt que le juger, le blâmer, l'ignorer ou le rejeter, je vous invite à vous adresser au Soldat Loyal ainsi :

> 1. Accueillez-le comme un membre à part entière de votre écosystème intérieur ;

> 2. Remerciez-le, profondément et sincèrement, pour les services qu'il vous a rendu, pour le courage, la détermination, les sacrifices et les qualités dont il a fait preuve pour vous ;

> 3. Assurez-le tendrement, mais fermement, que la guerre est terminée, et que les mécanismes et stratégies de défenses mises en place ne sont plus nécessaires, mais que les qualités qu'il a développées sont quant à elles toujours utiles et appréciées ; Le soldat ne lâchera jamais complètement les armes, mais on peut lui apprendre à les utiliser différemment, voir à utiliser d'autres outils.

> 4. Trouvez une manière créative et utiles d'employer les qualités dont il a fait preuve pour les tâches qui ont du sens dans votre vie actuelle. Avec un travail assidu et du temps, notre Soldat Loyal peut devenir plus souple, plus intelligent, affiner ses capacités de protections pour sortir des réflexes infantiles et participer à des stratégies plus mûres.

- <u>Utilisez la Nature pour déverser nos surcharges émotionnelles</u> : l'adolescence est une période de la vie particulièrement intense émotionnellement. Cette surcharge couplée à notre attirance pour le monde social des humains a tendance à nous éloigner de la Nature qui a inspiré notre enfance. Il est donc d'autant plus sain d'aller se ressourcer dans la Nature, de parler aux arbres pour se décharger des émotions trop fortes, car ils ont une résilience largement supérieure à celles de nos amis et familles.

Les hyper-rationnels modernes pourront commencer à observer leur résistance à un acte aussi bénin que de s'adresser à un arbre avant de prendre la parole.

Stade 4 – Adolescence – Le Vagabond dans le Cocon

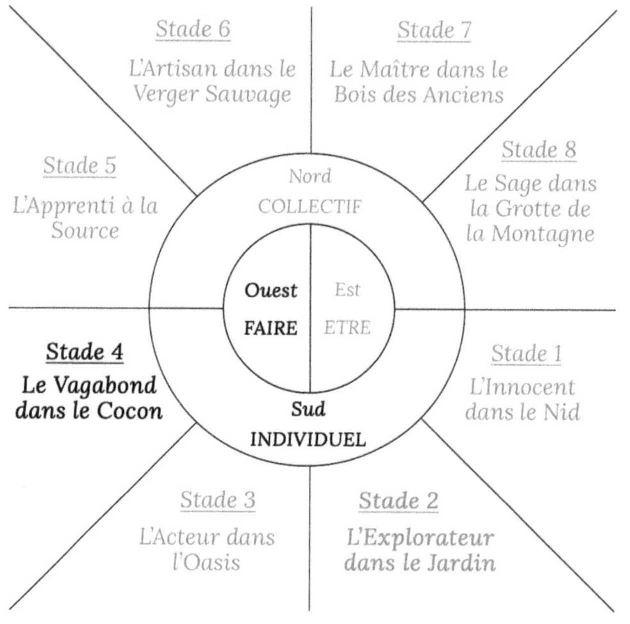

Je f'rai des bornes pour m'éloigner
Pour me retrouver face au miroir
Juste une seconde de vérité
Pour que mon passé coule sous les ponts
Je f'rai des bornes pour m'éclipser
Pour me retrouver face à que dalle
Juste une seconde de vérité
Pour contempler ce qu'on est tous
Et puis merde
J'ai décidé de vivre loin sur la colline
Vivre seul dans une maison

Avec la vue sur ma raison
J' préfère vivre pauvre avec mon âme
Que d'vivre riche avec la leur
Et si le blé me file du bonheur
Je m' ferai peut-être agriculteur.

[Ridan, l'Agriculteur]

La Confirmation marque le passage de l'Oasis au Cocon : c'est la reconnaissance que notre personnalité sociale d'adolescent est accomplie, et que sommes prêts pour la descente dans nos profondeurs à la recherche de notre caractère authentique, profond et unique : notre âme.

L'image du Cocon est particulièrement inspirante en ce qu'elle fait référence à la fois à la tombe de l'adolescence – abandonner notre première identité sociale – et au berceau de l'âge adulte – s'abandonner aux Mystères de la vie et de la psyché –. De même que pour devenir papillon la chenille s'enferme dans un cocon et se dissout, l'humain est appelé à faire face à l'obscurité, à la perte de ses repères, à sa mort pour explorer et découvrir son âme, sa place privilégiée dans le monde. La rencontre expérientielle avec l'âme – la sienne propre et celle du monde – est le but de ce stade ; l'Initiation à son âme en sera le résultat et la porte de sortie.

Entrer dans le Cocon, c'est s'abandonner à l'appel irrésistible de nos profondeurs et des mystères du monde. Toutes les traditions mystiques parlent d'une porte enchantée et dangereuse, séduisante et effrayante qui mène vers l'inconnu. Sur le seuil de cette porte, la perspective du sens de la vie change radicalement. Finie l'attirance pour les projets sociaux, académiques, économiques ou religieux de l'Oasis ; ironiquement, sitôt la personnalité sociale établie, elle devient obsolète : la longue période de domestication par la société est terminée et ne reviendra jamais.

La vie se présente désormais comme une quête spirituelle[42] : on commence ici à chercher le sens de notre existence, la plus grande conversation que l'on puisse avoir avec le monde. L'égo qui a dirigé les opérations depuis notre enfance se voit contester sa suprématie, et la quête de l'âme – notre niche psycho-spirituelle– devient une obsession.

La nuit noire de l'âme

L'entrée dans le Cocon, avec son lot de doute, de remise en cause, et de replis sur soi inquiète. Ce moment de la vie qu'on appelle la nuit noire de l'âme n'est pas la dépression définie par la médecine moderne, et à laquelle elle répond par l'administration abusive d'antidépresseurs et autres pilules visant à contrôler nos hormones. Ce diagnostic dramatiquement erroné est un drame social auquel il faut absolument mettre fin pour permettre à tous ceux qui sont au seuil du Cocon, quel que soit leur âge, de poursuivre leur processus de maturation et devenir des adultes matures, quelle que soit la gêne occasionnée. C'est une phase d'extrême sensibilité et de remise en cause radicale ; c'est une invitation à une profonde introspection qui passe par la destruction du soi égotique, un processus qui est douloureux physiquement, psychiquement et socialement. Ce n'est rien moins que la mort d'une version de soi-même afin de laisser place à une version plus mûre d'évoluer.

Dans ce processus, on détruit, on se détruit et on détruit beaucoup de choses autour de nous. Comme une forêt qui a besoin de brûler pour mieux se régénérer et se refertiliser, cet effrayant processus est naturel et bénéfique.

---

42 On remarque que jusqu'ici Maslow avait raison : besoins biologiques (Enfance), puis psychologiques et sociaux (jeune adolescence) et enfin spirituels (fin de l'adolescence). Comme nous le verrons par la suite, les étapes suivant l'Initiation à l'âme et l'entrée dans l'âge adulte ont pour objet l'écologie de l'espèce et de la planète.

La nuit noire, n'est pas une fin en soi. C'est une étape de vie qui nous permet d'affronter nos peurs. Une étape qui nous permet de plonger au plus profond de nos ombres et qui nous permet de révéler qui nous sommes : notre âme. Le but de ce voyage est de casser notre carapace bâtie par l'égo pour faire rejaillir notre vraie lumière intérieure.

Vu sous cet angle, vous comprenez pourquoi traiter la nuit noire de l'âme comme une maladie est une erreur, et pourquoi, en acceptant des pilules qui nous déconnectent de nos émotions, nous nous interdisons de devenir qui nous sommes censés être, et nous interdisons à la société patho-adolescente d'évoluer vers l'organisme régénérateur qu'elle est censée être.

S'ouvrir à nos ombres et à l'obscurité dans cette phase de vie ce n'est pas nous repentir de nos erreurs passées, nous vautrer dans les traumatismes, ou raviver des conflits non résolus. Au contraire c'est lâcher-prise sur le besoin de vouloir changer ce qui a été, et s'abandonner à ce qui est. Cet abandon à notre nature profonde, ce que la poétesse américaine Mary Oliver[43] appelle *'le doux animal de notre corps'*, est tout ce que nous avons à faire. Et pourtant c'est une tâche difficile qui demande du temps et de la patience. À nouveau, il nous faut jouer de paradoxes : s'abandonner à une transformation qui va nous changer à jamais, tout en restant discipliné afin de ne pas laisser nos vieilles habitudes et notre peur du changement mettre une fin prématurée à ce processus délicat.

L'abandon prend plusieurs formes : renoncer à nos croyances obsolètes, larguer les amarres de nos attachements – matériels, émotionnels et intellectuels –, déserter nos zones de confort, lâcher prise sur nos besoins... Plus que jamais, et peut-être même pour la première fois de

---

43 Mary Oliver, poème Wild Geese (extrait) :

You do not have to be good. / You do not have to walk on your knees / for a hundred miles through the desert repenting. / You only have to let the soft animal of your body / love what it loves. [...] Whoever you are, no matter how lonely, / the world offers itself to your imagination, / calls to you like the wild geese, harsh and exciting / over and over announcing your place / in the family of things.

notre vie, nous allons devoir compter principalement sur nous-mêmes, et accepter que personne ne peut ici nous tenir la main, nous protéger, nous montrer la route. À ce titre, le début de la descente dans nos profondeurs peut-être une période de grande solitude. Ce besoin d'isolement peut être bien accueilli et facile à mettre en place pour quiconque entame ce chemin quand il est jeune ; mais pour les personnes possédant famille et carrière, cette transition peut se révéler très difficile à engager, notamment d'un point de vue logistique.

Quelle que soit votre situation matérielle et pratique, gardez à l'esprit que ce qui vous est demandé est de simplifier radicalement votre vie en laissant tomber ce qui ne participe pas directement à l'exploration de votre nature profonde.

Rites de passage

Partout et depuis toujours, les jeunes gens ressentent le besoin d'explorer les Mystères et de se découvrir une appartenance à un ordre de chose plus grand et plus profond que l'ordinaire prosaïque de leurs vies sociales.

Malheureusement, sans adultes matures pour les guider, ils sont livrés à eux-mêmes et tentent alors une auto-initiation dans laquelle ils ont de fortes chances de se blesser – physiquement ou psychologiquement – ou de se perdre : sexe, alcool, drogue, musique… Certes quelques chanceux trouveront leur voie. Mais à quel prix ? La plupart de ces rites auto-initiés échouent parce qu'il manque à l'exploration une compréhension consciente des enjeux et des besoins profonds, ainsi que l'aide, la guidance et la sagesse expérientielle des Anciens. Qui aujourd'hui n'a pas vécu la perte d'un ami dans la drogue, un accident de sport extrême, un burn-out, ou une quête initiatique qui s'est transformée en fuite sans fin ?

Robert Bly, dans l'introduction de son livre *L'homme sauvage et l'enfant*[44], décrit avec simplicité et clarté la blessure béante créée par

---

44 Robert Bly, Iron John, a book about men, 1984.

l'avènement de la société industrielle dans la relation des hommes à leurs fils. Au cours du XXème siècle, plusieurs générations d'hommes ont été soit tuées à la guerre, soit kidnappées par la machine industrielle – longues heures de travail loin du foyer, absence quotidienne pendant toute la vie des enfants, perte des bénéfices directs du labeur, etc. –. Les hommes ayant littéralement disparu du paysage dans lequel grandissent les jeunes, ces derniers ne sont plus initiés à ce qu'être un homme représente vraiment. Ne sachant pas ce qu'être un homme implique, ils ne pourront prendre leur place dans la société, et encore moins guider et initier la génération suivante à leur processus de descente dans leurs propres profondeurs à la recherche de leur âme.

Pire, il y a de fortes chances qu'ils développent une aversion, d'une part envers leurs aînés pour leur absence, d'autre part envers ceux qui tenteraient de s'auto-initier en leur mettant des bâtons dans les roues par un mécanisme de jalousie inconsciente.

Nous n'avons pas eu de Grande Dépression.
Nous n'avons pas vécu de Grande Guerre.
Notre guerre à nous est spirituelle et notre grande dépression c'est nos vies.

[Tyler Durden, Fight Club]

Bien que le rite de passage organisé par les adultes et les anciens ne suffise pas, à lui seul, à faire entrer le jeune dans le Cocon, il y participe. Voilà quelques caractéristiques qui peuvent aider à organiser un rite de confirmation pour marquer le passage dans cette nouvelle étape de notre développement :

- ✓ Un temps de préparation pour préparer notre descente dans les profondeurs : régler les derniers détails et mettre un terme à

certaines relations sociales inachevées ou insignifiantes pour le futur ;
- ✓ Une cérémonie avec des proches pour reconnaître la maturité du jeune et sa contribution sociale ;
- ✓ Donner, jeter ou sacrifier certains objets qui représentent l'attachement à la jeune adolescence ;
- ✓ Un rituel de sacrifice de la personnalité égotique avec expressions du deuil de la mort et de la joie de la renaissance ;
- ✓ Une affirmation du vœu de dédier cette prochaine phase à l'exploration du Mystère de la Vie, à la découverte de l'âme et au voyage dans les profondeurs ;
- ✓ Une cérémonie d'entrée dans le processus d'initiation qui prendra sans doute plusieurs années : cette cérémonie peut inclure un départ symbolique de plusieurs semaines ou mois (voyage initiatique).

Le Cocon

La transition que nous vivons dans le Cocon est similaire, en portée et en profondeur, à celle que nous avons vécue dans le Nid au tout début de notre vie. À la naissance nous passons d'une existence complètement intégrée au Grand Esprit à une vie dans le royaume des hommes et la conscience individuelle. La transmutation de la fin d'adolescence est tout aussi mystérieuse et radicale et marque le passage d'une vie centrée sur la personnalité et la société à une vie centrée sur l'âme ; la recherche de réussite socioéconomique est abandonnée pour la découverte de la destinée et de la contribution de notre don sacré au monde.

Cependant, contrairement au Nid, le Cocon peut être psychologiquement périlleux, et nous ne pouvons l'habiter que seuls et nus. Le Cocon est un endroit aussi destructeur que protecteur. C'est un chaudron alchimique de changement tissé de nature, de solitude, de nos blessures passées et nos ombres, de notre acceptation de la mort, et de nos passions et rêves. Ce qui se passe dans le Cocon n'est rien de moins que la désintégration de presque tout ce que nous savons sur nous-mêmes et sur le monde.

Le papillon sait déjà tout cela. Nous ne savons toujours pas pourquoi ni comment la chenille se transforme en papillon. Ce que nous savons, c'est que dans le corps de la chenille se trouvent des cellules appelées *bourgeons imaginaux*, sortes de cellules souches qui portent en elles le schéma du papillon adulte. Imaginaux – imagination – imago : n'est-il pas curieux que le mot *imago*, qui désigne l'insecte devenu adulte, signifie justement *'l'âme'* chez les Grecques ?

Chose encore plus curieuse, le système immunitaire de la chenille ne reconnaît pas les bourgeons imaginaux comme faisant partie d'elle, et elle essaie de les détruire, tout comme l'égo immature – ou la culture égocentrique – essaie de détruire l'âme et la Nature. La chenille ne sait pas qu'elle est amenée à devenir papillon, tout comme l'égo non initié ne sait pas qu'il est amené à devenir l'amant mature de l'âme. Une fois dans le Cocon, les bourgeons imaginaux se connectent, dissolvent le corps de la chenille, et reforment les fluides en un papillon.

Il en va de même pour nous dans le Cocon : nous nous préparons à mourir pour que quelque chose de nouveau puisse naitre et s'envoler.

Vagabonds visionnaires

Le passage de la Confirmation est ce que Joseph Campbell nomme l'Appel de l'Aventure[45]. Cet appel peut être entendu à différents moments de la vie et invite à aller toujours plus profondément en nous, à nous éloigner de la société pour mener à bien le processus d'émergence à nous-mêmes ou de renaissance.

---

45 cf. Introduction – Chapitre 3 – Récit d'Aventure et Périple du Héros

Sans nécessairement savoir ce que nous cherchons ni où ni comment le trouver, nous sommes bien forcés, quand nous entendons cet appel, d'errer hors des territoires familiers qui nous ont vu grandir. Nous rebeller ne nous sied pas plus que nous conformer, alors nous choisissons une troisième voie : celle du vagabondage. Souvent seul, il nous faut découvrir de nouveaux territoires, de nouvelles cultures et traditions, nous confronter à la nature sauvage pour mieux reconnaître la voix de notre propre nature qui cherche à s'exprimer en nous. Nos meilleurs alliés pour entamer ce processus sont souvent la désorientation, l'angoisse – qu'il faut savoir accueillir et écouter – et l'abandon au moment présent. Il existe autant de manières de vagabonder à la recherche de notre âme que d'âmes sur Terre, et chacun est invité à chercher la manière qui lui convient.

Je n'avais jamais lu Joseph Campbell quand j'ai entendu l'appel de l'aventure pour la première fois à 23 ans. Je ne crois pas non plus avoir rencontré d'Adulte pour me préparer à ce que j'allais vivre. Je fais partie d'une génération sans Anciens qui a dû s'éveiller seule ou avec ses potes comme seuls témoins et guides.

J'étais en école de commerce quand ça m'est arrivé, à l'orée d'une carrière toute tracée pour moi par d'autres : prépa, grande école, apprentissage, poste chez LVMH. J'étais prêt à enclencher le pilote automatique pour le restant de mes jours quand un cri de détresse est venu me sortir de ma torpeur.

J'étais abruti d'alcool et de drogues douces, avachi dans les bras de femmes, nos corps assoiffés de désir, douillettement endormi dans un confort digne d'un cercueil ; tout, dans mon environnement social et professionnel, conspirait à ce que j'ignore l'appel et me conforme à ce qu'on attendait de moi.

Très peu autour de moi ont accepté ce qui m'arrivait ; moins encore l'ont compris. Je me demande encore aujourd'hui combien de mes amis d'alors ont entendu le même appel sans avoir eu le courage ou la force d'y répondre.

C'est pourtant la meilleure décision que j'ai prise de ma vie. En haut du baou de St-Jeannet en compagnie de mon pote Florent Pitw et d'une bouteille de champagne, seule survivante d'un Nouvel An bien arrosé, nous avons pris ensemble, ce jour-là, la décision de partir vagabonder sur les routes du monde une fois mon diplôme obtenu… 2 ans plus tard !

C'est au cours de ce voyage initiatique que j'ai découvert la méditation, que j'ai été confronté à la mort – et donc à la vie –, que j'ai pris conscience de l'immensité du monde et de l'abondance des possibles, que j'ai découvert la nature mystique du monde et les pratiques qui permettaient d'entrer en contact avec elle. Ces Mystères dont je n'avais jusqu'alors jamais entendu parler ont changé la donne et bouleversé ma vie.

Mais pour suivre la route qu'il m'était invité de suivre, j'ai dû à plusieurs reprises accepter de tout perdre. J'ai dit adieu à mon pays, à ma famille et à mes amis les plus proches. J'ai dû me mettre à nu pour traverser le pont[46] qui sépare la réalité mondaine du monde mystique. La vie ne m'a pourtant pas tout pris, mais je suis persuadé que cette acceptation de peut-être tout perdre était nécessaire pour accéder à la sagesse et la connaissance expérientielle.

Ces années ont souvent été pleines de solitude. Et puis, à mesure que s'imposait à moi l'intime conviction que ma vie et la vie du monde ne faisaient qu'une, la solitude a laissé place à un sentiment nouveau d'appartenance et de sens.

Mon vagabondage a pris fin quand s'est imposée à moi la certitude de ma mission sur Terre : opérer une reconnexion avec la nature, pour moi, pour mes proches, et participer activement à l'avènement d'une société humaine régénératrice du vivant.

---

46 Rainbow Bridge. Cf Carlos Castaneda – The Teachings of Don Juan : A Yaqui Way of Knowledge, 1968 ; A Separate Reality : Further Conversations with Don Juan, 1971 ; Journey to Ixtlan : The Lessons of Don Juan, 1972.

Pour mener à bien cette mission, je ne pouvais plus me permettre de me balader au grès des vents : il me fallait un ancrage solide, de la détermination et de la créativité pour me transformer à nouveau : en Artisan visionnaire et engagé cette fois. Ceci est la suite de l'histoire…

Nos errances à la découverte des mystères du monde et les révélations successives de notre place privilégiée dans la grande communauté du vivant sur Terre – notre âme – nous procurent un sentiment de liberté et de puissance extatique. Mais à mesure que se révèle notre place dans le monde, un inévitable constat s'impose : le vagabondage en périphérie de la société humaine ne peut durer. L'élève des Mystères doit rassembler ce qu'il a appris et ce qu'il est devenu pour réintégrer sa communauté et mettre les dons qu'il s'est découverts à son service.

Le choc et la tristesse sont profonds, les vagabondages dans le Cocon étaient à n'en pas douter le meilleur moment de la vie. Mais à la mélancolie de sortir du cocon se mêle l'excitation de devenir un agent créatif et visionnaire de la renaissance culturelle.

Pour incarner votre âme, il vous faudra apprendre à placer votre foi, votre amour et vos espoirs, dans l'attente.

[T.S. Eliot]

Essayer Ceci - Mettre à jour les tâches
de Développement de l'Adolescence

Quitter le foyer et la personnalité adolescente (tâche culturelle) pour explorer les mystères de la nature et de la psyché (tâche naturelle).

- Apprendre à devenir autonome : devenir autonome, ce n'est pas apprendre à tout faire seul. C'est ne pas dépendre des autres pour répondre à ses propres besoins, et s'ouvrir à la présence de la vie comme partenaire, guide, mentor et amante.

Pour affiner nos compétences d'autonomie psychologique, physique, sociale, et spirituelle, il est nécessaire, paradoxalement, de s'ouvrir aux leçons des anciens et des mentors – réels ou littéraires –, ainsi que de se confronter à l'expérience directe. Pour cela, il faut faire preuve de courage afin de nous placer volontairement dans des situations nouvelles et inconfortables. C'est ainsi que des alliés imprévus et des qualités cachées se révèlent à nous.

> Qu'est-ce qui vous rend mal à l'aise ? Identifiez-les et provoquez volontairement une occasion de vous y confronter seul.

> Quels sont vos besoins fondamentaux ? Identifiez-les et définissez quelques actions que vous pouvez entreprendre pour participer directement et activement à leur satisfaction.

> Qu'est-ce qui vous passionne, mais que vous n'avez jamais appris ? Recherchez une manière d'apprendre cette passion et lancez-vous.

- Se détacher de sa personnalité d'adolescent : alors que le travail émotionnel de la jeune adolescence (stade 3) portait principalement sur la guérison des blessures passées et le confort émotionnel, il s'agit ici de quelque chose de très différent : la mort de la personnalité de l'adolescence et la renaissance. Il ne s'agit ni de guérir ni de supprimer les blessures, mais d'accepter la souffrance comme un élément utile à la maturation.

> <u>Abandonner les addictions</u> : les addictions sont des mécanismes de confort qui nous détachent de l'expérience immédiate de l'instant présent. Qu'elles se manifestent par des activités (malbouffe, crises de colère, shopping, masturbation, etc.) ou des substances (cigarette, alcool, cannabis, sucre, café, etc.), il faut faire notre possible pour abandonner ces addictions pour les remplacer par des habitudes vertueuses de présence à soi ou de partenariat bénéfique.

En définitive, se détacher de notre identité d'adolescent est un premier pas vers l'abandon de notre dépendance à une vision du monde héritée de notre culture. De cette indépendance dépend notre capacité à inventer le Nouveau Monde.

> <u>Exploration de la blessure sacrée</u> : le travail sur les ombres et le soldat loyal, couplé à l'abandon des addictions, mène éventuellement à l'identification de blessures passées. Tout le monde, même issu des familles les plus bienveillantes, hérite de traumatismes de la tendre enfance. Certains pensent même que c'est l'âme qui orchestre cette blessure sacrée pour catalyser son avènement dans le Cocon. Le travail sur la blessure sacrée n'est pas de guérir les blessures de l'égo, mais de remettre à jour, de manière plus consciente, la manière dont elles continuent de nous affecter.

> <u>Donner la priorité à l'authenticité sur l'acceptation sociale</u> : ce revirement par rapport aux besoins sociaux de l'Oasis est essentiel pour approfondir la recherche de notre âme. Cette tâche nécessite de consciemment aligner toutes nos actions avec ce que l'on sait être spirituellement juste et vrai. Soyez authentique plutôt que gentil.

> <u>Faire la paix avec son passé</u> : envers qui/quoi ressentez-vous une reconnaissance que vous n'avez jamais exprimée ? Faites-le ! Envers qui ressentez-vous de la rancune ? Allez voir cette personne, pardonnez-lui, et exprimez-lui votre volonté de laisser cette peine derrière vous. Ce faisant vous vous libérez du passé et ouvrez votre cœur au monde. Cela étant dit, ce processus peut être long, difficile, et certaines blessures

impardonnables. Cette invitation à faire paix avec votre passé concerne surtout votre relation à vous-même.

> <u>Apprendre à méditer</u> : la pratique quotidienne de la méditation est essentielle pour apprendre à nous dissocier de notre égo, à distinguer notre conscience individuelle – pensées, émotions – de la Pleine Conscience éternelle et immobile. Vous développerez ainsi votre Observateur interne, témoin calme qui trône au cœur de la tempête de la vie.

- <u>Explorer les mystères de la nature et de la psyché :</u> le but du Cocon est d'apprendre à provoquer des rencontres régulières avec notre âme afin que celle-ci puisse se révéler à nous progressivement à travers des images et des histoires mystiques et très personnelles. Ces rencontres expérientielles régulières faciliteront l'Initiation et le passage à l'âge adulte[47].

> <u>Développer des compétences pratiques pour manifester des rencontres avec notre âme</u> :

- Travail sur les rêves
- Journal intime
- Travail sur les visions
- Tentes de sudation
- Symbolique
- Quête de vision
- Psychédéliques
- Signes dans la nature
- Percussions
- Conscience altérée
- Conseil des êtres vivants[48]
- Danse extatique
- etc.

> <u>Entretenir une relation spirituelle à la Vie</u> : art de vivre pour incarner notre âme au quotidien.

---

47 cf. Partie 2 – Chapitre 3 – Stade 5 : l'Apprenti à la Source.

48 cf. Partie 3 – Chapitre 3 – Essayez Ceci : Conseil des Êtres Vivants

- Pratiquez l'art de la Solitude (NB : en latin, *solitudo* signifie nature sauvage) : c'est une porte essentielle vers nos passions profondes, nos blessures sacrées, nos attaches émotionnelles et nos ombres. Pratiquer la solitude permet d'accepter l'implacable condition humaine et de vivre en paix : nous sommes nés seuls, nous mourrons seuls.

- Faites la paix avec le fait que vous allez mourir un jour. Cela nous prépare à accepter l'exigence outrageante de changement radical que notre âme exigera bientôt de nous.

- Utilisez la Nature comme miroir de l'âme : allez en pleine nature, et asseyez-vous dans une attitude méditative. Quand votre esprit est suffisamment clair et calme, ouvrez les yeux et observez : votre esprit est naturellement attiré par des aspects de la nature qui résonnent avec votre âme. Qu'est-ce qui vous étonne, vous attire, vous pénètre ? Ces patterns ont sans doute quelque chose à vous apprendre sur votre âme !

- Baladez-vous sans but dans la nature. En cherchant à n'être personne en particulier et en vous perdant volontairement dans la nature vous donner une chance à votre âme de venir vous trouver.

- Approfondissez le travail sur vos ombres (shadow work) : dans l'Oasis (stade 3), le travail sur les ombres consistait à identifier dans vos ombres, les éléments qui nuisaient à votre développement (pensées limitantes, patterns inconscients, sabotage) afin de les neutraliser.

Dans le Cocon, nous voulons aller plus loin et apprendre à connaitre intimement nos ombres, de manière à aller puiser à leur source les ressources psycho-spirituelles nécessaires à l'incarnation de notre âme. Quelles passions se cachent derrière nos ombres négatives ? Quels dons correspondent à nos malédictions ?

- L'art de la relation romantique : la relation sexuelle est une expérience spirituelle autant que charnelle, le partenaire vécu comme la polarité à travers laquelle je me complète.

- Pratiquez la pleine conscience : la pratique de la méditation est une introduction à la pleine conscience qui invite à entretenir une attitude méditative ou contemplative dans toutes vos activités du quotidien : faites la vaisselle tout en conservant une intention sacrée. Allez vous promener en restant présent à la sensation du sol sous vos pieds plutôt qu'à vos pensées. Mangez en savourant chaque bouchée. Écoutez ce que vous dit votre partenaire ou votre enfant sans penser à ce que vous allez répondre. Dans chaque expérience de la vie, demandez-vous : suis-je présent à ce que je fais ?

- Développez une relation intime au grand Esprit transcendantal : sortez vous promener, et observez toute forme de vie que vous croiserez : une plante, un arbre, un animal, un cours d'eau. Prenez quelques minutes pour observer intensément ces autres formes de vie, et dites-vous : 'je suis cette plante', 'je suis cet arbre', je suis ce cours d'eau'. Cela entretient l'humilité et favorise le développement du soi écologique.

- Faites du volontariat : en apprenant à mettre votre énergie au service d'une cause en laquelle vous croyez, vous commencez à développer une caractéristique de l'âme et de l'adulte qui est d'être au service d'une cause qui le dépasse. C'est aussi une forme d'amour de soi qui nourrit l'identité écologique.

- Honorez et développez les 4 archétypes naturels du soi[49] :

1. L'Adulte générateur Nourricier : amour sincère, empathie, parent, leader, enseignant, soignant.

2. L'Indigène Sauvage : sensuel, érotique, enchanteur, instinctif.

3. La Muse : mystérieux, obscur, rêveur, destiné, attiré par la mort.

4. Le Sage : divin, lumineux, rieur, éternel, englobant, méditatif.

---

49 cf. Partie 1 – Chapitre 3 : Les 4 archétypes naturels du Soi

Stade 5 – Jeune Adulte – L'Apprenti à la Source

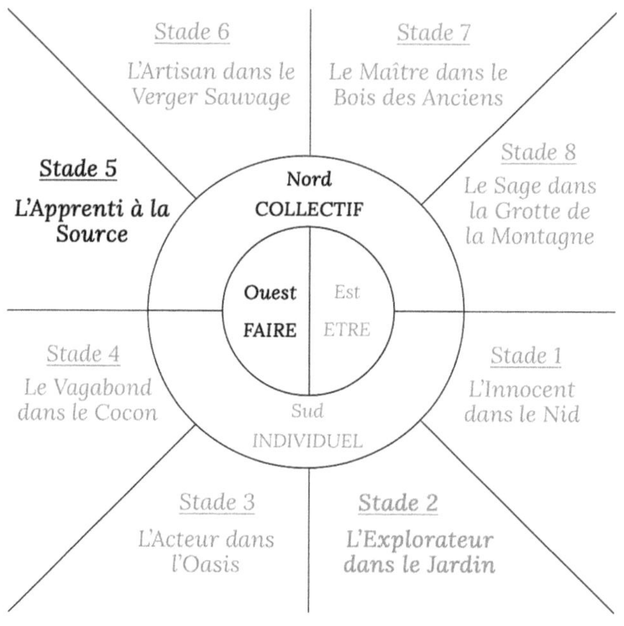

… Devenir humain c'est devenir visible
tout en portant en soi ce qui est caché
comme un don pour les autres…

David Whyte [traduit par Damien Masselis]

L'Initiation : le passage à l'âge adulte

Je ne le répèterai jamais assez : être adulte ne fait pas ici référence à un âge, encore moins à un ensemble de responsabilités et devoirs sociaux, mais à un stade de développement psycho-spirituel qui arrive à différents moments de la vie selon les individus, et qui peut ne jamais se produire pour nombre d'entre eux dans la société industrielle moderne patho-adolescente.

Une partie de ce qui suit sera peut-être difficile à accepter pour certains d'entre nous, car elle révèle nos immaturités, nos manquements, les retards de notre développement. Je vous invite à ne pas vous juger, à avoir de la compassion pour vous-même et le monde, et de rien prendre personnellement – sinon les pratiques de la section 'Essayez Ceci ' en fin de chapitre qui sont là pour vous accompagner dans votre processus.

L'Initiation marque le passage de l'adolescence à l'âge adulte. C'est une des transitions les plus radicales du modèle et est diamétralement opposée à la Naissance. En ce sens elle est une sorte de deuxième naissance, un négatif de l'expérience vécue lors de notre arrivée dans le monde. Nous quittions alors le grand Tout pour devenir un être individué ; nous mettons ici notre existence individuelle au service de la Vie.

Il est naturel de vivre cette Initiation comme une renaissance lorsque le Cocon (Stade 4) avait été vécu comme une sorte de mort. L'Initiation à l'âme est le moment de la vie où nous arrêtons de décider pour nous même afin de nous laisser entièrement happer par la mission que la vie nous révèle, devenant ainsi des agents conscients du Grand Mystère. Notre focus, qui jusque-là avait été de nous développer personnellement, change pour se concentrer sur notre contribution au monde et au collectif – entrée dans l'hémisphère nord du modèle –.

Le Cocon (Stade 4) nous a révélé notre appartenance à la grande communauté du vivant sur Terre, et nous avons désormais intimement conscience que nous sommes tous dans le même bateau : soit nous naviguons ensemble vers de nouveaux horizons, soit nous coulons ensemble ; le focus sur l'existence individuelle qui était le propre de l'enfance et de l'adolescence n'a donc plus autant d'importance que le destin collectif – ce constat sera vrai pour tous les stades de l'hémisphère nord du modèle de développement écocentrique : Jeunes Adultes, Adultes Accomplis, Maîtres et Sages (Stades 5 à 8) – .

L'égo n'est pas abandonné pour autant, mais il devient l'amant de l'âme : il se met au service de la manifestation d'un rêve, d'une vision qui va nous inspirer et guider nos actions. Devenir adulte, c'est en quelques sorte marcher sur les terres mystiques d'une démarche pratique. Ce processus implique une nouvelle forme d'acceptation de soi.

L'Apprenti à la Source

L'adulte arrivé à maturation a deux aspirations inséparables : d'une part se mettre réellement au service de sa communauté – humaine et plus qu'humaine –, et d'autre part réaliser son potentiel le plus profond. Il est orienté vers l'action – comme dans tout l'hémisphère ouest du modèle – : la contribution sociale par la manifestation de son âme. À la Source, les désirs individuels et l'approbation sociale sont secondaires par rapport aux désirs de l'âme et son incarnation, mais l'Apprenti se donne pour mission de les réconcilier, ou au moins de les harmoniser.

Tout comme la source d'eau qui émerge des profondeurs invisibles de la Terre – l'inconscient – pour irriguer sa surface – minéraux et nutriments –, notre âme fait ressurgir ce qui est le plus profondément ancré en nous – qualités et dons – pour nourrir nos existences palpables, galvaniser notre imagination et notre créativité.

L'Apprenti est chez lui à la Source qui représente cette interface entre le mystérieux et le manifeste, le sacré et le pragmatique, le fond et la forme : le terrain de jeu de l'Apprenti se trouve là où les énigmes du monde assument une forme pratique et concrète. Il sait que sa vie attend désormais de lui qu'il apprenne à incarner dans la communauté des hommes ce qu'il a appris lors de sa descente dans les secrets mystiques du Vivant – Cocon, stade 4 –. Il va devoir rendre visible l'invisible, jouer des paradoxes, prendre part aux affaires du monde tout en restant profondément ancré dans la magie des Mystères et de l'Âme.

Le vagabondage dans le Cocon – Stade 4 – nous mène à une ou plusieurs révélations relatives à notre âme. Ces rencontres successives, qui ne sont pas encore une initiation à proprement parler, commencent à dessiner une image de l'âme, une histoire, une relation intime.

Quand l'Apprenti est aligné avec les qualités et les valeurs de son âme, il est fréquent qu'il fasse l'expérience de synchronicités surprenantes. Ces évènements que l'on prend à tort pour des coïncidences aléatoires, sont en fait des résonnances entre notre ego, notre âme et le monde. Quand l'Apprenti agit en mettant son ego au service de son âme, le monde animé répond par écho, une réverbération pour lui faire sentir et savoir qu'il confirme ses choix et encourage ses dispositions.

Je vivais depuis des mois sur l'île de Koh Phayam dans le sud de la Thaïlande, sans électricité ni aucune distraction technologique, et la nature sauvage commençait à exercer sur moi une fascination hypnotique. Je passais la moitié de mes journées dans la jungle, la moitié de mes nuits sous les étoiles. Les rituels chamaniques d'appels aux esprits mettaient à mal mon esprit rationnel que je considérais pourtant encore comme mon meilleur allié… mais qui allait justement se révéler être mon plus grand frein…

Mon cœur, je le savais, était prêt à s'ouvrir au monde en grand, mais mon esprit résistait et exigeait une preuve que la magie du monde était bien réelle, et pas une simple fabrication de mon esprit, une envie que le monde soit plus que de la simple mécanique. Depuis des semaines je criais au fond de moi : « est-ce que le monde est animé ? est-ce qu'il m'entend !? », « est-ce que les esprits sont capables d'entrer en contact et comment ? »

Ma détermination à apporter une réponse à ces questions était totale : je ne pouvais pas trouver un sens à la vie tant que ces doutes persistaient. La réponse m'a été délivrée en trois actes, en même temps que se confirmait la mission de ma vie.

Acte Premier

Un soir ma moto tomba en panne alors que j'étais à plusieurs kilomètres de chez moi. Sans avoir vraiment le choix, j'accueillis avec un mélange d'excitation et d'appréhension cette invitation à une marche nocturne : le chemin de terre à travers la forêt, sans lumière ni lune, allait être long et obscur. Je me mis néanmoins en marche, et après seulement deux pas, ce fût au tour de ma sandale de casser. Hasard ?

J'allais donc devoir traverser la forêt, seul, dans le noir, et pieds nus. Mon esprit ne put s'empêcher de scanner tous les risques potentiels : serpents, scolopendres, singes, varans, scorpions, pas une maison à des kilomètres et sans doute personne sur la route en cas de pépin… Je décidais néanmoins de relever le défi et m'engageai sur le chemin, le cœur ouvert. Je sentis mon guerrier intérieur s'activer et scanner mes sensations et mon environnement. Tout se passa bien pendant la première heure. Je respirai profondément pour apaiser l'appréhension et la peur qui tambourinaient dans ma poitrine, bien décidé à recevoir des avertissements potentiels, et m'ouvrai grand à mes sens et à mon corps.

Arrivé au sommet du chemin, avant qu'il ne serpente en redescendant vers la plage, je fus soudain saisi d'un effroi qui me glaça le sang et me transit de peur. Le changement d'atmosphère avait été aussi brusque qu'extrême : l'air était devenu froid, moite, tendu et électrique. Que s'était-il passé ? Je me figeais, tous les sens aux aguets, persuadé qu'ils avaient perçu une menace qui avait échappé à mon attention consciente, mais que je m'efforçais de trouver.

Je restai ainsi, incapable de bouger pendant de longues minutes, jusqu'à ce que mon cœur reprenne, difficilement, un rythme normal. Il faisait noir, et le ciel étoilé, mais sans lune, offrait à grande peine une faible lueur sur le chemin de terre, entre les arbres. Conscient que je n'allais pas rester là toute la nuit, je fis un pas en avant et fus stoppé net par la plus grande frayeur que j'ai ressentie de toute ma vie. Un aigle traversa la route sombre devant moi, tellement proche que je sentis sur mon visage l'air qui avait silencieusement glissé sur ses ailes. Mon cœur s'arrêta de battre pendant ce qui me sembla durer une éternité.

Quand je fus à nouveau capable de respirer, l'atmosphère était redevenue calme, l'air doux. La tension avait disparu. Sans doute le majestueux prédateur en pleine chasse avait-il déplacé plus loin son aura meurtrière dans laquelle j'avais inconsciemment pénétré.

Second Acte

Le lendemain de cette rencontre incroyable, le corps encore chamboulé par son intensité et mon esprit assailli de questions et de doutes quant à sa portée spirituelle, j'allais marcher au lever du jour sur la longue plage d'Ao Yai. Les douces vagues qui venaient de ma gauche me caressaient les pieds et je profitai de la sensualité du moment pour m'ouvrir le cœur et me calmer l'esprit. Je levai les yeux vers l'immensité de la mer devant moi et admirais les aigles pêcheurs qui planaient dans l'air matinal à la recherche de poissons, à une distance que j'estimais maladroitement à quelques kilomètres. Alors que je me demandais si l'aigle que j'avais rencontré la veille était parmi eux, j'en vis un se détacher du groupe et se diriger vers la plage, son corps fin et immobile sur la toile aux couleurs pastel de l'aurore. Je marchai, lui volait, et je ne le quittai pas des yeux, perdu dans la beauté de l'instant. Et puis l'improbable réalité me sauta littéralement au visage : il se dirigeait droit vers moi. Alors qu'il commençait à survoler la plage, son ombre apparut sur le sable à quelques dizaines de mètres et fonça vers moi.

Au moment où celle-ci passa exactement entre mes jambes, je levais les yeux au ciel pour apercevoir l'espiègle rapace et fut saisi par une vision d'une intensité dramatique qui me cloua sur place : ce n'est pas l'aigle dans le ciel que je vis alors, mais moi marchant sur la plage, vu depuis le ciel et à travers le regard de l'aigle. J'en eu le souffle coupé. Comme la veille, mon corps était en état d'alerte alors que mon esprit, vidé de toute pensée, tentait tant bien que mal de faire face à une telle improbabilité. Je *savais que l'aigle avait commencé à se diriger vers moi au moment même où j'avais formulé la question dans ma tête. Se pouvait-il qu'il m'ait entendu ? Comment pouvais-je en être sûr ?*

Troisième Acte

Le soir même une soirée transe était organisée sur la plage pour célébrer la nouvelle lune. Mon ami Pi Jang était aux platines et je n'aurais raté sa magie musicale pour rien au monde.

L'esprit allégé par la petite fumée, je pris place au cœur de la piste de danse, fermai les yeux, et laissai la musique prendre possession de mon corps et de mes sens. Je préférais à l'époque danser seul et les yeux fermés et vivais ces moments de transe comme des voyages psychédéliques. Je ne sais pas combien de temps s'écoula ainsi, ni si cela a une quelconque importance, mais quand je rouvris les yeux je pris conscience que je ne dansais pas seul : une dame d'une quarantaine d'année que je devinais birmane dansait devant moi, avec moi. Je fus surpris qu'à ma gêne initiale se substitue aussi rapidement une intimité de mouvement et de présence. Je n'avais jamais connu de connexion aussi forte et douce, sans trace de séduction ou de désir. Nous avons dansé ainsi de longs moments avant que je ne me penche vers elle pour lui faire part de ce que je ressentais… et découvris qu'elle était sourde… Quel étrange phénomène de partager une telle intimité musicale avec une personne qui n'entend pas les sons. J'encaissai le coup quand, sur le sable entre mes pieds et les siens, là même où nous avions passé la dernière heure, sans doute plus, à danser au milieu d'une centaine d'autres personnes, je vis une plume. Je me penchais pour la ramasser : c'était une plume d'aigle longue de plus de 40 centimètres, magnifique et intacte. Personne ne l'avait piétinée. Je levais les yeux : nous étions sous un toit, au milieu d'une foule en transe. Comment étais-ce possible ?

Mon amie birmane me regardait, toute souriante, comme si tout était parfaitement normal. Je ne pus alors réprimer un rire dont la spontanéité et la pureté me transporta, en quelques instants, à ma tendre enfance.

Cette troisième rencontre en vingt-quatre heures avec l'esprit de l'aigle fût celle de trop pour mon esprit rationnel. Mes barrières mentales lâchèrent comme un barrage qui a retenu beaucoup trop d'eau depuis beaucoup trop longtemps. Je ris des larmes de joie et de bien-être de me sentir libéré, enfin, du poids infernal des doutes de la raison qui m'avaient étouffé et privé de l'évidence. Bien sûr que le monde est vivant, conscient, attentif et réactif. Comment en douter encore après cette déclaration en trois actes et cette suite de synchronicités ?

C'est ainsi que je vins au monde pour la deuxième fois. Je savais que rien ne serait plus comme avant, que mon appartenance au monde et mon rapport à la vie venaient d'entrer dans une nouvelle phase. Cette expérience ne fut pas mon Initiation, mais une des nombreuses révélations qui ont conspiré à me faire rencontrer mon âme et découvrir ma place dans la grande toile de la vie.

Lors de l'Initiation, le sens de ces images est révélé et la mission de vie est transmise. Il va maintenant falloir que l'Apprenti apprenne à la mener à bien dans le monde des hommes. Les moyens pour y arriver incluent l'art, l'architecture, l'éducation, la thérapie et les soins, le jardinage, la politique, la poésie, la danse ou n'importe quelle autre forme d'expression culturelle… pourvu que soit transmis à nos pairs notre don unique, et que ce dernier participe à la renaissance culturelle.

Écocentrisme et soi écologique

Parce que notre âme représente notre place privilégiée dans l'écosystème mondial, l'Initiation est vécue comme la naissance à notre soi écologique. Notre vie avait été jusque-là 'égocentrée' − sans aucun jugement de valeur − ; elle sera désormais, et jusqu'à notre mort, écocentrique, ou centrée sur l'âme : notre empathie naturelle embrasse sans discrimination toute la vie sur Terre. Alors, comme le rappelle l'écologiste Norvégien Arne Naess, « *si nous faisons l'expérience de la vie depuis notre identité écologique, nos comportements suivent et s'ancrent naturellement dans des normes éthiques environnementales strictes... nous devons trouver et développer des thérapies qui soignent notre relation à la grande communauté du vivant sur Terre. »*[50]

L'interdépendance du Vivant est une des prémisses de l'action visionnaire de l'Apprenti, et à ce titre il s'engage naturellement vers le développement de systèmes de guérison de cette relation. Joanna Macy et Molly Brown notent que « *face à la dévastation environnementale actuelle, toutes les personnes écocentrée ressentent une grande détresse. C'est la souffrance du monde qui s'incarne en chacune d'elles. Étant des cellules individuelles de l'organisme Terre, elles ressentent la douleur du monde, mais n'ont pas toujours conscience de l'origine de leur mélancolie. Cette souffrance est le prix à payer pour être conscient dans un monde menacé et qui a mal. »*[51] La Partie 3 – Initiation à l'Alchimie Émotionnelle propose une méthodologie et des solutions pratique pour faire face à cette souffrance liée à l'éveil du soi écologique, et la transformer en énergie créatrice.

Les dons de l'Apprenti au monde

Comme à toutes les autres étapes de la vie, nous possédons en tant qu'Apprenti des dons spéciaux pour nous-mêmes et le monde.

Action visionnaire

Bien que nous continuions d'être visionnaires dans la suite de notre vie, c'est à ce stade de notre développement que les révélations visionnaires s'imposent à nous avec le plus de clarté, d'animation, de fraîcheur et d'engagement terre-à-terre. Même les personnes plus matures admirent

---

50 Arne Naess – Ecology, Community and Lifestyle : Outline of an Ecosophy, 1981.
51 Joanna Macy et Molly Young Brown – Coming back to Life, 1998.

l'Apprenti pour sa capacité à déceler le subtil, l'invisible, et à lui donner forme. Contrairement au Vagabond – Stade 4 – qui découvrait seulement sa relation au monde, et contrairement à l'Artisan – Stade 6 – qui se concentre sur la floraison et le raffinement de son art, l'Apprenti – Stade 5 – est lui tout absorbé par la dimension du possible, du potentiel, de l'imaginable encore caché. Il s'intéresse à la graine plus qu'au fruit.

C'est quand je suis devenu père que l'ensemble des révélations que j'avais reçues depuis des années sur mon âme se sont cristallisées en une destinée de vie. Mes rencontres intimes et mystiques avec la nature animée et vivante, les leçons de vie en communauté, les compétences fondamentales acquises en permaculture, construction naturelle, en médecines douces et en éducation ont fusionné pour former une vision, l'image d'un art de vivre.

Il ne s'agissait plus uniquement d'apprendre et de découvrir différentes techniques, mais de créer un mode de vie pratique dans lequel accueillir nos enfants dans le monde, et qui prendrait en compte tout ce que j'avais appris jusque-là, et plus. La responsabilité vis-à-vis de mes enfants s'est naturellement développée en un sens de responsabilité et d'engagement vis-à-vis de la communauté et de la société humaine – avec laquelle j'avais pourtant pris mes distances pendant mes errances de Vagabond dans le Cocon –. Ce sentiment n'était peut-être pas nouveau, mais l'importance qu'il a alors prise, éclipsant tout le reste, était rafraîchissante. Je me souviens avec tendresse de cette réalisation que je n'étais désormais plus le principal acteur de ma vie, et qu'il me fallait maintenant me mettre au service de quelque chose de plus grand : mes enfants, Lyse que je voulais soutenir dans son rôle sacré de Mère, l'avènement d'un monde juste et beau pour la génération à venir.

Curieusement, c'est le nom 'Seedlings' que ma femme et moi avons choisi pour ce projet. Seedlings, c'est ce qui est sorti de la graine (NDT seed en anglais), et qui est en cours de devenir. Pas encore plante ou arbre, mais déjà plus que graine : c'est le potentiel en cours de révélation. Je suis fasciné de découvrir, des années plus tard, à quel point cette intuition visionnaire m'a été inspirée par une transition naturelle dans mon développement, dont je n'avais pas conscience à l'époque. Mon intention d'alors était de fournir un terrain de jeu pour l'exploration, le développement et la mise en pratique de modes de vie résilients.

Je retrouve bien, des années plus tard, cette volonté de puiser dans l'acte visionnaire l'énergie de transformer le monde de façon pratique et concrète. Cette volonté de transmettre et de créer des solutions pour reconnecter l'humain et la Nature afin d'inventer des arts de vivre résilients ne m'a jamais quitté, et elle continue d'inspirer mes créations.

L'Espoir

Le deuxième don de l'Apprenti est celui de l'espoir. Cet espoir, que le plus grand potentiel peut se manifester afin de transformer pour le meilleur la société humaine et le monde, atteint son paroxysme dans ce stade du développement. Comme l'exprime magnifiquement Joanna Macy, « *l'Espoir Actif c'est de s'engager dans une voie, non pas parce qu'elle a des chances d'aboutir au succès, mais parce qu'on a l'intuition inébranlable qu'elle est juste et bonne.*[52] » Et Vaclav Havel de rajouter : « *L'espoir, ce n'est pas la même chose que l'optimisme. C'est n'est pas la conviction que quelque chose s'avèrera être un succès, mais la certitude que quelque chose est censé, quelle que soit la manière dont se déroulent les choses*[53]. » Cette distinction radicale entre l'espoir mature et immature a de telles conséquences sur notre capacité à nous mettre en mouvement dans le monde que j'y consacre un chapitre entier dans la troisième partie.

---

52 Joanna Macy & Chris Johnstone – Active Hope, how to face the mess we're in without going crazy, 2012, traduction Damien Masselis.
53 Vaclav Havel, Il est permis d'Espérer, 1997, traduction 1998.

Inspiration

Enfin, le jeune adulte fait don au monde de son inspiration. Aux gens qui l'entourent, l'Apprenti apparaît comme un être courageux, déterminé, qui prend des risques pour manifester ses rêves et ses ambitions : il affirme, il assure et il rassure que l'âme peut, effectivement, s'incarner dans le monde, et que telle est sa mission. Inspirer signifie à la fois *insuffler dans* et *respirer l'air dedans*. L'inspiration c'est être rempli de l'Esprit, du souffle de vie – ce que les yogis appellent *prana*, les taoïstes *Qi*, le philosophe Henri Bergson *Élan Vital*, le romancier Alain Damasio *le Vif ou la Volte* –. Et c'est à cette étape de la vie que nous en possédons la forme la plus pure.

Comme l'Innocent, l'Explorateur, l'Acteur et le Vagabond avant lui, l'Apprenti est le garant de la vitalité de ses trois qualités – Inspiration, Espoir, Vision – dans la société. Il lui permet ainsi de se réinventer sans cesse et de garder vivace le lien entre nécessités pragmatiques et réalités mystiques.

Quand quittons-nous la Source ?

En tant qu'Apprentis de l'âme, nous collectons des expériences et les tissons en une toile de vie dont le thème central est notre manière unique d'appartenir au monde. Les fils qui tissent cette toile sont en général numineux[54], extraordinaires, voire super-naturels, mystérieux ou mystiques, et auréolés du sacré ou du divin, et sont souvent marqués par de fortes synchronicités. Ils nous sont livrés dans notre sommeil à travers nos rêves, ou même à l'état d'éveil, que notre conscience soit altérée ou pas. Ils lient intimement des moments de notre enfance à des évènements récents en une toile lumineuse.

---

54 Numineux \ny.mi.nø\ : se dit d'un phénomène mystérieux qui échappe à l'approche rationnelle et donne le sentiment d'être relatif au divin.

Et surtout, la révélation de notre âme connecte la toile de notre propre vie à la grande tapisserie du monde et de l'univers. C'est l'un des aspects les plus importants de l'histoire de notre âme que d'attester que nous sommes des personnages dans une plus grande histoire : non seulement les grands moments de notre vie forment un motif, révèlent un thème et portent un sens ; mais en plus les liens subtils entre les évènements numineux de notre vie confirment, à qui sait les reconnaître, que nous faisons activement partie d'une grande histoire qui nous relie à tout le reste.

Cette phase de vie est riche de découvertes de notre identité profonde, d'expressions artistiques, d'accomplissements dans la contribution à notre bonheur authentique et au bien-être dans le monde. Et pourtant, il est possible que le Mystère n'en ait pas fini avec nous, et que nous nous retrouvions à nouveau plongés dans le doute quant à notre place, ou à la manière de l'exprimer au mieux. Notre maturation ne s'arrête pas ici, et c'est encore avec la mort dans le cœur et une grande tristesse que nous devons quitter la Source, qui a été, elle aussi, pour un temps, le meilleur moment de notre vie.

Essayez Ceci – Mettre à jour les tâches de Développement du Jeune Adulte

Apprendre à incarner notre âme dans la Culture : apprendre et développer une manière de partager (tâche culturelle) les qualités et dons de notre âme (tâche naturelle).

Cette étape de la vie est une danse continuelle entre notre essence – notre nature : entretenir un lien pur avec le mystère que nous sommes censés incarner – et notre forme – notre culture : les pratiques que nos pairs et la société reconnaitront et apprécieront à leur juste valeur –. Pencher trop en faveur de la forme et de la conformité sociale nous transforme en coquilles vides, rend notre message vide de sens et de profondeur ; pencher trop en faveur de notre essence crée une distance avec nos pairs qui les rendra imperméables à nos dons et talents.

Bonne danse !

- Identifier au moins un cadre dans lequel exprimer son âme :

Dans ses premières années, l'Apprenti est rarement payé pour exprimer son âme et ses dons. Cela prend du temps et viendra avec la maîtrise d'un art particulier. Mais avant cela, nous devons être capables d'identifier où et quand exprimer librement les qualités de notre âme. Peut-être est-ce dans notre travail, peut-être pas ; quoi qu'il en soit, nous devons tester les environnements dans lesquels nous vivons et les rôles que nous sommes amenés à jouer afin de savoir s'ils participent, ou pas, à l'expression de notre âme.

- Apprendre à faire don des qualités de son âme au monde :

À ce stade de notre vie, nous connaissons notre place dans le monde et notre don. Nous pouvons donc identifier les compétences pratiques qu'il nous faut encore acquérir afin d'affiner la manière dont nous les partageons avec la société humaine et la grande communauté du vivant.

Cela peut nécessiter l'aide d'un guide ou d'un ancien. Il s'agit ici de développer un apprentissage expérientiel sous forme de conversations entre la vision et le travail, un aller-retour constant entre la réussite et l'échec qui participent également au développement de l'Apprenti.

> Connaissez-vous quelqu'un qui possède des qualités ou un savoir-faire dont vous pourriez bénéficier ? Pouvez-vous leur demander d'apprendre à leur contact ?

> Avez-vous un mentor ? Qui pourrait jouer ce rôle dans votre vie ?

> À quelles expériences devez-vous vous confronter afin de dépasser vos limites dans le domaine qui concerne l'expression de votre âme ?

- <u>**Continuer à explorer son âme :**</u>

En tant qu'Apprenti, il nous faut approfondir notre expérience. Nous sommes sur le chemin, mais il nous reste de la route à parcourir.

> <u>Continuer les pratiques pour manifester des rencontres avec son âme</u> : vous pouvez vous référer aux pratiques 'Essayer ceci' du stade précédent : Stade 4 – Adolescence – Le Vagabond dans le Cocon'.

> <u>Explorer sa Blessure Sacrée</u> : le tantra, le yoga Kundalini, l'hypnothérapie et d'autres pratiques de soin peuvent nous aider à prendre conscience de notre blessure sacrée, celle qui a catalysé l'apparition de l'égo. Cette blessure sacrée offre un chemin souvent douloureux mais qui pointe immanquablement vers notre âme. De même, nous avons d'autres blessures issues de notre enfance, notamment liées à notre mère et notre père, qui nous permettent de mieux nous connaître et d'approfondir la conscience de ce que nous voulons offrir au monde. In fine, apprendre à faire don de soi et nous guérir de nos traumatismes ne forment qu'une seule voie.

> Entretenez un dialogue ouvert avec le monde et les gens autour de vous afin de maximiser le retour d'expérience : apprendre à recevoir les compliments et les critiques avec la même ouverture permet à l'Apprenti d'en apprendre plus sur lui et sur le monde.

- <u>Définir un Art de Vivre qui corresponde aux exigences de l'âme :</u>

Cette tâche est plus large que l'application du travail de l'âme dont il était question jusque-là. En apprenant à faire don de vos qualités d'âme au monde autour de vous, vous apprenez que tous les cadres de vie ne se valent pas : il vous est demandé de faire preuve de discernement pour faire les choix qui favorisent votre mission primordiale. Chaque choix a un coût, et ces équilibrages sont facilités par le travail de détachement réalisé au stade précédent dans le cocon.

> Quelles amitiés, relations sociales et rôles vous aident ? Lesquelles vous retiennent ?

> Quels philosophies et mouvements de pensée vous soutiennent ? Lesquels sont obsolètes ?

> Quelles pratiques spirituelles nourrissent votre âme ? Quelles mauvaises habitudes ou pensées limitantes vous coupent d'elle ?

> Quel régime alimentaire vous permet de vous aligner avec les besoins de votre âme ? Pouvez-vous être un activiste environnemental et continuer à manger de la viande quotidiennement par exemple ?

> De quels climat, pays, et cadre de vie avez-vous besoin pour vous sentir chez vous ?

> etc.

Stade 6 – Adulte Accompli – L'Artisan dans le Verger Sauvage

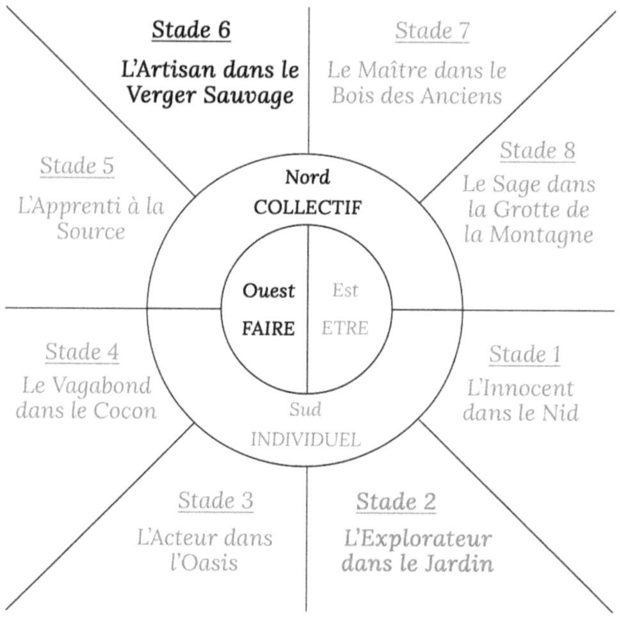

Désintégration Positive

Comme toujours dans notre évolution, ce n'est pas notre unique volonté de grandir qui nous fait passer d'un stade de maturation au suivant, mais des évènements mystérieusement orchestrés par la vie auxquels nous nous sentons appelés. Qu'il soit subtil ou radical, le réagencement de nos vies nous échappe souvent au début, mais devient de plus en plus évident avec le temps.

Je réalise en écrivant ce chapitre comment ma transition d'Apprenti – stade 5 – à Artisan – stade 6 – a commencé il y a deux ans.

Il y a deux ans exactement, le 16 novembre 2019, je terminai une des œuvres créatives les plus significatives de ma vie : la construction de notre maison naturelle en bambou et adobe – un mélange d'argile, de sable et de paille – pour y abriter ma famille et notre amour. Cette étape majeure marquait non seulement l'aboutissement et la consécration d'années d'apprentissage – vivre de et pour la Terre –, mais aussi l'entrée dans une nouvelle phase de ma vie : j'emménageai enfin dans mon sanctuaire avec à ma disposition tous les outils pour développer mon art de vivre : ma maison, mon potager, une page presque blanche et aucune autre règle que celles que je voulais adopter pour créer une vie qui me ressemble. Ce moment de ma vie sera sans doute à jamais auréolé d'une aura de liberté mêlée à un sens de responsabilité accru. Ce mélange qui me procure depuis une puissance créatrice que je n'avais jamais connue !

L'architecte cosmique ayant le sens de l'humour et du timing, c'est seulement quelques mois plus tard qu'éclata la pandémie de COVID qui fit voler en éclat beaucoup de nos repères : retours en France annuels impossibles, perte complète de nos revenus en France comme en Thaïlande, incertitude totale quant à un potentiel retour à la normale… Dès les premiers jours de la crise, quelque chose en moi s'est brisé en voyant le monde entier se retrancher derrière des masques. J'avais pourtant déjà vécu la même situation lors de l'épidémie de H1N1 de 2009, mais quelque chose de plus dramatique me cognait sournoisement le cœur.

J'ai alors organisé un rituel chamanique pour demander au Mystère ce que ce début de crise cachait. Une vision s'est imposée à moi qui ne m'a depuis jamais quitté : en prenant l'habitude de nous retrancher derrière des masques, nous atrophions progressivement notre sens de l'empathie, un sens déjà mis à mal par la montée de l'individualisme, les retranchements identitaires et l'envahissement des écrans dans nos quotidiens.

Pour les enfants, chez qui l'empathie est en plein développement, il ne s'agit de rien de moins qu'une amputation d'un sens vital qui nous relie les uns aux autres : sans voir de visages, comment sentir nos proches ? Comment les enfants qui grandissent aujourd'hui vont-ils apprendre à communiquer s'il leur est interdit de voir des visages et de montrer le leur ? Peut-on vraiment se développer psychologiquement lorsqu'on nous interdit de voir des expressions faciales pendant les 8 heures quotidiennes que nous passons à l'école ?

L'empathie, qui est la capacité à ressentir les émotions des autres, fonctionne biologiquement par l'action des neurones miroirs qui miment littéralement les expressions que nous voyons sur le visage de nos interlocuteurs : privés de stimuli, ces neurones risquent forts de s'atrophier, et notre sens de l'empathie de s'émousser. De la même manière que l'Inquisition nous a amputé, pendant des siècles, du sens d'appartenir à la nature sauvage en punissant l'expression de nos pouvoirs mystiques et naturels, nous risquons aujourd'hui d'oublier un autre pan vital de notre nature humaine.

J'ai vécu cette réalisation comme un coup de poing dans le ventre et il me suffit d'y penser à nouveau pour que mon cœur se contracte à me faire pleurer. Au moment de notre histoire où nous avons le plus besoin d'apprendre à ressentir le monde et nous relier les uns aux autres, j'ai vécu ces mesures draconiennes comme une attaque d'une violence inouïe à notre Écologie intérieure.

C'est à ce moment de ma vie que j'ai découvert le travail de Joanna Macy qui m'a été d'une grande aide. Elle partage dans sa biographie un moment de profonde réalisation vécu en 1977. Une description dont la résonance avec ma propre expérience me donna le vertige :

« *[Alors que j'étais dans le train ce jour-là] quelque chose en moi s'est effondré. Je regardais les visages des personnes assises avec moi dans le wagon à travers des larmes que j'étais incapable de contrôler. J'avais l'impression que l'édifice mental sur lequel reposaient toutes les informations que j'avais collectées pendant des années était en train de s'effondrer. Et avec l'effondrement de cet édifice, c'est une cascade de connaissances de ce que nous sommes en train de faire au monde, et à nous-même, qui s'est déversée dans mon cœur et dans mon corps ; un torrent de prises de conscience tellement puissant que je ne pouvais plus le contenir : oui, nous avons le pouvoir de détruire notre monde.*

… Je n'avais aucune idée de comment vivre avec ça. Pendant des jours, des semaines, et des mois, ce sentiment est revenu me hanter comme un coup de poing dans mon plexus solaire. »[55]

Alors que le monde se refermait devant mes yeux et que je voyais le spectre de l'effondrement se matérialiser, je ne pouvais ignorer dès les premiers jours de cette nouvelle crise mondiale que c'est paradoxalement ce à quoi ma femme et moi nous préparions depuis des années : le timing était horriblement parfait. Une semaine de plus et nous aurions été en France, enfermés chez mes beaux-parents en banlieue parisienne, sans aucun espoir de revenir chez nous. Mais l'univers en avait décidé autrement : nous avions enfin notre maison dans laquelle nous abriter, notre potager pour nous nourrir, un grand jardin pour les enfants, toutes les fondations sur lesquelles construire notre art de vivre : comment ne pas voir dans cette synchronicité le sanctuaire depuis lequel rayonner la renaissance culturelle que nous souhaitons pour le monde ? À l'horreur de ce qui se tramait dans le monde s'est donc naturellement greffée une implacable certitude quant à la responsabilité qu'il m'était demandé d'assumer.

J'ai alors consciemment décidé de plonger plus profondément dans ma créativité et mes engagements envers la vie pour prendre les choses en mains. Cela se matérialise aujourd'hui par l'accompagnement actif des transformations personnelles – coaching : dimension psycho-émotionnelle –, la mise en place de système de soutien à l'agriculture paysanne – consulting et gestion de projet AMAP : dimension socio-économique – et l'initiation à la beauté mystique de la nature – rituels et cérémonies : dimension éducative et spirituelle –.

---

55 Joanna Macy, Widening Circles, p170-171 – traduction Damien Masselis

À l'exploration et la découverte des dix dernières années se substitue une volonté de créer un modèle de vie alternatif original, viable et reproductible. Ce qui est, selon le modèle de développement écocentrique, typique du passage du stade d'Apprenti – stade 5 – à celui d'Artisan – stade 6 –.

Avec le recul, ce processus de *mort et de renaissance* – orchestré par la pandémie de COVID – m'apparait clairement comme une transition majeure de vie, en l'occurrence ma maturation vers l'Adulte Accompli. Ma 'désintégration positive' a été déclenchée par des évènements mondiaux hors de ma portée, et c'est depuis cet espace que j'écris aujourd'hui, afin jouer mon rôle dans la dissémination des graines de la renaissance culturelle et la floraison de systèmes de vie régénérateurs.

Graines de renaissance culturelle

Un des éléments clés d'un écosystème en bonne santé est sa capacité à être résilient, diversifié, fertile et en constante évolution. Ceci est vrai des écosystèmes sauvages comme des cultures humaines. De même que c'est au bout de leurs branches que les arbres croissent, c'est à travers les Adultes Accomplis – les Artisans – que les écosystèmes humains se renouvellent et se développent.

Prenons la pomme comme exemple. Tout comme chaque graine dans une pomme possède un bagage génétique unique, qui donnera un pommier unique et des pommes aux saveurs uniques, chaque adulte possède des qualités uniques, qui, pour peu qu'on l'encourage à poursuivre pleinement sa maturation, offrira un don unique au monde des hommes et à la planète.

La culture humaine a besoin de cette diversité et de cette richesse pour se réinventer tout le temps et faire face aux crises qu'elle traverse. Tout comme la diversité génétique des pommes garantit leur capacité d'adaptation – et la richesse de nos expériences gustatives –, la diversité des talents dans une société garantit sa résilience et l'empêche de se scléroser.

Créativité et Responsabilité

Cette période de la vie est sans aucun doute le pinacle de notre créativité : après des années d'exploration dans l'Oasis – stade 3 –, de vagabondage dans le Cocon – stade 4 –, puis d'apprentissage à la Source – stade 5 –, nous avons ici enfin atteint la maturité de cristalliser toutes nos expériences et découvertes en un art propre et unique. En ce sens, c'est une période de la vie très excitante et fertile.

Nous n'avons jamais été autant nous-mêmes : profondément au contact de notre âme avec laquelle nous avons appris à danser depuis des années, émancipés de l'influence de nos Maîtres, nous apprenons à donner libre cours à nos impulsions créatives afin d'ensemencer le monde de ce que nous avons de plus beau à lui offrir. Notre art n'a pas encore atteint son apogée, mais nous sommes pleinement autonomes dans notre processus créatif. Fini les compromis, les timidités et les doutes : à ce stade, nous avons acquis une intime certitude de ce que la vie attend de nous, et nous sommes capables d'incarner notre âme, quel que soit le contexte dans lequel nous évoluons. L'incarnation de notre âme est devenue la constante, seules sa forme et la sphère de manifestation changent.

Nous sommes aussi prêts à en payer le prix, qui se présente souvent sous la forme d'un lâcher-prise sur tout ce qui n'est pas essentiel à la manifestation de notre don. Animé très fortement par l'énergie archétypale du Guerrier, l'Apprenti est déterminé, autonome, puissant, et prêt à se sacrifier pour sa cause. Il sait pour quoi il est prêt à mourir, mais plus que tout il veut vivre pour cette cause. La manifestation du soi pour l'Apprenti n'est cependant pas égoïste puisque, étant ancré dans son âme, son intention est de servir la vitalité de sa communauté et non sa renommée personnelle. Contrairement au héros immature de la psychologie infantile, le guerrier mature sait être vulnérable et apprécie ses limites et le besoin qu'il a des autres. En ce sens, l'Artisan diffère radicalement de la patho-adolescence moderne évoquée précédemment.

Le grand challenge de cette époque de notre vie est de concilier l'authenticité envers nous-mêmes – la responsabilité sacrée envers notre âme – avec le de sens du devoir vis-à-vis des besoins du monde.

À mesure que notre centre de gravité s'éloigne de notre égo pour se fondre dans l'écosystème et la biosphère – nous nous identifions de plus en plus à la grande communauté du vivant – nous nous ouvrons à la souffrance du monde et des autres espèces. Cette identification peut devenir tellement forte qu'il ne nous est parfois plus possible de faire dignement partie de la société humaine tant celle-ci cause de souffrance à la planète et au vivant. Cette insupportable souffrance dont nous prenons pleine responsabilité semble parfois insupportable, au point de provoquer de sérieuses pertes de repères, des doutes et des *breakdowns* physiques et psychologiques.

Il est alors d'autant plus important, pour faire face à ces défis, de nous ancrer dans des pratiques rituelles et une hygiène holistique qui permettent, *ad minima*, de conserver la forme physique, de se réguler émotionnellement, et de garder toute sa tête, et *ad maxima*, d'augmenter notre potentiel créatif pour augmenter notre contribution. Mais c'est aussi ce sens de responsabilité qui nous élève et nous appelle à raffiner nos talents, à imaginer notre art de vivre et à le livrer au monde. Il est l'heure d'assumer les obligations du leadership culturel… et les joies qui les accompagnent. Pour l'Artisan, la réussite du Grand Tournant dépend de nous, des millions d'entre nous qui assument ce statut aujourd'hui.

Les tâches de développement de l'Artisan

La vie de l'Artisan est une grande phase de cristallisation, de coagulation : afin d'accoucher des désirs de notre âme dans le monde, il nous faut continuer de mener à bien les tâches de développement des stades précédents. Nous devons à la fois approfondir notre connexion à notre nature intérieure, réapprendre à nous émerveiller au contact de la nature sauvage, continuer de nous libérer de nos ombres et de nos limitations inconscientes, accueillir notre soldat loyal et soigner nos blessures sacrées, cultiver notre capacité à être présents et centrés, apprendre toujours plus de techniques pour transmettre nos connaissances et dons, et intégrer de plus en plus subtilement la danse entre nos identités culturelle et naturelle.

Comme à chaque stade, vous trouverez quelques tâches développementales spécifiques à l'accomplissement de l'Artisan, tâches qui peuvent accompagner et nourrir son processus créatif très personnel.

Construire des ponts

La polarisation entre inspiration culturelle et impératif naturel est à son paroxysme chez l'Artisan.

Plus que jamais il est fidèle aux intentions sauvages de son âme, tout en mettant toute son énergie au service de sa communauté. Il est donc ancré à la fois dans les réalités pragmatiques et dans les mystères éternels et spirituels du monde. C'est que son âme a besoin du monde pour manifester ses désirs, et que le monde a besoin de son âme – et de toutes les âmes – pour se fertiliser. Faciliter cette double satisfaction est au cœur du travail de l'Artisan.

Intégrer les archétypes naturels du soi

Nous avons défini dans la Partie 1, Chapitre 3, quatre archétypes naturels du soi et des qualités qui leur sont associées :

- ✓ L'Innocent Sage, paradoxalement spirituel et taquin est associé au quadrant Est du modèle et aux stades 8 – le Sage – et 1 – l'Innocent –.

- ✓ L'Indigène Sauvage est joueur, émotionnellement exubérant, instinctif, sensuel et sauvage. Il est associé au quadrant Sud du modèle et aux stades 2 – l'Explorateur – et 3 – l'Acteur –.
- ✓ La Muse des profondeurs visionnaires de l'imagination et des mystères est associée au quadrant Ouest du modèle et aux stades 4 – le Vagabond – et 5 – l'Apprenti –.
- ✓ L'Adulte Générateur Nourricier : leadership créatif et nourricier, attentif. Ces qualités sont associées au quadrant Nord du modèle et aux stades 6 – l'Artisan – et – 7 le Maître –.

Ces quatre archétypes correspondent en quelque sorte à de grandes étapes de maturation de l'égo. Adolescents dans le Cocon nous avons découvert et développé un début de relation consciente à ces ressources psychiques. Jeunes Adultes nous avons appris à les équilibrer, à faire appel à eux de manière équilibrée dans notre vie. Adultes Accomplis nous apprenons à les intégrer de manière à faire appel à eux simultanément afin de les renforcer mutuellement. C'est ce travail d'intégration qui rend l'Artisan capable de manifester son art dans toutes les situations, même celles qui jusqu'alors semblaient éloignées de sa sphère d'influence et de manifestation. Consécutivement, c'est cette confiance en son art qui lui donne la confiance d'aller défier les statu quo de sa culture, de faire bouger les lignes de front et de faire évoluer son monde.

Une des formes que prend cette intégration pour moi depuis un an est un désir de confronter mon art aux situations les plus difficiles.

Alors que j'évoluais depuis des années à l'abri de ma ferme de permaculture – mon sanctuaire – pour initier les curieux aux bienfaits de la vie au contact de la nature, il me prend de plus en plus l'envie d'aller créer le dialogue avec ceux des villes, d'aller parler économie et finance, d'aller donner le change dans les discussions politiques, mais aussi dans les écoles, auprès de mes enfants... afin que le mouvement dont je suis le porte-parole fasse entendre son message dans toutes les sphères de la société.

L'Écologie et la permaculture ne se limitent pas à faire pousser des légumes et à entretenir le monde sauvage. Ce sont des domaines clés dans la manière dont nous pouvons repenser nos psychologies, nos économies et nos gouvernances, et c'est à ces conversations délicates qui nous concernent tous que je souhaite aussi prendre part pour que la voix de la nature soit entendue.

Véhicule de l'inconscient collectif

Parce qu'il met de côté ses désirs individuels et qu'il est au service sa communauté l'Artisan est très sensible aux énergies présentes dans notre inconscient collectif. Ceci est vrai des archétypes naturels que je viens d'évoquer, et aussi des archétypes jungiens auxquels je vais brièvement faire référence.

Les énergies de l'Artisan créatif, du Guerrier tout puissant et du Martyr qui porte la souffrance du monde génèrent chez tous une charge émotionnelle passionnelle, qui peut s'exprimer positivement ou négativement, voire par un rejet violent. Dans la société moderne, l'énergie du Guerrier est souvent associée au 'patriarcat suprémaciste' ou au fasciste, celle du Martyre au fanatique religieux. Il m'est personnellement arrivé me voir affublé de ces odieuses étiquettes, dans mon désir passionné de partager l'amour pour la Nature : prétentieux, supérieur, donneur de leçon... Les sobriquets ne manquent pas. Je n'ai pas encore résolu ce dilemme. Il me semble néanmoins qu'en tant qu'Artisans, nous nous faisons le véhicule d'énergies archétypales fortes, avec lesquelles tous nos pairs ne sont pas à l'aise. Que ce soit par notre maladresse ou les résistances des autres, il faut nous attendre à rencontrer de la résistance, venant de ceux-là mêmes à qui nous voulons le plus de bien.

Le piège de s'identifier à ces archétypes quand leur énergie s'empare de nous est réel. Il est bon de se rappeler, quand nous nous sentons portés par une puissance créative qui nous dépasse, de l'accueillir avec grâce, dignité et humilité. Une sincère gratitude et la reconnaissance que ce sont des forces que la nature – sauvage et humaine – met à notre disposition pour que nous puissions accomplir sa volonté peuvent aider dans cette tâche.

Enfin, approfondir nos connaissances sur le fonctionnement des archétypes en se formant à des arts mystiques tels que le Tantra, le Qi Gong et la psychologie des profondeurs peut compléter notre boîte à outils pour continuer en sécurité l'exploration des Mystères de la Vie.

La fin de l'âge adulte

Un peu comme l'Oasis – qui avait marqué l'entrée dans l'hémisphère ouest du modèle dédiée à l'action, au faire – le Verger Sauvage de l'Apprenti a été une période d'activité intense, de réalisations, d'excitation permanente, de créativité, de défis relevés et subis. Il arrive pourtant un moment – si l'on en croit la parole des Anciens et le modèle Écocentrique – où l'excitation diminue et le besoin de faire cède la place à la simple acceptation d'être. Créer du nouveau ne semble plus aussi passionnant que de s'ouvrir à ce qui est. Le travail de l'âme est plus dense que jamais, mais il se fait désormais presque sans effort, comme s'il s'écoulait à travers nous.

À l'approche du point le plus septentrional du modèle apparait une nouvelle crise dans notre processus de maturation. Comme toujours, ce n'est pas nous qui la provoquons, mais un changement subtil dans notre centre de gravité psycho-spirituel.

Avec son excitation permanente, ses inventions magiques de choses, d'idées, d'art et d'expressions complètement nouvelles et originales, le Verger Sauvage était sans aucun doute le plus beau moment de notre vie.

Stade 7&8 – Les Anciens – Maîtres et Sages

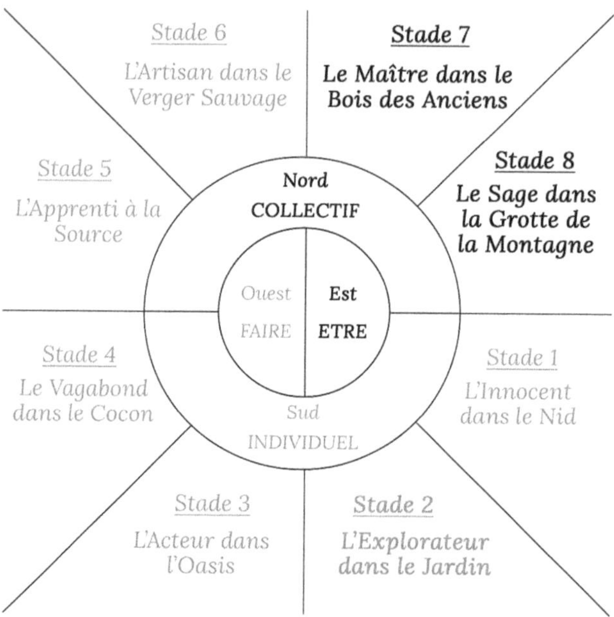

Je dois reconnaître qu'écrire sur des deux prochains stades du modèle de développement écocentrique m'a été difficile.

Certes le modèle est resté inspirant et pertinent, et les commentaires de son auteur – Bill Plotkin – m'ont ouvert des perspectives lumineuses sur la suite de l'histoire… mais mon expérience personnelle est justement ce qu'il me manque pour écrire avec la légitimité qui a appuyé mon propos jusque-là. Je sais avec une intime certitude être un jeune Artisan – stade 6 – : ce livre est d'ailleurs une manière d'assumer ce statut, de créer un outil original pour délivrer mon don au monde, et d'augmenter la contribution de mon travail pour la cause qui m'est la plus chère : recréer un lien intime entre les hommes et la nature.

Ne pouvant parler de ma propre expérience, et ne connaissant personnellement que très peu de personnes méritant le titre d'Ancien –

avec tout le bagage de sagesse et d'accompagnement conscient qu'il suppose –, je m'en remets aux trois auteurs qui m'ont, ces dernières années, le plus aidé à comprendre les crises et opportunités qui secouent l'humanité en ce moment, et à trouver ma place dans le processus de renaissance culturelle qui les accompagnent : Joanna Macy, Bill Plotkin et Thomas Berry.

J'adresse aussi ici une dédicace personnelle à Lung Son, mon voisin et ami thaï âgé de 70 ans qui, depuis plus de 10ans, par sa simple et lumineuse présence dans ma vie, incarne plus que quiconque les qualités qui caractérisent les Anciens : la sagesse sans effort, l'amour inconditionnel du vivant, et la capacité à guider et initier les plus jeunes par sa simple présence.

Les Anciens manquent cruellement à nos sociétés. J'ai déjà fait remarquer ce point à plusieurs reprises : les Anciens sont une fonction de la société, pas seulement un badge dont on hérite de par notre âge avancé. La plupart des vieux ne jouent aujourd'hui pas le rôle d'Ancien : soit parce qu'ils n'ont pas poursuivi leur maturation personnelle jusque-là, soit parce que la patho-adolescence moderne ne reconnaît pas leur sagesse expérientielle. Quelles que soient les raisons, le lien a été brisé, ce qui fait perdre à tous la jouissance de leur don de sagesse.

Notons que dans la relation triptyque entre l'Apprenti, l'Artisan et le Maître – stade 5-6-7 –, le Maître est celui qui, ayant atteint la maîtrise de son art, ne cherche plus à l'améliorer. Cela ne lui est pas impossible, mais son intérêt a évolué : il ne cherche plus tant à innover qu'à devenir le mentor et le guide des plus jeunes, puisant dans son long dévouement aux Mystères du monde la sagesse et la perspective nécessaires à l'harmonie entre les cultures humaines et la Nature, rendant ainsi hommage à notre double hérédité.

Accomplir sans effort

Une des caractéristiques majeures qui marque le passage de l'Adulte à l'Ancien semble concerner le rapport au *Faire*. Là où l'attention de l'Apprenti – stade 5 – et de l'Artisan – stade 6 – était toute accaparée par le besoin et le désir d'apprendre, de développer, puis d'offrir leur art – ce qui implique des qualités de détermination, d'acharnement, de conviction, d'insistance, de résilience, et de positionnement –, le Maître est plus intéressé par la simple envie d'être et de servir de guide à ses plus jeunes pairs – une attitude qui s'ancre dans des qualités d'acceptation, d'appréciation, de célébration, et d'abandon –.

Incarner son âme et son essence authentique, qui était l'obsession de l'adulte déterminé, se fait maintenant sans effort, intuitivement. Après des années de recherches et de labeur, la présence authentique devient enfin naturelle, et se manifeste même en pilote automatique.

Très poétiquement, Joanna Macy décrit ainsi avoir l'impression, à ce stade de sa vie, « *d'être jouée par d'autres mains* » :

« *Il me semble aujourd'hui être moins bonne à m'efforcer de faire les choses. C'est l'acharnement qui s'estompe. Je vois aussi maintenant que les plus belles choses n'ont rien à voir avec l'effort. Rien ! Elles viennent, c'est formidable, de telle sorte que les choses se produisent d'elles-mêmes. Bien sûr, cela en dit long sur la nature de la réalité, sur la manière dont les systèmes s'organisent d'eux-mêmes. Dans un sens c'est ce que j'enseigne depuis longtemps, mais tout de même : faire l'expérience directe de ce qu'on enseigne et ce en quoi on croit, c'est formidable, n'est-ce pas ?* »[56]

Ce sentiment que les choses les plus formidables se passent à travers nous, sans en revendiquer la paternité, me rappelle un concept taoïste qui

---

56 Joanna Macy, interview avec Bill Plotkin, Nature & the Human Soul, page 386 – traduction Damien Masselis.

m'a toujours beaucoup inspiré, tout en restant un de mes plus grands défis : Wuwei. Wuwei est le principe taoïste de "l'action sans-action". Il fait référence à l'alignement parfait de nos actions avec le flot naturel du monde, le Tao. C'est un état de présence et de conscience qui se caractérise par une grande facilité et une grande conscience, dans laquelle – sans même essayer – nous sommes capables de répondre parfaitement à toutes les situations qui se présentent.

Wuwei exige foi dans la vie et humilité envers notre nature humaine, deux qualités qui caractérisent celles et ceux qui ont consacré une partie de leur vie à créer des solutions originales pour entretenir la vitalité de leur relation à la nature – sauvage et intérieure – : les Anciens.

Enthousiasme et Renonciation

Une transition s'initie au stade 7, avec un relâchement progressif du besoin de faire des efforts pour accomplir son travail et manifester son âme. Dans le stade 8, l'Ancien continue de gagner en maturité, et c'est désormais des résultats mêmes de son travail qu'il se détache. La satisfaction se trouve moins dans la réussite de ses entreprises que dans l'épanouissement dans le moment présent.

En ce sens, le Sage – Stade 8 – rappelle la Tendre Enfance – Stade 1 – par sa présence lumineuse à l'instant présent, sans considération pour les conséquences de ses actions. Il y a la simplicité des Anciens en fin de vie, et la simplicité des enfants en début de vie, mais les deux ne sont pas si différentes : plus le Sage se fond dans la nature, plus il se fait véhicule de la nature, et en ce sens retrouve certaines des qualités de l'enfance.

Mais contrairement au jeune enfant, qui se dirigeait vers sa première transition – la Nomination, par laquelle il s'individu et se détache du Tout –, le Sage abandonne quant à lui – lors de la transition de la Renonciation – son attachement à l'égo individué pour se replonger pleinement dans le Tout. À notre naissance, nous n'étions pas encore séparés du Mystère dont nous émergions ; avant notre mort, nous retournons volontairement à ce Mystère, mais riche d'un long voyage dont nous sommes maintenant conscients de la destination.

Le Maître – stade 7 – possède déjà une profonde sagesse, fondation de ses qualités de leader et de guide. Mais son centre de gravité s'axe toujours autour des savoirs et compétences qui lui sont nécessaires pour mener consciemment sa communauté. La pénultième transition de vie – à laquelle ne succèdera que la mort – place au contraire le Sage dans une appréciation nouvelle de l'expression spontanée de sa sagesse et des merveilles du monde. Alors que c'est l'archétype très actif du guerrier qui inspirait l'Artisan et le Maître, c'est plutôt l'énergie du prophète et de l'oracle qui émane du Sage : on le consulte pour trouver conseil et donner sens, mais on n'attend plus de lui qu'il guide nos actions et mène nos communautés.

Une des fonctions culturelles du Sage est de nous aider à ancrer nos vies dans les principes universels et à vivre en alignement avec eux. Dans sa manière de se préparer à la Mort, le Sage nous inspire de ne pas nous attacher aux choses qui n'ont pas une importance cruciale dans notre vie et à nous demander ce qui a vraiment de la valeur pour nous.

La transition du Couronnement

Cette transition de la vie est l'exact inverse de ce que nous avons vécu à la puberté – la transition qui marque le passage de l'Explorateur à l'Acteur – stade2 à 3 –.

Le passage de l'enfance à l'adolescence avait marqué le commencement de notre intérêt pour les choses du monde : nous quittions alors la protection familiale pour aller explorer le monde et prendre part aux affaires des hommes. À l'innocente et merveilleuse simplicité d'*être* s'est alors progressivement substituée une volonté - puis une responsabilité - de *faire et de créer*.

Maintenant, arrivés à la fin de l'âge adulte nous pouvons arrêter de chercher des solutions et créer des systèmes pour améliorer les choses, et nous reposer sur la sagesse acquise. C'est cette sagesse, l'incarnation mûre de l'innocence, qui nous rappelle à notre enfance. C'est sans doute ce que voulait dire Nietzsche en nous rappelant que *« La maturité de l'homme, c'est d'avoir retrouvé le sérieux qu'on avait au jeu lorsqu'on était enfant »*[57]. Ce visage de la sagesse souriante, spontanée et rieuse me rappelle aussi Boudai, la divinité chinoise de la Gratitude, et les vieux maîtres Zen tels que Tchouang-Tseu dont les enseignements étaient transmis à ses disciples par la mise en scène, le paradoxe et l'humour.

Cependant, à la différence des enfants égocentriques que nous étions, les Sages ont pour mission de mettre leur sagesse au profit de la communauté et de l'Écologie planétaire. Ce n'est plus tant notre capacité à être des Artisans innovants et performants pour la culture humaine qui compte désormais, mais la préservation de l'intégrité et le bien-être du monde dans son intégralité.

Ce revirement exige de nous un lâcher-prise quant à l'importance que nous nous sommes donnée toutes ces années, et peut provoquer une grosse crise de l'identité, même chez les adultes les plus mûrs.

Joanna Macy écrit à ce propos :

« Comment dire ?... C'est peut-être lié à la diminution des forces qui vient avec l'âge, à la perte d'agilité et de rapidité du corps et de l'esprit, et à l'érosion de l'estime de soi qui en découle... mais il y a des jours où je pense que, si quelqu'un me demandait "Qu'as-tu fait de ta vie ?", je serais incapable de leur répondre. »[58]

---

57 Nietzsche, Par-delà le bien et le mal, 1886

58 Joanna Macy, interview avec Bill Plotkin, Nature & the Human Soul, page 385 – traduction Damien Masselis.

Nous prenons conscience que nous ne pouvons pas nous attribuer le mérite de nos accomplissements. Pourtant, tout comme les vieux arbres qui trônent au cœur de la forêt nourrissent et soutiennent toute la vie autour d'eux par leur simple présence, les Anciens maintiennent en vie l'espoir de voir les cultures humaines se régénérer autour de valeurs ancestrales, et guident les plus jeunes à travers les différents stades de leur croissance, en apportant à chacun précisément la nourriture dont ils ont besoin : par leur expérience des Mystères de la Vie ils sont capables de reconnaître l'adolescent qui est prêt à explorer les profondeurs et de le guider dans ce voyage initiatique. Ayant passé des années à raffiner leur don et à en faire cadeau au monde, ils sont de précieux alliés pour les adultes travaillant dans le même domaine. Par leur sagesse et leur expérience, ils sont les guides de la société humaine.

Les Anciens : guides et protecteurs

Pour jouer ce rôle, il ne suffit pas d'avoir atteint un certain âge : comme pour toutes les autres étapes décrites dans ce modèle, ce ne sont pas les années qui provoquent les transitions, mais plutôt un basculement de notre centre de gravité psycho spirituelle, une nouvelle cristallisation de notre place dans le grand tout. Ce qui nous fait sortir de l'âge adulte et entrer dans ce que, à défaut d'autre mot, j'appelle être un Ancien, c'est la capacité à ressentir et s'identifier avec l'Âme du Monde.

Après des années à raffiner l'expression de notre âme individuelle et l'âme humaine, le sens du soi semble se dissoudre pour laisser plus de place au sens du monde dans sa globalité : le Tao, ou Voie de la Vie. Cette identification à la grande communauté du vivant sur terre, dont Joanna Macy décrit en faire enfin l'expérience intime à 77 ans alors qu'elle l'a enseigné pendant des années, est la richesse de cette étape de la vie. C'est aussi elle qui permet d'assurer une harmonie entre le village humain (culture) et le monde sauvage (nature).

Cette présence harmonieuse avec la vie, les Anciens en font don à tous les autres membres de la société.

Défenseurs de l'innocence et de l'émerveillement des enfants

Il n'est pas rare qu'une fois libérés du sentiment de devoir et de responsabilité qui imprègne la vie d'un adulte, les Anciens retrouvent la spontanéité et la légèreté qui ne sont pas sans rappeler celles de l'enfance. Après avoir fait presque tout le tour de la roue de la vie, les Maîtres sont devenus particulièrement aptes et habiles à reconnaître, dans la nature innocente et l'émerveillement des enfants, des fondations essentielles de la vie : le lien entre ces qualités et l'authenticité dont il faudra faire preuve dans la quête de l'âme est évident pour qui a déjà emprunté ce chemin !

C'est pourquoi les Anciens/Maîtres/Sages sont particulièrement bien placés pour nourrir ces qualités chez les enfants, et qu'il est bon de les encourager à passer plus de temps ensemble. Dans la société moderne, cela pourrait redonner du sens et du dynamisme à la vie de beaucoup de personnes âgées qui, une fois à la retraite professionnelle, peuvent sentir leur utilité sociale s'effondrer et en souffrir. En plus d'aider aussi les parents dans leur rôle d'éducateurs, cette alliance serait tout aussi précieuse pour les enfants qui trouveraient dans les Anciens une présence plus sereine et, comme eux, centrée sur l'*être* et non sur le *faire* qui accapare tellement leurs parents.

Thomas Berry nous rappelle à juste titre que le monde des enfants n'est pas la société industrielle – dans laquelle la plupart de leurs parents évoluent – mais un « *monde de forêts, de prairies, de fleurs, d'oiseaux, de montagnes, de vallées, de ruisseaux et d'étoiles* »[59]. Si nous permettons aux enfants de faire cette expérience directe de leur place dans le monde

---

59 Every Being Has Rights, Thomas Berry 2003, E. F. Schumacher Lectures – traduction Damien Masselis.

au contact des Anciens, eux aussi pourront devenir nos guides pour que cette relation directe à l'univers reste vivante en chacun de nous à chaque étape de nos vies.

Guides des Adolescents

Qui mieux que nos Anciens comprend le développement humain et l'importance des luttes sociales et psycho-spirituelles de l'adolescence ? Les Maîtres et Sages, qui ne sont pas nécessairement les parents et n'héritent donc pas des tensions familiales, peuvent aider les jeunes à prendre du recul par rapport aux charges émotionnelles propres à ce stade de leur développement personnel, tout en rendant hommage à leur unicité et à leur importance. À bien des égards ils sont les interlocuteurs idéaux pour guider les adolescents à travers le labyrinthe et les défis qui mènent au Cocon – Stades 3 & 4 – : exploration des valeurs, éducation et expression émotionnelle, travail sur les ombres, authenticité et appartenance, résolution de conflit, relations sexuelles… Parce qu'ils sont eux aussi passés par là, ont eu le temps de faire leurs expériences, et d'apprendre de leurs erreurs, ils offrent une perspective que n'ont pas encore les parents et les jeunes adultes.

Les Anciens possèdent aussi, par leur détachement, une position privilégiée pour observer le moment où l'adolescent est prêt à entamer son voyage initiatique – l'entrée dans le cocon – et son exploration des mystères de la vie et de la psyché. Ils pourront alors servir de mentor pour accompagner la séparation, la désidentification de la personnalité sociale, et l'apprentissage des compétences de l'âme et de l'incarnation de son rôle dans le monde. Là aussi les parents qui sont encore occupés à modeler leur manière d'exprimer peuvent manquer de recul pour accompagner les jeunes.

Formateurs pour le travail des Adultes

Par travail, j'entends bien évidemment celui qui consiste à explorer son âme et à inventer une manière originale et personnelle de vivre la plus grande histoire dont on est capable. C'est le travail de l'âme et non le travail socioéconomique qui est censé être le point de mire de l'adulte mature. Cela peut aussi, surtout dans les premières phases, être un ensemble de compromis entre cette recherche fondamentale et les nécessaires devoirs et obligations liés à l'exercice économique dans la société moderne.

Que ce soit envers les Apprentis – stade 5 – ou les Artisans – stade 6 – qui sont amenés à créer leur art dans un domaine similaire, les Maîtres – stade 7 – sont comme des phares : sources d'inspiration, de connaissance et de sagesse qui vont former la génération suivante afin qu'elle puisse poursuivre leur contribution et les dépasser.

Accoucher de la renaissance culturelle

Il s'agit ici de s'assurer que la culture humaine évolue dans la bonne direction : celle de l'alignement avec les forces naturelles.

Notre époque nécessite des modifications de l'organisation, des valeurs et des objectifs de nos sociétés. Nous avons un besoin vital de Maîtres dans leurs domaines pour faire un état des lieux éclairé des corrections nécessaires, pour concevoir des réponses appropriées, et pour coordonner leur implémentation. Cette tâche colossale ne peut plus être laissée à des adultes immatures qui occupent des positions de décision et de pouvoir, non pas grâce à leur maîtrise ni leur sagesse, mais par leur soif de domination et leur sentiment de supériorité − ou d'infériorité −. À ce titre je trouve ahurissant que la question de la transition écologique soit laissée aux technocrates capitalistes − formés par le système même qui a organisé le ravage de la planète depuis deux siècles −, plutôt qu'aux Anciens et Sages représentants les cultures traditionnelles qui ont su vivre en harmonie avec la planète depuis des millénaires.

Pour assumer ce rôle crucial, les Anciens ont la tâche d'assurer le maintien des traditions les plus importantes, non pas dans leur forme, mais dans leur essence structurelle profonde. Autrement dit, ce n'est pas tant le maintien des rites et habitudes sociales qui comptent, mais le respect d'une identité commune ancrée dans le temps long. C'est elle qui va assurer la résilience de la culture et sa capacité à s'adapter aux défis de son époque, tout en préservant ses fonctions vitales : cohésion de ses membres, capacité à répondre aux besoins naturels et psychologiques − se nourrir et se soigner, se loger, se sentir psychologiquement en sécurité et soutenu, appartenir à un groupe −, relations prospères avec le reste du vivant.

Face à ce constat et à l'irresponsabilité des dirigeants de ce monde − pour la plupart motivés par l'avarice, la paranoïa et un manque total de moralité −, il n'est pas surprenant que l'écoanxiété et le désespoir ravagent les peuples et que la solidarité s'effondre.

Je pense qu'un des plus grands drames que nous traversons aujourd'hui est l'absence d'une vision collective pour agir. Mon grand-père me racontait les grands rassemblements des travailleurs qui ont menés aux avancées sociales de 1936, la Grande Guerre et la reconstruction. Mon père lui se battait pour un idéal de croissance et pour la plus grande période de paix jamais connue. Qu'avons-nous aujourd'hui en comparaison ? Pourquoi le plus grand défi de notre temps, régénérer la planète pour éviter l'effondrement écologique, ne suscite-t-il pas plus de participation ? C'est là un des symptômes de l'absence de vrais Anciens dans les instances dirigeantes. En l'absence de guides il nous est individuellement et collectivement très difficile d'entamer notre descente dans nos profondeurs pour faire face à nos peurs, nos colères, et nos désespoirs afin d'allumer la flamme de l'espoir actif et d'imaginer des réponses appropriées. Ceci sera développé de manière pratique dans la Partie 3.

Le Grand Tournant est notre rite de passage collectif, et je l'espère notre initiation à l'âme de notre espèce humaine. Je prie pour qu'un nombre croissant d'Anciens s'éveille à leur rôle de guide.

L'état de grâce entre la Culture Humaine et la Vie sur Terre

Selon Thomas Berry – historien des cultures et écothéologien[60] – l'univers n'est pas une vulgaire « *collection d'objets* » comme le prône la vision réductionniste de la science moderne, mais « *une communion sacrée de sujets* ». La cosmologie célèbre consciemment cet univers vivant dont nous faisons partie, et c'est un des rôles du Sage d'assurer la vivacité de ce lien, notre adhérence et notre alignement aux principes universels.

---

60 NDA – L'écothéologie explore la relation entre la religion et la nature, notamment pour la gestion des écosystèmes et le rétablissement du lien sacré à la nature.

Par son expérience de la vie et son détachement, le Sage est capable de voir les choses en grand, de prendre du recul afin de revenir aux questions pratiques depuis une perspective profonde et détachée : celle d'une sagesse universelle détachée de la morale humaine.

Or, Thomas Berry remarque avec un brin de nostalgie que nos sociétés modernes n'ont plus de vraie cosmologie : ni la science ni la religion ne jouent leur rôle de nous éduquer au fonctionnement de l'Univers et aux règles de la *communion sacrée* entre ses *sujets*. La religion a laissé faire – pour ne pas dire orchestré – la disparition des croyances animistes[61], et la science – bien qu'elle ait levé le voile sur de nombreux mystères – nous a elle aussi fait perdre notre révérence envers la Nature. La fonction sociale du Sage disparait progressivement, ce qui entretient une société *« artificielle et notre incapacité à faire face aux réalités les plus basiques de l'existence. »*

Dans une société écocentrique, les Anciens accomplis, les Sages, garantissent l'alignement de la culture avec les principes universels en incarnant pour leurs pairs ce que j'aime appeler l'État de Grâce : la capacité à apprécier la complémentarité des opposés, de voir dans les différences non pas une opposition, mais une expression harmonieuse d'un seul phénomène. En poussant jusqu'à son aboutissement cette capacité à apprécier les complémentarités plutôt que les contradictions, le Sage s'identifie progressivement au Tout, et ainsi se prépare à le réintégrer, ce qu'il fera lors de sa dernière transition : la Mort.

Il est de la responsabilité des Anciens, Maîtres et Sages, d'assurer l'harmonie de l'interface entre les humains et le reste de la vie sur Terre. Dans une vision holistique et horizontale de la gouvernance, tous les membres de la société humaine, quel que soit leur stade de développement, prennent part à sa mise en place. C'est ainsi que Thomas

---

61 L'animisme (du latin animus, originairement « esprit », puis « âme ») est la croyance en un esprit, une force vitale, qui anime les êtres vivants, les objets mais aussi les éléments naturels.

Berry, véritable sage, invite jeunes et adultes à réinventer de l'intérieur les quatre grands piliers qui contrôlent et définissent nos vies :

- Pilier législatif : les gouvernements ;
- Pilier économique : les entreprises ;
- Pilier éducatif : les écoles et universités ;
- Pilier religieux : les pratiques spirituelles.

Dans l'introduction de *Every Being Has Rights*, Thomas Berry relie magistralement entre eux les cinq rôles de guide que les Maîtres/Anciens sont appelés à jouer dans la société :

« La génération à venir, celle qui étudie aujourd'hui dans les lycées et les universités, a besoin de quelque chose qui les fascine [guider et initier les adolescents], qui les inspire à entreprendre d'héroïques actions [former les Adultes dans leur travail]. Ils doivent hériter d'une vision qui régénère la relation des humains à la Terre [accoucher de la renaissance culturelle], mais tout cela doit reposer sur une expérience directe. C'est pourquoi je pense que l'analogie à l'enfance est si importante [défendre et nourrir l'innocence et l'émerveillement des enfants]. »[62]

ϕ

Voilà qui conclut cette deuxième partie dédiée au développement écocentrique.

On en retiendra que la bonne santé des sociétés et de l'Écologie planétaire dépend du bon développement et de la participation de tous les citoyens, et de l'établissement de normes culturelles alignées avec les principes naturels qui favorisent la maturation de tous les individus, sans discrimination d'âge, de race, de genre ou d'origine sociale. Pour qu'une

---

62 Thomas Berry, Every Being Has Rights, 2003, E. F. Schumacher Lectures.

société rayonne dans tous les domaines, il lui faut savoir entretenir et mettre en valeur les qualités et dons propres à tous ses membres.

La transformation personnelle, la transition sociale, et la régénération écologique ne sont qu'un seul et même élan, la Renaissance Culturelle, que les Anciens/Maîtres ont la charge d'orchestrer en accompagnant tous les membres de la grande communauté humaine.

Nous sommes à un moment critique de l'histoire de la Terre, un moment où l'humanité doit choisir son avenir. Alors que le monde devient de plus en plus interdépendant et fragmenté, l'avenir est à la fois très périlleux et prometteur. Pour aller de l'avant, nous devons reconnaître qu'au milieu d'une magnifique diversité de cultures et de formes de vie, nous formons une seule famille humaine et une seule communauté terrestre avec un destin commun. Nous devons nous unir pour faire naître une société mondiale durable fondée sur le respect de la nature, les droits de l'homme universels, la justice économique et une culture de la paix. À cette fin, il est impératif que nous, les Peuples de la Terre, déclarions notre responsabilité les uns envers les autres, envers la grande communauté de la vie et envers les générations futures.

[Extrait de la Charte de la Terre]

Partie 3

Alchimie Émotionnelle au service de la Renaissance Culturelle

---

La Passion réduit en cendre les branches de l'épuisement ;
Elle est l'élixir suprême qui renouvelle toutes choses ;
Aussi, ne soupirez pas lourdement, le front marqué par le déni,
Mais osez chercher la passion, la passion, encore la passion !
Les solutions futiles sont pour la force de la passion un leurre,
Elles sont des bandits qui extorquent de l'argent au moyen de mensonges.
Mes amis, courez loin de toutes les fausses solutions.
Que la passion divine triomphe et vous fasse renaître à vous-même !
[Rumi]

Cette troisième et dernière partie pose et répond à la question suivante :

Comment, à partir des éléments de compréhension sur l'Écologie Intérieure et la vision Écocentrique développés dans les parties 1 & 2, pouvons-nous faire face à nos circonstances personnelles afin de transformer nos intentions en actions concrètes ?

Vous trouverez ici quatre étapes qui sont les bases de l'alchimie émotionnelle. Elles sont la colonne vertébrale d'ateliers de groupes, mais je les ai adaptées à un travail personnel qui, je l'espère, vous aidera à vous reconnecter à vous-même… avant de rencontrer d'autres personnes qui, comme vous, souhaitent approfondir ce travail !

La structure de cette partie en reprend les grandes étapes. Dans le premier chapitre, nous allons nous intéresser à l'Espoir Actif ; dans le deuxième chapitre à nos blocages et saboteurs internes ; et dans le troisième chapitre à la solution : la spirale du travail qui relie.

Dans les chapitres suivants, nous allons démasquer ce qui nous empêche d'avancer et de manifester le monde dont nous rêvons : les récits anxiogènes, les fausses croyances, les blocages émotionnels, l'illusion d'être seul et isolé, etc. Certains constats seront douloureux et difficiles à admettre, mais forts de ce que nous a appris le modèle de développement écocentrique, nous savons que ce travail sur nos ombres est une étape essentielle et bénéfique pour nous révéler à nous-mêmes.

Comme nous y invite le poète Rumi, il faut démasquer les « *bandits qui extorquent de l'argent au moyen de mensonges* », et « *les solutions futiles [qui sont un leurre pour la passion]* car ceux sont eux qui nourrissent la croissance des « *branches de l'épuisement* » et nous dérobent de l'énergie dont nous avons besoin pour aller de l'avant.

Ce à quoi nous allons nous intéresser c'est au remède : « *la passion, la passion, encore la passion* ». La passion divine que seule notre âme peut nous insuffler ; la passion qui nous fera renaître à nous-mêmes et rendra possible, à travers nous, la renaissance culturelle à l'échelle planétaire.

Vous trouverez de nombreux outils et pratiques, à réaliser seul ou entre amis. Prenez le temps de les faire, car c'est à travers eux que vous pourrez dépasser le texte et vous approprier les transformations que je vous propose afin de les sentir dans votre corps et votre vie quotidienne.

Ehipassiko[63]

---

63 Ehipassiko vient du Pali et signifie littéralement ''Viens voir par toi-même''.

chapitre 12

Espoir Actif

Que puissions-nous te connaître et te voir,
Espoir qui n'est pas seulement pour un jour
Mais ici et maintenant, en cet instant pour toujours.
Qui s'ouvre à nous et nous ouvre pour le recevoir.
Un espoir fait d'actes qui donnent vie aux mots
Un espoir fait de nerfs, et de muscles, et d'os
Un espoir qui a du souffle et un cœur qui bat
Un espoir qui ne veut pas se taire pour être poli et las
Un espoir qui sait comment hurler quand c'est nécessaire
Un espoir qui se relève même quand il est jeté à terre
Un espoir qui nous ressuscite d'entre les morts
Un espoir qui ne se soucie pas d'avoir tort.
Pas un jour, mais aujourd'hui et chaque jour,
encore et encore
encore et
encore
et...
[Espoir, Damien Masselis]

Espoir, espérance et désirs

uelles que soient les situations auxquelles nous faisons face, nous pouvons choisir notre réponse. Face à des défis écrasants, il peut nous arriver de penser que nos actions ne comptent pour rien, de nous sentir insignifiants. Et pourtant.

Y'a-t-il vraiment un sens à planter des arbres à la force des bras quand des surfaces équivalentes à plusieurs terrains de football sont rasées par des machines chaque seconde à l'autre bout du monde ?

Pourquoi essayer de m'élever spirituellement quand des milliards d'humains sur Terre luttent tellement pour leur survie qu'ils n'auront jamais ce luxe ?

Ma ferme de permaculture est-elle vraiment bio quand les ruisseaux et les pluies sont pollués par l'industrie agricole chimique ?

Ces doutes vivent en moi depuis des années. Ils ont failli me mettre à terre et me faire abandonner à plusieurs reprises. Mais avec le temps, ils sont aussi devenus mes alliés, un rappel quotidien au courage qu'il me faut ressentir afin de garder en vie les qualités de résilience, d'amour et d'espoir qui me sont si chères.

Le courage, le respect − qui font partie de mes valeurs cardinales − et l'intégrité − qui me pousse à agir pour elles − sont trois qualités qui ne dépendent de nul autre que moi.

Les réponses que nous offrons, et le type d'impact que nous espérons avoir sont définis, dans une très large mesure, par la manière dont nous envisageons l'espoir.

Prenons un moment pour considérer deux sens au mot espoir.

Le premier sens est intimement lié à la notion d'espérance : lorsque ce que nous espérons a des chances de se produire. Si nous avons besoin de ce type d'espoir pour nous mettre en action, il est évident que nos réponses sont bloquées dès lors que nous jugeons que nos chances sont faibles. C'est malheureusement ce qui se produit lorsque la plupart des gens jugent inutile de faire quoi que ce soit face à la crise environnementale tant le combat semble perdu d'avance. « *De toute façon, même si on arrêtait de polluer maintenant, la température continuerait de monter pendant des décennies* ». Beaucoup d'entre nous s'estiment incapables de changer leurs mauvaises habitudes pour les mêmes raisons : « *ça fait tellement longtemps que je suis comme ça que je ne peux plus changer* ». Quand on pense que le combat est perdu d'avance, il est difficile d'y prendre part. C'est ce que j'appelle de l'espoir passif puisqu'il dépend d'éléments extérieurs à moi-même pour se manifester.

Le second sens du mot espoir est lié, non plus à l'espérance, mais au désir. Pour peu que nous acceptions de plonger en nous-mêmes, nous sommes tous capables de dénicher et d'exprimer ce que nous désirons. C'est ce type d'espoir qui nous est utile : savoir ce que nous désirons, ce que nous voulons pour lui donner une chance de se produire. Bienvenue dans la province de l'espoir actif.

L'Espoir Actif

C'est ce que nous faisons de cet espoir qui fait toute la différence. L'espoir passif, c'est attendre que des circonstances externes nous donnent ce que nous espérons. L'espoir actif, c'est prendre part activement à la manifestation de ce que nous désirons.

L'Espoir Actif est une pratique : comme le Qi Gong ou le jardinage, c'est une action, pas une possession, et en ce sens elle requiert notre participation active. C'est un processus en trois étapes qui peut s'appliquer à toutes les situations, qu'elles concernent le monde extérieur ou nos mondes intérieurs.

1. Faire un bilan honnête et sans concessions de la réalité – un travail qui nécessite de s'ouvrir à nos ombres, nos doutes, nos pensées limitantes, nos dénis, mais aussi nos rêves, nos envies, nos désirs ;

Ce que nous faisons subir à la planète Terre en rasant ses forêts, en polluant ses sols, et en tuant ses animaux est insupportable.

2. Identifier ce que nous espérons voir se produire, la direction dans laquelle nous voulons voir les évènements évoluer, les valeurs que nous voulons voir se manifester ;

Je rêve d'harmonie, de régénération des milieux naturels, de beauté et d'abondance saine et locale.

3. Se mettre nous-mêmes et nos circonstances personnelles en mouvement dans cette direction, incarner nous-mêmes ces valeurs.

Je vais créer un écolieu dédié à la recherche agroécologique et créer un réseau local de production bio pour encourager ma communauté à participer.

Puisque l'Espoir Actif n'est pas corrélé à l'optimisme, nous pouvons même l'appliquer aux causes qui nous semblent désespérées. C'est l'antidote parfait au cynisme moderne !

Ce qui compte c'est notre intention : nous choisissons en conscience ce que nous voulons, ce que nous souhaitons manifester, exprimer ou défendre. Plutôt que de mesurer nos chances et de n'agir que quand le succès nous semble possible, nous nous concentrons sur notre intention et la laissons guider nos actions. Plutôt que de nous projeter sur un objectif final incertain et mouvant, nous portons notre attention sur les micro-succès des actions entreprises ici et maintenant ; et nous laissons ces micro-succès nourrir les prochaines actions à entreprendre. C'est la sagesse à laquelle nous invitaient les principes #3 – lancer une production – et #9 – patiemment, à petite échelle – de la Permaculture Intérieure[64].

Dans mon cas, je ne saurai jamais si les centaines d'arbres que j'ai plantés ces dernières années fait une différence quelconque dans la lutte contre les dérèglements climatiques. Ce sur quoi je peux néanmoins

---

64 cf. Partie 1, chapitre 2 : Permaculture Intérieure.

m'appuyer, c'est le sentiment de joie bien réel que j'ai ressenti après avoir mis chacun d'eux en terre, la fierté de les voir grandir jour après jour, et l'immense satisfaction de nourrir ma famille de leurs fruits. Ce sont ces succès bien tangibles qui m'encouragent à poursuivre mes engagements, et qui rendent les transformations que je prône réelles dans mon quotidien.

En nous concentrant sur l'incarnation de nos rêves et ambitions, en nous appliquant à donner vie à nos valeurs, nous rendons vitalité et satisfaction à nos quotidiens, trop souvent encombrés d'un sentiment de devoir tellement pesant qu'il entretient l'immobilisme plus qu'il ne génère de la participation volontaire.

Le Nouveau Monde

Je fais souvent référence au Nouveau Monde dans la suite : c'est une expression qu'utilisent de nombreux activistes pour parler de l'après Grand Tournant : à quoi le monde ressemblera-t-il une fois que nous aurons collectivement abandonné le Business as Usual, dépassé la peur de l'Effondrement, et entamé le processus de transition du Grand Tournant.

C'est un territoire en cours d'exploration que nous sommes déjà des millions de pionniers à cartographier afin de le rendre accueillant au plus grand nombre, et qui recèle encore une immense part de mystère et d'inconnu. Comme dans toute exploration, certains se perdent, certains font fausse route ; mais tous nous avançons à la lueur de l'espoir actif.

C'est un monde qui revendique les valeurs de régénération, de justice, de beauté, de résilience et d'harmonie. L'abondance, la diversité et le partage sont des prérequis. L'amour – de soi, de son prochain et de la planète – y est la monnaie d'échange. Une utopie ? Oui, une utopie qui agit sur nous comme un phare dans la nuit que l'humanité traverse afin de la guider vers des jours meilleurs ; vers ses meilleurs jours.

chapitre 13

Blocages & Sabotages Émotionnels

Armés de l'espoir actif, et avant de nous intéresser aux solutions concrètes, nous allons faire un état des lieux de nos blocages et saboteurs internes. Soyez tendres avec vous-mêmes. Le but de cette partie n'est ni de nous effrayer, ni de nous juger, mais de mieux nous comprendre afin de nous armer correctement par la suite.

Les blocages : constructions mentales

Pourquoi ne réagissons-nous pas face aux crises actuelles ? Si nous voulons survivre en tant qu'espèce, il nous faut comprendre comment nos réponses et mécanismes de survie au danger se bloquent, et comment nous pouvons les réactiver.

Commençons par faire un état des lieux de quelques résistances mentales classiques.

Sortir de nos zones de conforts

Un premier élément de réponse peut être apporté en reconnaissant notre résistance au changement. Changer nos habitudes est difficile, encore plus lorsqu'il faut sortir de nos zones de confort pour affronter un problème qui nous dépasse.

À force de vivre dans une réalité virtuelle, nous sommes devenus très habiles (trop habiles ?) à nous raconter des histoires minimisant ce dont nous sommes témoins, et à éviter de remettre en question notre statu quo avec le monde. Dit simplement, nous sommes devenus maîtres dans l'art de trouver des excuses pour ne pas sortir de nos zones de confort.

Reconnaître et ressentir la souffrance du monde revient à sortir de nos cocons de protection. C'est un premier pas difficile, mais regarder nos ombres est essentiel pour aller y mettre ensuite de la lumière.

Je ne crois pas que ce soit si dangereux

À la fin des années 1960, deux psychologues américains, Bibb Latane et John Darley[65], ont mené une série d'expériences visant à mesurer et comprendre notre indifférence face à certains phénomènes.

Dans l'une d'elles, les participants étaient invités à remplir un formulaire quelconque dans une salle d'attente. Après quelques minutes la salle se remplissait d'une épaisse fumée noire.

Dans le groupe témoin les participants ne savaient rien de l'expérience, dans le second groupe certains participants à l'expérience avaient pour consigne d'ignorer la fumée et de continuer à remplir leur questionnaire sans réagir.

---

65 Bibb Latane and John Darley, The Bystander Apathy, 1969.

Dans le premier groupe, la réponse était systématiquement rapide : les participants quittaient la salle pour aller chercher de l'aide.

Mais dans le deuxième groupe, la réaction initiale n'était pas la fuite, mais l'observation de la réaction des autres individus. En les voyant ne pas réagir et continuer calmement à remplir leurs questionnaires, la plupart sont restés tranquillement assis comme si de rien n'était. Dans deux cas sur trois, les participants sont restés ainsi plus de 6 minutes alors que la salle s'emplissait de fumée, provoquant irritation des yeux et toux, avant d'être 'sauvés' par les chercheurs.

Cette expérience offre une très bonne métaphore de la manière dont nous réagissons collectivement face au danger de la crise écologique : la planète brûle, mais ne voyant personne réagir, nous ignorons l'alarme qui s'est enclenchée et continuons comme d'habitude.

Je ne tiens pas vraiment à sortir du lot

Face à un événement dramatique dans le monde, notre premier réflexe est d'observer la réponse des autres : si aucune vague collective ne se forme en réponse, il nous est facile d'ignorer l'événement et de faire comme si de rien n'était, même quand notre intégrité et notre survie sont en jeu. Réciproquement, une réponse sociale démesurément intense face à un phénomène peut nous faire paniquer au-delà de notre capacité consciente à ressentir le danger immédiat, intuitivement ou analytiquement. Pourquoi ?

Attirer l'attention sur soi est souvent perçu comme un risque, un inconfort : en taisant nos réactions instinctives face à une foule immobile, nous obéissons inconsciemment à la pression invisible, mais bien réelle du conformisme. Après tout, pourquoi penser que nous avons raison et que tout le monde a tort ? Et pourquoi prendre le risque d'attirer l'attention sur soi si cela peut attirer des ennuis ?

Au contraire, en soulevant un problème, en en parlant, en lui donnant un nom, nous l'exposons à tous ; nous perturbons le statu quo parce qu'il devient alors difficile pour tous d'ignorer un problème qui a été démasqué.

Les lanceurs d'alertes jouent ce rôle social extrêmement important, voire vital : ils attirent notre attention sur ce que nous nous efforçons collectivement d'ignorer. La violence avec laquelle nous recevons leurs révélations témoigne de notre résistance. La torture de Julian Assange dans des prisons anglaises, l'exil d'Edward Snowden et l'enfermement de Chelsea Manning – pour ne citer qu'eux – ne sont rien de ne moins que des tortures infligées à notre inconscient collectif, une amputation insupportable de notre capacité à percevoir les dangers qui nous menacent afin de réagir.

Ce n'est pas à moi de régler ce problème

Le récit du *Business as Usual* mène à une individualisation qui entretient une séparation nette entre nos problèmes et les problèmes des autres ou du monde vivant. « *Que veux-tu que je fasse pour la forêt qui brûle quand je n'arrive même pas à trouver un boulot pour nourrir mes gosses ?* » Cette fragmentation des responsabilités, avec son lot d'indifférence pour la souffrance des autres, est malheureusement le mode de pensée dominant de nos sociétés industrielles modernes. Le manque et l'isolement ont fait du monde un amas d'éléments séparés dont nous ne sommes responsables que dans la mesure où nous les possédons ou les contrôlons.

Ces informations vont à l'encontre de mes intérêts politiques ou commerciaux

Parce que tant d'industries profitent, depuis si longtemps, du grand pillage des ressources planétaires, l'abandon du scénario du Business as

Usual ne se fera pas sans mal ni résistance de la part de ceux qui ont tout à y perdre. L'industrie agroalimentaire finance depuis des décennies des recherches qui cherchent à discréditer les méfaits des additifs chimiques de notre alimentation. Monsanto illustre parfaitement ce phénomène : malgré la divulgation de documents internes prouvant que la toxicité du glyphosate dans son produit phare (le désherbant Roundup) était non seulement réelle, mais connue, nous sommes incapables de demander réparation, ni même de faire interdire le produit incriminé.

Le lobbying politique – largement financé par l'industrie : 170 millions de dollars rien qu'aux États-Unis en 2010 pour discréditer le changement climatique –, et l'ingénierie du consentement social via des campagnes de désinformations et de doute systématique – phénomène 'fake news' – contribuent à maintenir le statu quo en place et à servir les intérêts de ceux qui bénéficient du pillage de nos ressources.

Ça me perturbe tellement que je préfère ne pas y penser

La crise systémique sur Terre est tellement douloureuse qu'il est très difficile de l'envisager dans son ensemble. Il est plus simple d'ignorer ce qu'il se passe que d'y faire face en étant démuni. *« Je préfère ne plus me renseigner tellement c'est déprimant »*, *« je sais que c'est la m***, mais je préfère ne pas y penser parce que ça me déprime trop de savoir »*.

Je suis comme paralysé : j'ai conscience du danger, mais je ne sais pas quoi faire

Comment envisager de faire face à nos problèmes s'il nous est trop pénible d'y penser ? Et pourtant, être conscient de l'ampleur du problème, mais ne pas savoir comment y répondre est encore pire. La béatitude placide des *heureux ignorants* des années 90 disparaît rapidement au profit d'une écoanxiété paralysante qui nous fait agoniser.

Ça ne sert à rien de faire quelque chose parce que c'est trop tard et ça ne fera aucune différence

Et si c'était effectivement trop tard ? Et si nous avions déjà causé tellement de tort au monde que notre civilisation industrielle, tel le Titanic, était irrémédiablement en train de couler [66] ? Cette perspective est tellement dure à encaisser qu'elle rend quasi impossible la recherche de sens et des buts authentiques à la vie. Pris dans un étau entre l'évident mensonge du *Business as Usual*, et le cynisme, nous dépérissons dans des quotidiens dévitalisés en attendant passivement la mort.

Une étude de la Mental Health Foundation réalisée sur plusieurs milliers de personnes suggère qu'une personne sur quatre hésite à faire des plans pour le futur par peur du lendemain et qu'une sur sept refuse d'avoir des enfants à cause de l'état du monde. Au total, la moitié d'entre nous se sent impuissants à répondre à l'urgence, et un tiers se sent complètement démuni face à la douleur que provoque cette inquiétude et cette impuissance.

Ce constat sinistre se généralise malheureusement à une inquiétante vitesse. Comme le néant qui engloutit le monde imaginaire de Bastien[67], il annihile plus certainement encore que les autres notre capacité à réagir et à être à la hauteur de ce que la Vie attend de nous.

---

66 cf. Nicolas Hulot, Le Syndrome du Titanic, 2005.

67 Bastien est le protagoniste du roman de Michael Ende : L'Histoire sans fin. Une ode à l'imagination.

Les cinq saboteurs intérieurs :
blocages émotionnels

Si les excuses et constructions mentales décrites ci-dessus prennent aussi facilement possession de nous, c'est que nous avons, en nous, cinq saboteurs intérieurs, cinq dilemmes émotionnels qui empêchent notre cœur de s'ouvrir pleinement : l'incrédulité, le déni, l'effroi, la désillusion et le néant. Parce que ces cinq saboteurs font partie de nous, et nous du problème, il est de la responsabilité de chacun de leur faire face et de les accueillir ; c'est par là que passe la voie de la guérison.

L'incrédulité

L'incrédulité est la voix dans nos têtes qui nous fait croire que les choses ne sont pas aussi graves que ce qu'on pense, qui nous maintient silencieux quand nous devrions sonner l'alarme. L'ampleur des crises actuelles et du danger qu'elles représentent est inédite : c'est pour cela que nous n'arrivons pas à nous mobiliser. On peut comprendre ce péril intellectuellement et même émotionnellement, mais l'accepter de tout son être exige une dose de courage supplémentaire.

Le déni

Le déni agit de manière subtile dans nos esprits. Souvent, penser ne pas être dans le déni est justement sa forme la plus dangereuse : combien de nous pensent savoir pour se prémunir et éviter de ressentir ? Combien de nous se spécialisent et se concentrent sur un aspect du problème pour ne pas avoir à faire face aux autres et à la dimension systémique de la crise ? Pour commencer à être utile, il nous faut avoir le courage de déjouer nos ruses dans nos pensées les plus secrètes. Admettre que l'on puisse avoir des angles morts et faire preuve de vulnérabilité en acceptant le soutien d'un groupe peut aider. Les pratiques du Chapitre 3 – Le Travail qui Relie – vous aideront, je l'espère, à déjouer certains de ces mécanismes.

L'effroi

Quiconque accueille, sans jugement ni illusion, son incrédulité et son déni s'expose à la profondeur de la peur qu'il ressent. Comment un être humain ne peut-il pas se sentir effrayé face à la souffrance colossale du monde ? L'effroi est la plus paralysante de toutes les émotions humaines et celle que nous faisons tout pour éviter.

La désillusion

S'ouvrir à l'effroi ouvre souvent la porte à la violence et à la colère envers l'humanité : face à la réalité du mal que notre espèce inflige à la planète, aux animaux et à elle-même, comment ne pas être désenchanté ?

Le chemin qui mène de là au cynisme comme mécanisme de protection est court... d'autant plus que ce sentiment mène immanquablement à une désillusion vis-à-vis de nous-mêmes : ne sommes-nous pas coupables de connivence avec le système, par nécessité aussi bien que par lâcheté et amour du confort ?

Le néant

L'un des effets les plus pénibles et les plus dangereux de notre époque, notamment pour les activistes, est la déconnexion, le vide induit, la mort de l'esprit pour ne plus avoir à ressentir l'angoisse. Une conscience engagée qui mise sur la compassion est mise à rude épreuve dans un monde globalisé ou les souffrances de chacun deviennent les souffrances de tous. *« Dans un monde qui côtoie la barbarie, avoir une conscience c'est comme être atteint de la lèpre : ça vous ronge. »* Voilà les derniers mots laissés par une activiste française avant son suicide, après des décennies d'engagement pour la préservation de l'Amazonie.

Sri Aurobindo a écrit : « *Espérer un véritable changement dans la société sans changement de la nature humaine est une proposition irrationnelle et anti-spirituelle ; c'est demander un miracle impossible.* »

Faire face à nos cinq saboteurs et nous confronter à nos propres corruption et complicité peut être salutaire : cela permet de nous débarrasser, notamment, de notre moralisme et de se recentrer sur l'action, c'est-à-dire sur l'expression d'une réponse à la hauteur des enjeux.

Ce sera là tout l'enjeu pratique du chapitre suivant sur le Travail qui Relie.

Chapitre 14

Le Travail qui Relie

Le Travail qui Relie nous aide à faire l'expérience de la connexion intime entre la Planète et nous afin de puiser dans les capacités de guérison du Vivant. C'est une approche collaborative de transformation de nos souffrances en actions régénératrices pour notre monde, nos communautés et pour nous-mêmes.

[Joanna Macy]

La spirale du Travail qui Relie

Joanna Macy est selon moi un des meilleurs exemples d'adulte mature et de Sage jouant son rôle de guide : activiste environnementale, auteure, érudite, elle a exploré les mystères du monde par le biais du Bouddhisme, de la théorie des systèmes et de l'écologie profonde. Elle partage aussi la sagesse de 60 années d'activisme sacré dans des livres et des conférences. Le Travail qui Relie est une méthodologie qu'elle a développée, et que des milliers de personnes utilisent et approfondissent depuis plus de 30 ans, afin de réhabiliter notre Écologie intérieure pour aller de l'avant, manifester le Grand Tournant et accoucher du Nouveau Monde.

J'ai eu l'immense privilège d'étudier le Travail qui Relie, non pas avec Joanna, mais avec deux de ces collaboratrices de toujours : Kathleen Rude et Molly Brown. Je souhaite vous transmettre à mon tour certains des outils de transformation par l'alchimie émotionnelle, afin de raviver votre sentiment d'appartenance au vivant, de dépasser vos blocages, et d'avancer sur le chemin de l'expression de votre âme.

Bien qu'initialement développée pour aider les gens à faire face aux défis environnementaux et les aider à libérer leur capacité à s'engager activement, cette structure fonctionne à merveille pour tout type de blocages émotionnels et de situation de conflits intra et inter-personnels. Je l'utilise souvent avec mes clients et clientes, car elle permet d'aborder des questions difficiles depuis un espace de puissance, et d'entrevoir des voies de sorties encourageantes.

Cette méthodologie pratique, que vous pouvez pratiquer seul ou en groupe, se déroule en 4 étapes :

1. **Commencer par la Gratitude :** la gratitude et l'émerveillement sont deux médecines naturelles puissantes et faciles à s'administrer. En nous ouvrant à la beauté du monde et en le remerciant des multiples services qu'il nous rend, nous créons les bases saines pour une

interdépendance fertile, et nous faisons d'elle notre plus puissant allié.

Comme l'exprime Pierre Rabhi, « honorer la beauté du monde grâce à la gratitude [fait se produire] quelque chose qui nous élève au-dessus de nous-même. C'est un dépassement humble qui donne tout son sens à la mission de l'être humain [68]». Et Nicolas Hulot de répondre : « C'est cette capacité d'incarner cette gratitude qui distingue l'humanité de l'animalité [69]»

2. **Rendre hommage à nos douleurs** : en partageant la souffrance du monde, et en reconnaissant sa légitimité, nous développons notre Compassion. C'est une étape nécessaire pour identifier les blocages psychologiques et émotionnels qui nous poussent trop souvent à ignorer le cri d'alerte du Vivant, les dépasser, et enfin nous ouvrir à la coopération.

3. **Changer notre regard** : forts de notre ancrage dans nos forces (gratitude) et capables de faire un état des lieux sans compromis des crises auxquelles nous sommes confrontés (souffrances), nous sommes à même de concevoir un nouveau rapport au monde. Cette étape porte sur la mise à jour de nos croyances, notre rapport au pouvoir – à nous-mêmes et à la communauté du vivant –, afin de trouver nos alliés et de nous réancrer dans un nouveau récit pour réinventer le monde et notre place dedans.

4. **Aller de l'avant** : nous sommes désormais prêts et équipés à faire face aux ambitions de notre âme et de nous mettre à son service. Si l'intention est de faire de chacun de nous des activistes - dans le sens de nous rendre actifs – il n'y a pas de place ici pour des prescriptions de ce que nous 'devons' faire. Au contraire, nous allons puiser au fond de nous ce que nous sommes appelés à faire de nos vies, le reconnaître, l'assumer, et nous engager dans cette voie.

---

68 Graines de Possibles, Regards croisés sur l'Écologie – Pierre Rabhi et Nicolas Hulot.

69 Graines de Possibles, Regards croisés sur l'Écologie – Pierre Rabhi et Nicolas Hulot.

Cette ultime étape de la spirale du TQR vous mènera à la première, la gratitude qui donne du sens à votre vie, et vous serez ainsi, je l'espère, équipés pour faire face à ce que la vie vous réserve sur cette voie de l'Espoir Actif.

Étape 1 - Commencer par la Gratitude

Pratiquer la Gratitude, c'est adopter une attitude de grâce, c'est ouvrir son cœur au monde afin de le recevoir, de le laisser nous pénétrer, et de lui permettre de ressentir à travers nous, et nous à travers lui.

[Andrew Harvey]

À une époque où les dissensions, les désaccords, et les conflits affectent tant nos relations humaines, sociales et avec le monde naturel, nous prenons activement le parti de la reconnexion.

Les sages du monde entier nous parlent de l'unité du vivant. Lorsque nous perdons le sens de cette unicité, quand nos esprits oublient ce lien et que nos corps ne le ressentent plus, alors surgissent les maux qui accablent notre époque moderne. Si la déconnexion est la source de nos maux, alors c'est en s'appliquant à nous reconnecter à nous-mêmes, aux autres et au monde que nous pourrons faire émerger les solutions qui nous échappent aujourd'hui.

« Les périodes qui nous mettent au défi physiquement, émotionnellement et spirituellement peuvent rendre presque impossible pour nous de ressentir de la gratitude. Pourtant, nous pouvons décider de vivre avec gratitude, en nous ouvrant courageusement à la vie dans toute sa plénitude. En vivant la gratitude que nous ne ressentons pas, nous commençons à ressentir la gratitude que nous vivons. »

[Frère David Steindl-Rast]

En tant que sentiment, la gratitude nous donne envie de reconnaître la beauté et les services reçus, et nous invite à dire un grand MERCI au monde. En tant que pratique, elle nous pousse à ouvrir nos yeux et notre cœur plus grand afin de laisser l'émerveillement nous pénétrer. C'est une attitude consciente et active qui nous permet de nous accorder sur la bienveillance du monde.

Les neurosciences confirment ce que disent les sages depuis des temps immémoriaux : la gratitude nous permet de nous sentir plus calmes, sereins ; elle renforce notre système immunitaire, améliore notre sommeil et notre qualité d'attention – donc d'apprentissage –, soulage les douleurs physiques chroniques, fait baisser la tension artérielle, prédispose à une communication de qualité, impacte positivement l'empathie et la générosité et booste nos endorphines. Nous sommes biologiquement plus heureux et plus forts, et intellectuellement plus efficaces, quand nous nous ouvrons à la gratitude via notre sens de l'émerveillement. C'est un avantage au quotidien, et encore plus pour traverser les périodes de crise.

La gratitude est une attitude de Grâce. C'est un acte radical et politique.

[Joanna Macy]

Dans le cadre du Travail qui Relie, commencer par la gratitude permet de trouver un ancrage solide avant de nous pencher sur nos souffrances. Avec la gratitude et l'émerveillement comme combustibles pour faire briller haut et fort les feux de nos valeurs, nous nous sentirons éclairés au moment de partir explorer nos zones ombres – étape 2 : rendre hommage à nos douleurs –. En ouvrant notre cœur à notre appartenance au monde et à sa bienveillance, nous le rendons plus sensible pour l'ouvrir à nos douleurs, et plus fort pour y faire face.

C'est entre le stimulus de notre environnement et notre réponse que se trouve la vraie et la seule liberté.

Éprouver de la gratitude est un choix, une attitude consciente qui ne dépend que de nous. Quelles que soient les circonstances de nos vies, les difficultés auxquelles nous devons faire face, il nous appartient de réserver une part de notre attention consciente à la reconnaissance de la beauté du monde pour lui en être reconnaissant. Tout comme l'espoir actif, c'est à nous et personne d'autre qu'il revient de faire appel à la gratitude et de nous ouvrir à elle. C'est dans notre regard que réside l'émerveillement.

Je suis (re)devenu particulièrement sensible au besoin d'émerveillement pour le monde naturel depuis que je suis papa. Mon activisme acharné m'avait poussé ces dernières années à voir dans la nature quelque chose à défendre ; quelque chose donc de fragile qui nécessitait mon intervention pour la préserver.

L'an dernier, comme tous les printemps, nous avons dû fuir le nord de la Thaïlande à cause de la crise écologique majeure qui ravage la région : les feux de forêt rendent en effet la région invivable, la pollution atmosphérique devenant pire quand les villes les plus polluées du monde... C'est toujours un moment particulièrement triste et douloureux pour nous.

Arrivés sur la plage, respirant enfin l'air frais, je suis parti avec mes deux garçons à la recherche de crabes dans les rochers. Une heure plus tard, nous avions vu quelques crabes, et ramassé 30 kg de plastiques. Nous étions fiers, certes, de ce nettoyage improvisé, mais j'ai lu dans le regard de mes fils une incompréhension qui faisait miroir à mes inquiétudes pour l'environnement : pourquoi l'émerveillement de la chasse au crabe avait-il dérivé en ramassage de déchet ?

Ce jour-là, je m'en suis beaucoup voulu d'avoir fait passer mon sens du devoir avant leur besoin d'émerveillement. Plutôt que de me laisser attirer dans leur monde, je les avais embarqués dans le mien.

En parlant à mes enfants de mes engagements pour le Nouveau Monde, j'ai pris conscience de ce biais émotionnel inconscient. À leur innocence je ne voulais surtout pas opposer mes peurs et inquiétudes pour l'avenir ni mon sens du devoir au quotidien. Ces sentiments n'appartiennent pas encore à leur monde, tant mieux. J'ai alors recommencé, grâce à mes deux fils, à ouvrir mon cœur à l'émerveillement et à la gratitude envers les petites choses simples de la nature : les formes incroyables des insectes, la sensation du sable brûlant sous les pieds qui nous force à courir, les vagues qui éclaboussent, la lumière à travers les feuilles qui rappelle la forme de l'arbre avec son tronc et ses branches... *En ce sens, mes fils sont devenus mes éducateurs, et je trouve notre relation beaucoup plus équilibrée et juste ainsi.*

Ce faisant je renouvelle une sensibilité qui nourrit mes engagements.

En ouvrant nos cœurs, nous laissons le monde nous pénétrer, et nous devenons ainsi des organes par lesquels le monde ressent. Cela nous permet de retrouver un sens à notre place dans le monde, notre place dans le tout - notre âme - et un but à notre engagement pour le vivant.

La gratitude est aussi la plus belle des invitations à nous fondre dans l'expérience sensuelle de la vie[70], à nous replonger dans nos corps et dans nos cœurs, afin de sortir, même momentanément, de la réalité virtuelle de nos têtes dans laquelle nous sommes séparés du Tout[71].

Aimez-vous. C'est la première chose à
faire pour pouvoir aimer le monde !

Puisqu'une pratique vaut bien mille mots, voilà quelques manières efficaces de pratiquer la gratitude et l'émerveillement au quotidien.

---

70 David Abraham, The Spell of the Sensuous : Perception and Language in a More-Than-Human World, 1996.

71 Alan Watts, The Book : On the Taboo Against Knowing Who You Are, 1966.

Essayez Ceci – Le sourire intérieur de Thich Nhat Hanh

Le texte qui suit est extrait de « Soyez libre là où vous êtes » de Thich Nhat Hanh.

« Faites du sourire un exercice. Inspirez et expirez, sans plus, les tensions se dissiperont et vous vous sentirez beaucoup mieux. La joie engendre le sourire. Et le sourire engendre la détente, le calme et la joie.

Pour sourire, je n'attends pas de ressentir de la joie, le sentiment de joie peut très bien naître plus tard.

Si chaque fois que vous sentez monter en vous la colère, vous en prenez soin immédiatement et réussissez à l'apaiser, vous aurez beaucoup de bonheur dans votre vie, beaucoup de joie.

La pleine conscience est une énergie permettant de distinguer ce qui se passe à l'intérieur de nous-même.

Avec la liberté, vous êtes content où que vous soyez et en quelque circonstance que vous vous trouviez.

Être libre, cela signifie être libre de tout sentiment de détresse, de colère et de désespoir. S'il y a en vous de la colère, œuvrez à sa transformation en sorte de recouvrer votre liberté intérieure. S'il y a en vous du désespoir, reconnaissez l'existence en vous de cette énergie et ne tolérez plus qu'elle vous fasse perdre le contrôle de vous-même. Pratiquez la pleine conscience afin de transmuter l'énergie du désespoir et réalisez de cette façon-là la liberté que vous méritez, la liberté par rapport au désespoir. Vous pouvez cultiver la liberté intérieure à n'importe quel moment et dans n'importe quelle occupation.

L'instant présent est le seul instant qui puisse être vécu. Le passé n'est plus et le futur n'existe pas encore. Étant établi dans l'instant présent, je suis profondément relié à la vie. »

J'inspire, je calme mon corps,

> *J'expire, je souris m'installant dans le moment présent,*
>
> *Je sais que c'est un moment merveilleux.*
>
> *– Thich Nhat Hanh –*

Essayez Ceci – Le Journal de Gratitude

Cette pratique est simple. Comme beaucoup d'autres, elle consiste simplement à affiner notre observation. En nous forçant dans un premier temps à remarquer et noter des éléments envers lesquels nous éprouvons gratitude et reconnaissance, nous nous ouvrons à la possibilité de développer un réflexe : celui de voir instinctivement la beauté du monde. Ressentir émerveillement et gratitude pour le monde et nos pairs devient alors une seconde nature, et ainsi nous pouvons nous nourrir quotidiennement et sans effort de ses multiples effets bénéfiques.

Méthode : gardez un journal de vos moments de gratitude. Quotidiennement, ou quand cela vous semble approprié et juste, notez une chose qui provoque votre reconnaissance.

Robert Emmons, professeur à l'université de Californie, partage ces quelques conseils pour récolter les plus grands bénéfices psychologiques de votre journal de gratitude.

- Ne vous contentez pas de faire semblant. Les recherches menées par la psychologue Sonja Lyubomirsky et d'autres chercheurs suggèrent que la tenue d'un journal est plus efficace si vous prenez d'abord la décision consciente de devenir plus heureux et plus reconnaissant. "La motivation à devenir plus heureux joue un rôle dans l'efficacité de la tenue d'un journal", déclare Emmons.

- Privilégiez la profondeur à l'étendue. Le fait de décrire en détail une chose particulière envers laquelle vous êtes reconnaissant est plus bénéfique qu'une liste superficielle de plusieurs choses.

- Soyez personnel. Se concentrer sur les personnes envers lesquelles vous êtes reconnaissant a plus d'impact que de se concentrer sur les choses pour lesquelles vous êtes reconnaissant.

- Savourez les surprises. Essayez de noter les évènements inattendus ou surprenants, car ils ont tendance à susciter des niveaux de gratitude plus élevés.

- N'en faites pas trop. Il peut être plus bénéfique d'écrire occasionnellement (une ou deux fois par semaine) que de tenir un journal quotidien. Voyez ce qui fonctionne le mieux pour vous.

Essayez Ceci – 10 étapes pour savourer les bonnes choses de la vie

Voilà quelques conseils de Fred Bryant, psychologue social à l'Université Loyola de Chicago, pour savourer les bonnes choses de la vie.

1. Partagez vos sentiments positifs avec les autres.

2. Prenez une photo mentale - faites une pause pendant un moment et prenez conscience des choses dont vous voulez vous souvenir lors d'un moment heureux.

3. Félicitez-vous.

4. Affinez vos compétences sensorielles - utilisez consciemment tous vos sens pour vivre une expérience. Cela renforce vos muscles de l'appréciation.

5. Criez sur tous les toits, riez à gorge déployée, sautez de joie et criez de joie.

6. Comparez vos difficultés à quelque chose de pire.

7. Soyez absorbé par le moment présent - faites une pause et réfléchissez à l'expérience positive sur place.

8. Listez les bienfaits de la vie et remerciez-la.

9. Évitez les pensées rabat-joie.

10. Rappelez-vous que le temps passe vite, que les bons moments passent vite et souvenez-vous de les savourer consciemment.

Essayez Ceci – Inviter la Gratitude dans une Conversation

Trop souvent, nos conversations sont prises en otage par notre désir inconscient de débattre des sujets 'du moment'. Nous nous retrouvons bien malgré nous à refaire l'actualité, à entretenir des débats politico-médiatiques qui, au mieux, nous confortent dans nos certitudes, au pire, créent des divisions dans nos amitiés et nos familles.

Mais il ne tient qu'à nous d'attirer nos proches dans des moments d'intimité partagée en les invitant à exprimer ce qui fait battre leur cœur, qui les rend heureux et leur fait éprouver de la gratitude.

Voilà quelques questions que vous pouvez poser en toute simplicité. Avec leur accord, offrez-leur une écoute de qualité, sans poser d'autres questions ni valider ce qu'ils partagent. Laissez-les parler, écoutez, et appréciez la qualité de l'échange humain que vous venez de favoriser.

- Qu'est-ce qui provoque immanquablement de la joie dans ton quotidien ?

- Quelles personnes t'ont inspiré, ou permis de relever la tête dans des moments difficiles ?

- Qu'est-ce que tu apprécies chez moi ?

- Qu'est-ce que tu aimes le plus chez l'humain ?

- Dans quel lieu naturel aimes-tu te ressourcer ?

- Qu'aimerais-tu voir se produire dans les 10 prochaines années ?

- Quels sont tes plus grandes ambitions et tes plus grands rêves de réussite ?

Étape 2 - Rendre Hommage à nos Douleurs

Ce dont nous avons le plus besoin pour guérir le monde est d'entendre, au fond de nous, ses cris de détresse.

[Thích Nhất Hạnh]

Ouvrir les yeux et les garder ouverts

Nous avons dressé dans l'introduction de ce livre un tableau complet de l'Effondrement en cours, et des multiples crises imbriquées les unes dans les autres telles des poupées russes. Nous allons nous intéresser dans cette deuxième étape du Travail qui Relie à nos réactions émotionnelles face à cette situation dramatique.

Notre besoin de résilience – qui concerne aussi bien nos manières de vivre que de nous penser et sentir au monde – doit puiser sa force dans la Gratitude et l'Émerveillement, car c'est ainsi que nous nous connectons à lui. En puisant dans ces valeurs nourricières, nous accédons à la force et à l'ancrage qu'il faut pour faire face à la souffrance – la nôtre, celle des autres, celle du monde - et l'accueillir en sécurité.

L'Effondrement est ce que nous cherchons à tout prix à éviter, mais la peur d'une telle éventualité nous obsède et nous maintient dans une hébétude quasi hypnotique : les trois réponses les plus communes à cette peur – la colère, la paralysie et le déni - nous empêchent d'agir et drainent nos forces.

Mais il existe une quatrième voie, celle de la reconnaissance, de l'acceptation de cette souffrance afin de l'utiliser de manière fertile et créatrice. En rendant hommage à nos souffrances pour le monde nous nous attaquons à nos tabous, à nos silences et à notre détresse. Lorsque nous activons la sirène d'alarme, nous donnons voix et corps à quelque chose d'essentiel au plus profond de nous : notre instinct de survie. La douleur du monde et notre capacité à la ressentir servent non seulement à nous avertir d'un danger, mais témoignent aussi que nous ne sommes pas indifférents. Souffrir avec le monde nous ouvre à la possibilité de puiser dans notre interconnexion avec le reste du vivant pour trouver la force de dépasser nos peurs viscérales. Sentir à travers le Monde. Ressentir à travers le monde et la diversité du vivant.

Comme l'explique Andrew Harvey,[72] c'est en laissant toutes ces souffrances nous pénétrer sans discrimination et sans filtres que notre cœur pourra exploser ; et c'est en explosant que notre cœur pourra s'ouvrir pleinement et laisser entrer la lumière divine qui inspirera notre action sacrée. Reconnaître nos ombres, nos complaisances et notre connivence, admettre que l'on fait partie du problème est critique, car cela fait aussi de nous la solution.

La douleur comme mécanisme de survie

Bonne nouvelle : si vous avez mal, c'est que vous êtes vivant !

Face à un risque ou un danger, l'activation d'un système d'alarme est une réponse naturelle. Passez votre main trop près du feu et la douleur de la brûlure attirera votre attention sur le fait que votre intégrité physique peut être compromise : sans avoir à réfléchir, vous retirerez votre main, par simple réflexe. Psychologiquement, nous disposons de mécanismes de protection similaires dont les ressorts sont la peur, la colère et la tristesse.

De même que la douleur physique de nos corps attire notre attention et assure notre survie ou le maintien de notre intégrité physique, la douleur émotionnelle déchirante est essentielle pour nous faire sortir de l'état d'hébétude qui nous maintient dans le *Business as Usual*. La

---

72 L'Espoir, Guide de l'Activisme sacré – Andrew Harvey, édition Guy Trédaniel. Première publication en anglais en 2009.

compréhension des mécanismes psychologiques décrits ci-dessus aidera aussi, je l'espère, à rassembler nos forces pour sortir de notre inertie. Comment, en effet, pouvons-nous envisager de faire face à un tel enjeu si nous trouvons trop déprimant de simplement y penser ou en parler. Il est essentiel d'entretenir des discussions sur les crises cumulatives qui accablent notre monde et sur les troubles émotionnels que nous ressentons afin de saisir la complexité des enjeux, et d'activer nos réponses naturelles.

La plongée dans la nuit noire de l'âme afin de poursuivre notre processus de maturation[73] est aussi vraie pour l'individu que pour la société. Pour grandir et devenir ce que nous sommes censés être, il faut faire face à nos peurs, à nos souffrances, aux douleurs héritées des expériences traumatisantes, à nos échecs, afin de faire le tri en ce qu'on décide de laisser aller, d'intégrer ou de soigner. Sans une ouverture complète et une acceptation totale de ce que nous ressentons face à ce qui arrive, nous ne pouvons pas laisser émerger les solutions.

Ces rencontres avec nos souffrances sont essentielles donc, mais ne doivent pas rester stériles en ne provoquant pas de mise en action. Une fois un constat vrai et sans compromis établi, nous pouvons passer à l'étape suivante : celle qui consiste à changer notre regard. Ce sera le thème du chapitre suivant.

Alchimie Émotionnelle pour les nuls

Le risque est qu'en nous ouvrant à la douleur du monde, celle-ci nous engloutisse. C'est pour cela que je vous propose les exercices suivants. Une des sagesses les plus utiles pour accompagner l'acceptation de la souffrance est de reconnaître quelles qualités génératrices accompagnent chaque douleur.

---

73 cf. Partie 2 – Chapitre 3

La première question est : qu'est-ce que je ressens ? (Douleur)

La seconde : qu'est-ce que cette émotion cherche à faire émerger en moi ? (Force)

Soyez toujours présent à ce qui cherche à se renforcer en vous quand vous vous ouvrez à une émotion qui fait mal, c'est une manière puissante de vous transformer de l'intérieur !

Quand j'éprouve de la peine, c'est mon amour qui cherche à s'exprimer.

Quand j'ai peur, c'est que mon courage est invité à se manifester.

Quand j'éprouve de la colère, c'est que ma passion pour la justice est bafouée.

Quand je ressens de l'impuissance, c'est parce que ma créativité est à la recherche d'une solution.

Quand je suis indifférent, c'est que mon cœur cherche à se connecter.

Emotions Douloureuses	**Emotions Miroirs Génératrices**
Peine / Deuil	Amour
Peur	Courage
Colère	Passion pour la Justice, Humour
Manque, Désespoir, Impuissance	Créativité, émergence, possibilités
Indifférence	Connection

J'ai été mu, dès mon éveil aux choses du monde, par un sentiment de révolte : une colère profonde face aux injustices du monde. Sitôt sorti du Jardin de l'enfance et propulsé dans le monde des adultes, il m'a semblé essentiel de me révolter. Pour le bien du monde autant que pour le mien.

Je ne comprenais pas qu'on s'en prenne aux homosexuels ou aux autres minorités. Les ravages environnementaux me rendaient triste. Les atteintes aux droits civiques et avantages sociaux en France me faisaient monter au créneau. Adolescent, j'ai été de tous les combats, défenseur de toutes les causes, partisan de toutes les émotions : la tristesse, la rage, le désespoir et la mélancolie ont alimenté mon premier recueil de poésie[74] à 17 ans par lequel j'essayais sans doute d'attirer l'attention de mon entourage sur la souffrance que je voyais partout.

Et puis, quand j'ai enfin été en âge légal de m'exprimer dans le jeu démocratique, il y eut la désillusion des élections présidentielles de 2002 – où le candidat Chirac refusa le débat démocratique du second tour face au candidat Le Pen – et la trahison du référendum pour la constitution européenne de 2005 – où la voix du peuple a purement et simplement été bafouée –.

Je crois que c'est à cette époque que j'ai perdu l'espoir de voir changer les choses, et que la colère qui avait animé ma révolte s'étouffa. Pendant des années je me suis alors désintéressé de la vie politique et du devenir collectif. L'étroitesse mentale de mon expérience en école de commerce a participé à ce désintéressement progressif et à mon retrait en moi-même et pour moi-même. L'individualisme me rongea moi aussi.

Heureusement, la naissance de mes enfants a ravivé mon sentiment de responsabilité vis-à-vis de la société et mon désir profond de changer le monde, un élan qui a alors pu se construire depuis sur des bases bien plus saines que l'insatisfaction de ma jeunesse. Je pensais avoir trouvé ma paix.

Et pourtant. Quand j'ai participé au rituel de Mandala de Vérité – que je partage en détail plus loin – lors d'un atelier du Travail qui Relie organisé par Kathleen Rude et Molly Brown en 2021, c'est dans un torrent de larmes cathartiques que ma rage et ma peine, dont je ne soupçonnais pas la violence, se sont déversées. Ma détresse face à ce que nous faisons subir à la nature, ma rage envers ceux qui organisent et tirent profit de ce massacre, ma tristesse de laisser à mes enfants un avenir aussi incertain,

---

74 Association DEHORS, loi 1901, fondée avec Aurélien et François Mauplot.

ma déception de savoir que l'on pourrait faire tellement mieux que ce foutoir...

Ces sentiments douloureux, je les avais dépassés, mais pas guéris, et je les ai retrouvés là où je les avais laissés, enfouis sous des années de vie. Cette nuit-là j'ai pleuré en compagnie de frères et sœurs au bout du monde, que je connaissais à peine mais qui vivaient la même douleur et le même amour pour la vie.

Cette expérience m'a ôté du cœur une carapace de protection dont je n'avais pas conscience. Je le sens depuis, par ma sensibilité accrue au monde, aux gens et à la nature. À la souffrance certes, mais surtout à la beauté et à la bonté. Il suffit d'un paysage, d'un rayon de lumière dans la brume matinale, d'une scène passionnée dans un livre ou un film, d'un échange sincère avec un ami... pour que me montent aux yeux les larmes qui me rappellent quotidiennement que je suis en vie.

C'est là le don de Rendre Hommage à nos Douleurs. Ce n'est pas se vautrer dans une souffrance débilitante et stérile, mais au contraire de se reconnecter à notre sensibilité à la beauté de l'expérience humaine.

Essayez Ceci – Phrases Ouvertes pour laisser parler nos émotions

Par paire ou en petit groupe, chaque participant prend la parole pendant quelques minutes pour compléter chacune des phrases suivantes. Faites un premier tour pour que chacun puisse s'exprimer à partir de la première phrase avant de passer aux autres.

Lorsque quelqu'un s'ouvre et exprime ses sentiments, offrez-lui présence et qualité d'écoute. Il n'a besoin de rien d'autre. Résister à l'envie de valider ses émotions, de les confirmer ou de le juger. Le but ici n'est pas de comprendre ensemble, de faire une liste exhaustive, et encore moins de convaincre. Le but de cet exercice est de s'ouvrir à nos émotions : pour cela nous les exprimons et nous nous prenons mutuellement à témoin.

Voilà quelques exemples de phrases modèles à compléter. Selon la taille du groupe et le temps dont vous disposez, vous pourrez en sélectionner plus ou moins.

∞ *Quand je pense à l'état du monde aujourd'hui, je dirais que les choses vont …*

∞ *Mes plus grandes inquiétudes concernent …*

∞ *Quand je vois le monde s'effondrer autour de moi, je ressens …*

∞ *Quand je pense à mes enfants et au monde dont ils vont hériter, je ressens …*

∞ *Quand je suis confronté à ces émotions fortes, je réagis en …*

∞ *Face à [nommer une émotion], ce qui m'aide est de me recentrer sur [nommer une autre émotion].*

Une fois que tous les participants ont eu l'occasion de s'exprimer sur chacune des phrases, prenez 5 ou 10 minutes pour échanger vos impressions et ressentis sur cette expérience.

Essayez Ceci – Un Autel pour la douleur partagée

Qu'est-ce qui, parmi tout ce qui disparaît dans notre monde, vous provoque le plus fort sentiment de deuil ?

Posez-vous cette question, et ancrez-la dans votre cœur et sortez vous balader.

Laissez vos pas décider de la route sans avoir de but ni de destination précise. En marchant, cherchez un ou des objets qui représentent pour vous quelque chose de précieux que notre monde est en train de perdre. Trouvez alors un endroit spécial, dehors ou chez vous, auquel faire offrande de cet objet, en guise de reconnaissance de la peine et du deuil que vous inspire sa disparition.

Vous pouvez revenir n'importe quand en cet endroit, pour honorer cette souffrance, ou pour reconnaître d'autres pertes. Avec le temps, peut-être aurez-vous construit une pile, un autel d'objets qui symbolise pour vous les disparitions dont vous êtes le témoin.

Cet autel est un puissant marqueur qui affirme que vous avez remarqué, et que ces disparitions vous touchent et vous affectent. Avec le temps cet autel vous permettra aussi de nourrir les profonds changements comportementaux que vous aurez envie d'entreprendre pour vous aligner avec le constat que vous faites du monde.

Essayez Ceci – Cérémonie rituelle en groupe : le Mandala de Vérité

Définition :

Les mandalas sont des structures sacrées que l'on retrouve partout dans la nature : les fleurs, les toiles d'araignée, les fruits et légumes coupés, dans le système solaire et jusque dans nos cellules humaines… Le mot sanskrit 'mandala' signifie "cercle, centre, unité, totalité" et fait référence à des structures circulaires organisées autour d'un centre qui s'ouvre sur l'infini. On les retrouve dans toutes les civilisations, car à l'Est comme à l'Ouest, le cercle est le symbole de la vie et de la perfection : de ce qui est complet.

Dans les pratiques spirituelles ou la psychanalyse jungienne, le mandala est un enseignement de vie et un acte méditatif profond. Il symbolise un travail mental, un parcours initiatique où chaque élément représente une connaissance à acquérir. Il nous permet ainsi de libérer notre créativité, de nous recentrer, de nous harmoniser, de nous transformer.

Objectif :

Créer un espace sacré afin de nous ouvrir à nos vérités profondes et de nous confronter à nos douleurs, nos peines, nos colères et nos peurs. Le but recherché n'est pas de comprendre, de convaincre ou d'enseigner, mais de témoigner des émotions qui émergent à travers ce processus. Il est bon de ne pas répondre à ce que partagent les autres participants, ni pour encourager, ni pour dissuader, ni pour consoler. Chacun est libre de prendre la parole, ou pas, et est invité à partager ses émotions, sans tomber dans le storytelling, en commençant par exemple par "Ce que je ressens …"

Nota bene : ce rituel très puissant peut libérer des émotions fortes et provoquer des réactions violentes. La facilitation et l'accompagnement des participants sont essentiels.

Méthode :

Ce mandala de vérité se pratique mieux en groupe, afin que chacun puisse bénéficier de la présence et de l'écoute empathique des autres, et puisse à son tour être le témoin des émotions des autres.

Avant d'ouvrir le Mandala, chaque participant est invité à se munir de 4 objets :

> **Une pierre** : elle représente l'émotion de la peur. Dure, froide et inflexible.

> **Une poignée de feuilles sèches** : elles représentent nos peines. Fragiles, elles s'effritent comme se brisent nos cœurs.

> **Un bâton** : il représente nos colères. Dur, blessant.

> **Un bol vide** : il représente notre désespoir, notre apathie, notre sentiment de ne pas être assez.

Règles de communication :

Une fois les règles de communication au sein du mandala établies, chacun est libre de prendre la parole à tour de rôle pour s'exprimer. Vous êtes invité à utiliser les objets rituels pour ressentir les émotions qui leur sont liées. Vous pouvez choisir de ne parler que d'une émotion, ou de plusieurs. Après qu'un participant se soit livré, les autres membres sont invités à reconnaître ses émotions en lui disant par exemple ''Je t'entends''.

Alchimie Émotionnelle :

L'expression rituelle de nos émotions les plus douloureuses est un exercice cathartique délicat. Le but n'est pas de se retrouver, à l'issue du rituel, démuni face à tout ce bagage émotionnel, mais au contraire d'offrir une voie de transformation à ce que l'on a laissé ressurgir.

Avant de clôturer le mandala, prenez un moment pour inviter les participants à ressentir les 'émotions miroirs' auxquelles ils se sont ouverts. Ce travail d'alchimie est essentiel afin que la reconnaissance de la douleur et son acceptation se transforme en énergie génératrice de changement et ne stagne pas en vous.

Poser la question suivante : ***"En vous ouvrant à ces émotions fortes, qu'avez-vous renforcé en vous ?"*** À ce stade, il peut être utile de laisser 5 minutes à tout le monde pour se recentrer et méditer avant de revenir dans le cercle pour partager leur réponse avec le groupe. C'est une manière puissante de refermer le Mandala sur une énergie positive et engageante après s'être ouvert à nos douleurs et nos souffrances.

Étape 3 - Changer notre Regard pour régénérer notre monde

C'est qu'il nous faut consentir
À toutes les forces extrêmes ;
L'audace est notre problème
Malgré le grand repentir.
Et puis, il arrive souvent
Que ce qu'on affronte change :
Le calme devient ouragan,
L'abîme le moule d'un ange.
Ne craignons pas le détour.
Il faut que les Orgues grondent,
Pour que la musique abonde
De toutes les notes de l'amour.
[Rainer Maria Rilke]

Nous nous sommes armés de gratitude et d'émerveillement pour le Vivant. Nous avons laissé la souffrance du monde ouvrir nos cœurs en les déchirants. Nous sommes désormais prêts à changer notre regard sur le monde et retrouver notre juste place dans l'écosystème planétaire.

Intention Régénérative Collective

Plus que jamais, notre survie en tant que société, que civilisation, et peut-être même en tant qu'espèce dépend de notre capacité collective à nous rallier sous l'unique bannière de l'humanité, afin d'accoucher d'une multitude de cultures régénératives partout dans le monde. Le plus grand idéal capable de réunir les humains dans toute leur diversité est celui d'un amour profond pour la famille du Vivant sur Terre.

Afin de guérir la planète, il faut guérir l'humanité. Et afin de guérir l'humanité, il nous faut nous rappeler et resentir la relation intime qui nous unit les uns aux autres et à toute la vie. C'est un processus planétaire et cosmique dont nous ne pouvons plus ignorer faire partie.

Tous les actes créatifs humains trahissent, pour le meilleur et pour le pire, les intentions de leurs créateurs. Or ces intentions sont affectées par les récits dominants de nos cultures, et par le niveau de conscience avec lequel, individuellement et collectivement, nous participons à faire du monde ce qu'il est.

Le 21ème siècle voit un éveil de notre participation à la complexité d'un univers conscient, et il devient important pour nombre d'entre nous d'être proactifs dans la manière dont nous participons au monde. Participer à l'économie de marché actuelle pour laquelle les ressources naturelles n'ont de valeur que si elles sont extraites, exploitées et rejetées revient à se faire complice de l'écocide planétaire.

À contrario, l'émergence exponentielle des projets socio-environnementaux qui ont pour vocation de repenser nos modes de vie et de réinventer des structures qui pourront les porter et les disséminer prouve la prise de conscience grandissante de toute une génération prête à participer au Grand Tournant. Ces structures, si elles veulent être régénératrices, devront exprimer leur interdépendance avec le reste du vivant.

Abondance Coopérative plutôt que Pénurie Compétitive.

L'évolution de la vie suit un schéma de diversification et d'intégration de la diversité à des niveaux de complexité toujours plus élevés. C'est ce qui a motivé les formes de coopérations et de symbiose depuis toujours : cellules simples, eucaryotes, organismes multicellulaires, spécialisation et coopération pour créer des organismes de plus en plus complexes, avantage collaboratif des animaux à comportement social, gouvernance humaine, coopération des bactéries dans nos corps humains...

Il est temps de percevoir à nouveau la vie comme un processus planétaire de coopération dans lequel des formes de vies diverses évoluent en réciprocité intime. La vie est une communauté régénératrice enracinée dans des schémas de symbiose et de coopération qui créent diversité, abondance, partage et conditions propices.

La concurrence existe certes, mais dans des proportions bien moindres que notre vision myope de la pénurie comme moteur de l'évolution nous a amenés à le croire. Pour offrir une analogie, on pourrait dire que le rôle de la compétition dans l'évolution de la vie est proportionnel aux vagues et aux ondulations à la surface d'un vaste océan symbiotique et coopératif. L'évolution est une coévolution ! Tout au long de son évolution, la vie n'a cessé de continuer à créer des conditions propices à l'évolution d'une vie toujours plus diverse, abondante et complexe.

Renaturaliser la pensée humaine

Pour créer un impact, les intentions qui inspirent ce mouvement doivent être claires et inspirées, d'où l'importance du travail préalable de reconnexion à notre nature intérieure.

Il en va de nos structures de pensées comme des structures de nos sociétés. Si nous voulons régénérer notre nature intérieure, si nous voulons guérir le lien sacré qui unit nos âmes à nos raisons d'être, et nos raisons d'être à la Toile du Vivant, il nous faut réintégrer des schémas naturels dans nos manières de penser, de ressentir et de communiquer. C'est ce que nous avons vu dans les deux premières parties de ce manifeste

Une intelligence 'de spécialiste' a caractérisé nos sociétés depuis plusieurs siècles : en découpant et séparant les parties pour étudier et comprendre leurs différences et leurs spécificités, elle a éclaté le monde et nous en a extrait. Cela nous a conduits aux conséquences dramatiques que nous observons aujourd'hui : virtualisation du rapport à la réalité, déconnexions, chute de la vitalité. Si ce type d'intelligence nous a sans doute permis de connaître plus que jamais la mécanique du monde, elle nous a écartés dangereusement de son essence, et doit désormais laisser émerger une autre forme d'intelligence qui rend hommage aux interdépendances, aux coappartenances à un même Tout et aux relations entre les éléments qui cohabitent dans ce grand Tout. Il nous faut régénérer ce qui a été détruit. C'est cette intelligence inclusive qui construit des ponts plutôt que des murs qui nous permettra de changer nos regards sur le monde, de faire évoluer nos paradigmes, afin d'aborder nos vieux problèmes avec un regard nouveau nécessaire à l'émergence de solutions durables.

Il est l'heure d'un grand bond en avant dans notre évolution, afin de quitter nos habitudes de ravageurs pour assumer nos rôles de guérisseurs, afin d'avoir un impact régénérant plutôt que dégénérant sur la grande communauté du Vivant, sur les uns les autres et sur nous-mêmes. Nous pouvons apprendre de la vie et nous pouvons réapprendre comment répondre aux besoins de l'homme tout en prenant soin de la santé des écosystèmes et des processus vitaux de la biosphère.

Si nous nous contentons de lutter contre les symptômes tels que le dérèglement climatique et l'effondrement des écosystèmes en oubliant les causes sous-jacentes, notre foi aveugle en la technologie risque de créer un monde dystopique. Les changements que nous devons catalyser sont en amont et concernent principalement des changements de nos cœurs et de nos esprits, ce qui amènera non seulement à agir différemment les uns envers les autres et envers la Terre, mais aussi à devenir d'humbles intendants et guérisseurs attentifs co-créant des conditions propices à la vie.

Je n'insisterai jamais trop sur l'importance de commencer par le travail intérieur. Sans une remise à jour de ce que nous sommes, nous continuerons, même avec les meilleures intentions, à polluer ce que nous faisons de nos visions du monde erronées. En nous reconnectant à notre Écologie intérieure, nous insufflons une pureté nouvelle à nos actions.

La seule réponse appropriée à la crise sur la planète Terre est de chercher à rendre service, à guérir et à régénérer. Ce faisant, nous commencerons à nous guérir nous-mêmes.

Nous devons reconnecter et incarner notre intimité avec une Terre animée - Gaia - si nous espérons tracer l'humble chemin de la géo-thérapie plutôt que de nous lancer tête baissée dans la voie à sens unique et arrogante de la géo-ingénierie. Les générations qui vivent aujourd'hui ne peuvent plus se contenter d'être des spectateurs passifs ou des enfants jouant à Dieu tout puissant, mais doivent devenir les protagonistes matures et intentionnels d'une coopération sans précédent.

Notre souci profond de la vie peut nous aider à redéfinir de manière cocréative la présence et l'impact de l'homme sur la Terre.

Un nouveau rapport à soi

Tout, dans le *Business as Usual* nous pousse à adopter nous-mêmes comme centre de référence ultime. Ma réussite, mes objectifs, mes désirs et mes envies.

Comme ce modèle fonctionne sur le modèle de la pénurie, il me faut sécuriser mes avoirs avant tout. Si l'égo est une fonction biologique nécessaire à assurer la survie de l'individu, la vision EGOcentrique du monde pousse les individus les uns contre les autres dans une compétition néfaste pour tous.

Dans un processus de maturation 'sain', l'égo est rapidement confronté au cercle de la famille et reconnaît que la satisfaction de ses besoins propres est interdépendante de sa famille immédiate.

De la même manière que l'individu s'ancre dans une famille, la famille s'ancre dans une communauté avec laquelle elle œuvre à satisfaire ses besoins et réaliser ses ambitions.

L'ensemble des communautés sur Terre forme la Société Humaine. Même avec un regard optimiste, c'est malheureusement à cette échelle que la plupart des humains stoppent leurs cercles d'appartenance.

Il existe pourtant une dimension supplémentaire à laquelle nous appartenons et que nous nous devons d'honorer : celle du Vivant sur Terre qui implique à nos côtés tous les animaux, insectes, poissons, bactéries, plantes, arbres, forêts, cours d'eau, mers et océans, montagnes et vents, etc.

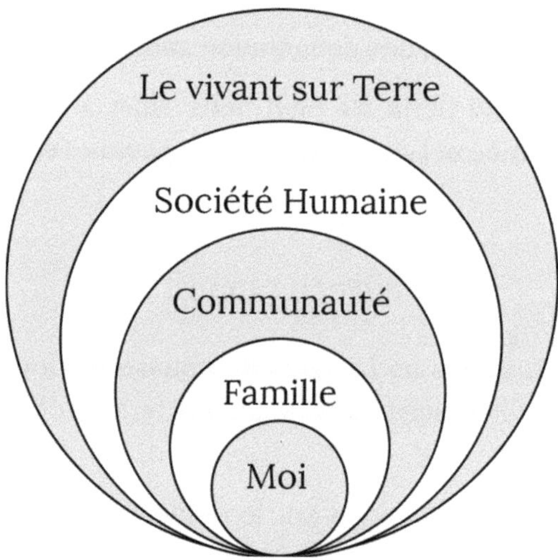

À chaque instant de votre vie, avant de prendre une décision et d'enclencher une série de conséquences, prenez quelques instants pour vous demander :

- ✔ Comment est-ce que je me situe par rapport à ces différents cercles ?
- ✔ Dans lequel suis-je ancré ici et maintenant ? Comment cela impacte-t-il mes choix ?
- ✔ De quelle manière bénéficié-je de l'abondance de chaque cercle ? Qu'est-ce que je reçois ? Comment suis-je soutenu ?
- ✔ Quelle est ma contribution à chaque cercle ? Qu'est-ce que j'offre en retour ?

*La Terre est plus qu'une maison, c'est un système vivant
dont nous faisons partie.*

[James Lovelock]

Comme nous y invite la méditation sur les 4 éléments proposée dans la Partie 1, tous les éléments du vivant sont interdépendants. En retrouvant le sens d'appartenir à quelque chose de plus grand que nous, nous développons notre capacité à trouver du sens et de l'intentionnalité à nos vies, et ainsi nous nous découvrons une force de faire changer les choses que nous ignorions jusqu'alors.

Essayez Ceci – Appartenir

> Vous pouvez faire cet exercice seul en méditation, ou inviter quelques amis témoins pour amplifier votre expérience.
>
> Fermez les yeux, respirez et plongez-vous dans votre passé. Remémorez-vous un moment particulier où vous avez ressenti faire partie de la toile du vivant :
>
> ∞ Que s'est-il passé ?
>
> ∞ Comment vous êtes-vous senti ?
>
> ∞ Cette expérience a-t-elle modifié votre rapport au monde ? Comment ?
>
> ∞ Que faites-vous, ou que pouvez-vous faire, aujourd'hui pour vous rappeler à cette expérience et à ce qu'elle a changé en vous ?

J'ai vécu cette année une expérience mystique extrêmement puissante qui m'a rappelé ma rencontre en 3 actes avec l'aigle de Koh Phayam il y a plus de 10 ans[75]. Cette fois, c'est sur l'île de Koh Phangan dans le golfe de Thaïlande que s'est produite la rencontre.

Je venais d'entamer un travail d'exploration émotionnel en profondeur pour résoudre des problèmes relationnels. Je me heurtais à une forte dépréciation de moi-même et aux limites que cela m'imposait. Je réalisais progressivement à quel point mes attentes insatisfaites envers ma femme me distrayaient de ma propre volonté à m'exprimer dans cette relation. Je me sentais faible, petit et impuissant comme dans mon enfance et constatais mon manque de détermination et ma difficulté à m'imposer.

Un matin, je méditais sur ce sentiment en faisant la planche au milieu de la baie de Chaloklum, à quelques centaines de mètres de la plage. La sensation de l'eau m'a toujours aidé à me sentir connecté à la vie et je

---

75 cf. Partie 2, Chapitre 3, Stade 5

m'efforçais de me dissoudre dans la mer pour recevoir un message ou un conseil.

Je ne sais ce qui me fit sortir de ma méditation, mais j'ouvris soudainement les yeux et vis passer un aigle, à quelques mètres au-dessus de mon visage, ailes et serres déployées. Pendant une fraction de seconde, je me vis depuis sa perspective, flottant sur la mer, avant de réintégrer mes sens.

L'aigle poursuivit quant à lui son plongeon et attrapa un poisson d'un bon mètre de long et d'un diamètre équivalent à mon mollet à moins de deux mètres de mes jambes.

J'en restai le souffle coupé, abasourdi par la beauté de l'instant que j'aurais pu rater si j'avais gardé les yeux fermés, mais qu'une force mystique m'avait fait ouvrir pour recevoir le message. La Détermination : c'est ce mot que j'avais en tête quand l'aigle s'est manifesté à moi pour me montrer la voie.

Cette expérience m'a rappelé avec force que la Nature est toujours là pour nous guider et nous inspirer. Qu'elle nous entend et nous parle et qu'il ne tient qu'à nous de l'écouter et de lui prêter attention.

Un nouveau rapport au Pouvoir

Égocentrisme : pouvoir sur

Écocentrisme : pouvoir avec

Faire évoluer nos paradigmes et nos rapports au monde se fait de manière progressive. En nous ancrant dans un nouveau sens du soi, un soi écologique dont l'expression ultime est d'appartenir à un tout, nous ouvrons la porte à un nouveau rapport à notre puissance et à la manière de l'exercer.

Là où le 'soi égocentrique' a besoin d'appliquer sa force sur les autres pour s'assurer sa part du butin dans un monde de pénurie, le 'soi écocentrique' manifeste sa puissance avec les autres pour partager l'abondance. Voilà quelques caractéristiques du *pouvoir avec* :

✔ Il repose sur ses forces intérieures propres. C'est en étant nous-mêmes, avec nos spécificités propres que nous pouvons participer au mieux à la force du Tout ;

✔ Il mise sur la coopération à tous les niveaux et cherche des échanges mutuellement bénéfiques ;

✔ Il progresse à petits pas, de manière lente, et incrémentale ;

✔ Il se repose sur une vision inspirante et des valeurs qui permettent de s'ancrer dans les qualités de l'être ;

C'est ainsi que les systèmes qui misent sur la *Force Avec* peuvent manifester :

✔ **Des synergies puissantes** : 1 + 1 > 2. La somme possède des qualités et des caractéristiques qui dépassent celles de ses parties.

✔ **L'Émergence** : On ne peut pas extrapoler un résultat en regardant les éléments constitutifs. Cette chose en plus est ce qu'on appelle l'émergence.

Exemple : prenez des atomes d'hydrogène et des atomes d'oxygène. Qui pourrait imaginer que pris ensemble, ces atomes puissent donner de l'eau, la vie organique, et la conscience, etc.

Autre exemple : prenez des violons, des trombones, des grosses caisses, des contrebasses, des pianos, etc. Cela vous permet-il d'entendre la 9ème symphonie de Beethoven ?

La beauté de se remettre à *travailler avec* – les uns avec les autres ; avec le reste du vivant – c'est que nous ne pouvons anticiper ce qui va émerger spontanément, du simple fait de notre reconnexion. C'est sur cette base que repose l'espoir actif : la confiance que des résultats surprenants et au-delà de ce qu'on peut envisager vont se produire.

Notre incapacité à voir une voie de sortie de la crise actuelle ne signifie pas qu'il n'y en ait pas ; elle signifie juste que nous ne la voyons pas encore. Peut-être qu'en changeant notre regard et nos manières de faire la verrons-nous ?

Essayez Ceci – Écrire depuis l'intérieur de la toile de la vie

Instructions :

Cet exercice comporte trois parties. Prévoyez environ 35 minutes.

Lisez les instructions de la première partie et faites l'exercice un. Lisez les instructions de la deuxième partie, puis faites l'exercice deux, et ainsi de suite. Si vous lisez à l'avance, l'exercice ne sera pas aussi puissant. Imprimez cette page et emportez-la avec vous. Vous pouvez plier la page afin de ne voir qu'une partie à la fois.

1ère Partie : 10 minutes

Écrivez pendant 10 minutes sur quelque chose dans votre vie qui vous trouble. Quelque chose dont vous n'arrivez pas à vous sortir. Quelque chose qui constitue un obstacle, un mystère, un fardeau ou un point de blocage. Écrivez à ce sujet. Quel éclairage recherchez-vous ?

2ème Partie : 10 minutes

Prenez votre journal et votre stylo et sortez faire un tour. Trouvez un être vivant non humain qui attire votre attention. Je vous suggère de ne pas utiliser un animal, car ils se déplacent trop rapidement pour cet exercice. Vous pouvez utiliser un rocher, un ruisseau, une fleur, un arbre, etc.

Essayez de ne pas planifier votre choix. Laissez-vous attirer par la nature. Laissez quelque chose vous choisir. Plus important encore, suivez un sentiment d'alignement - un "OUI" à la vie, même si cela n'a aucun sens dans votre esprit.

Une fois que vous avez choisi votre être plus qu'humain, asseyez-vous à côté de lui/elle et absorbez-vous en lui/elle. Sortez votre journal et notez toutes vos OBSERVATIONS sur cet être. Regardez-le très attentivement. Notez sa ou ses couleurs, ses formes, sa texture, son mouvement, toutes ses parties. Si c'est une plante, comment la feuille rejoint-elle la tige ? À quoi ressemblent les veines ?

Pendant dix minutes, notez tout ce que vous observez sur cet être. Vous voulez vous concentrer sur l'utilisation du côté gauche de votre cerveau. Évitez de vous épancher sur la beauté de la nature – c'est parfois difficile. Rappelez-vous que vous êtes en mode observation.

3ème Partie : 15 min

Réglez une minuterie sur 15 minutes. Adressez-vous à votre être, soit à voix haute, soit dans votre tête. Dites-lui votre nom. Demandez-lui de vous guider pour résoudre le dilemme, la question ou l'obstacle dont vous avez parlé dans la première partie. Cela peut sembler bizarre de parler avec un non-humain, mais les gens font cela depuis très longtemps.

Au cours des 15 prochaines minutes, essayez de ne pas vous laisser décourager par l'idée qu'un non-humain ne puisse communiquer avec vous. Écrivez du point de vue de votre être. Laissez-vous écrire tout ce qui vous vient à l'esprit, ne modifiez pas, ne filtrez pas. Écrivez simplement. Essayez de garder votre stylo sur le papier et continuez à écrire. Ne relisez pas ce que vous avez écrit avant la fin du temps imparti. Écrivez à partir de la toile de la vie.

Conclusion :

Une fois l'exercice terminé vous pouvez revenir sur ce que vous avez écrit par vous-même et ce qui vous a été dicté par l'être non humain. Observez les différences de perspectives. Avez-vous reçu des nouveaux messages ou des conseils ?

Soyez aussi honnête que possible avec vous-même : il est probable que vous ayez opposé des résistances mentales à cet exercice, et que cela ait affecté votre capacité à recevoir. C'est normal, et en prendre conscience est la première étape pour vous ouvrir au monde plus qu'humain.

Essayez Ceci – Cérémonie en groupe
Le Conseil des Êtres Vivants

Constat :

La vie est chamboulée par les actions de l'Être Humain. Afin de renouer le contact et le dialogue, un conseil des Êtres Vivants est organisé afin de donner la parole aux Êtres plus qu'Humains (animaux, plantes, roches, éléments et esprits, etc.) et afin de donner une chance aux Humains d'écouter et d'apprendre.

Objectif :

Ouvrir nos perspectives, sortir de nos esprits pour ressentir, écouter et apprendre du reste des êtres vivants sur Terre.

1ère étape : INTRODUCTION

Discours d'ouverture : le facilitateur déclare à travers un petit discours le constat et les objectifs de ce Conseil des Êtres Vivants.

Identification à un Être plus qu'humain : au cours de cette introduction rituelle intentionnelle, chaque participant humain est invité à méditer et à s'ouvrir au flux de la vie, afin de s'ouvrir à un animal/plante/esprit en lui. Dans la suite du Conseil, les participants sont invités à se comporter et à parler comme s'ils étaient cet animal/plante/esprit. Pour des questions pratiques, il peut être utile de noter devant chaque personne l'être plus qu'humain qui va s'exprimer à travers lui, ou se déguiser en fonction.

2ème étape : RITUEL

À tour de rôle les Êtres plus qu'Humains sont ensuite invités à prendre la parole pour répondre aux questions suivantes.

1. Qu'est-ce que j'aime dans le fait d'être cet Être en particulier ?

2. Comment les humains et leurs activités impactent-ils mon existence ?

3. Quel est mon présent pour les humains ? Qu'ai-je à leur apprendre ?

Après avoir répondu à ces questions, l'être passe la parole à un autre être de son choix qui est à son tour invité à répondre aux questions.

3ème étape : CLÔTURE

Une fois le Conseil terminé, les humains sont invités à quelques minutes de méditation silencieuse afin de laisser pénétrer en eux les messages partagés par le reste du Vivant à leur égard.

Ainsi se clôt le Conseil des Êtres Vivants.

Conseils : la subtilité de cette cérémonie réside aussi et surtout dans la capacité de ses participants à s'extraire de leur condition d'humain pour se faire messagers d'autres êtres vivants. L'utilisation de déguisements, d'objets rituels, de tambours et autres artefacts permettent de poser un cadre sensoriel qui favorisera grandement le rituel.

Un Nouveau rapport au Temps

Nous n'héritons pas de la planète de nos parents, nous l'empruntons à nos enfants.

[Sagesse amérindienne]

Le temps linéaire :

Une vision moderne du temps qui coule de manière unidirectionnelle a tendance à nourrir un rapport pathologique à la pensée à court terme, surtout en période de crise.

La pensée à court terme nous détache de notre lien aux ancêtres (passé) et aux descendants (futur).

Le Temps Profond :

Dans un rapport long et cyclique au temps, le présent est imbriqué dans le passé et l'avenir. En étirant notre conscience dans ces deux directions, nous développons un sens de l'évolution à laquelle nous sommes invités à participer. Nos ancêtres, nos descendants participent à ce que nous sommes aujourd'hui, nous guident et nous conseillent dans nos prises de décisions. La conséquence est une forme de sagesse collective transgénérationnelle.

Héritage et Sagesse de nos émotions

Quand nous lisons la Bible, par exemple, nous nous ouvrons aux conseils de prêtres et de rabbins qui vivaient dans l'ancienne Jérusalem il y a 2000 ans. Mais quand nous nous ouvrons à nos émotions, à nos intuitions, c'est à un algorithme développé par l'évolution de la vie au cours de millions d'années que nous faisons appel : un processus soumis à des tests de qualités drastiques par la sélection naturelle elle-même ! Nos sentiments, notre intuition, sont la voix des millions d'ancêtres qui ont réussi à survivre et à se reproduire dans des environnements et des conditions souvent difficiles.

Nous sommes les ancêtres des peuples du futur, et ce que nous décidons aujourd'hui aura un impact pour eux.

Essayez ceci – Méditation - Les dons évolutifs des animaux

Objectif

En utilisant notre propre corps, nous apprenons à connaître notre parenté avec les autres formes de vie, et reconnaissons la gratitude que nous avons envers ceux qui ont inventé des éléments clés de notre anatomie. Nous nous ancrons ainsi dans un lien de parenté avec le reste du vivant tout en développant un rapport au Temps Profond.

Introduction

Asseyez-vous confortablement. Prenez quelques longues respirations profondes. Laissez votre corps s'installer dans la méditation et votre esprit lâcher prise sur les pensées qui l'occupent.

Plongez-en vous-même, souriez et remerciez-vous de prendre ce moment pour vous, pour vous reconnecter au monde et à la vie.

Le Flux Sanguin

Pouvez-vous sentir votre pouls ? Le sang circule. Cette capacité est une fondation de la vie, un élément commun à toutes les formes de vie qui est apparue avec les premières créatures multicellulaires qui ont imaginé des moyens de transférer des nutriments à leurs cellules internes. En se développant, certaines d'entre elles ont inventé un outil spécial pour cette tâche, une pompe musculaire : le cœur.

Cette pulsation que vous sentez, ce cœur qui bat dans votre poitrine, ce sang qui circule dans vos veines, c'est le cadeau que nous a légué notre très lointain ancêtre : le ver de terre.

Prenez un moment pour le remercier et ressentir sa présence en vous, à chaque instant.

La colonne vertébrale

Touchez maintenant les os de votre cou, de votre dos. Massez-les. Les vertèbres que vous sentez sont séparées, mais ingénieusement liées les unes aux autres. Elles recouvrent et protègent la moelle épinière qui est au centre de la colonne vertébrale, et, en même temps, elles permettent une gamme immense de mouvement : grâce à elles nous pouvons nous pencher et toucher la terre, nous pouvons nous cambrer et regarder le ciel, nous pouvons nous tourner pour tirer profit de nos deux bras et mains... Nous pouvons nous tenir debout et marcher.

Cette capacité à nous tenir et à nous mouvoir, c'est à notre ancêtre le poisson que nous la devons. C'est en effet lui qui a conçu cette colonne vertébrale afin de pouvoir nager.

Nous pouvons le remercier pour cette merveille qui nous permet de nous tenir debout et de marcher.

L'oreille

Écoutez le monde autour de vous. Fredonnez un air dans l'oreille de votre partenaire ou pour vous-même ; ah, vous vous entendez ! Ce miracle nous le devons à quelques os minuscules, à des poils hypersensibles, et à un liquide qui vibrent dans notre oreille interne.

Ce cadeau aussi nous le devons à nos ancêtres les poissons. Ce sont des os qui étaient autrefois dans la mâchoire et qui ont migré dans l'oreille chez les mammifères pour pouvoir mieux transmettre le son.

Le cerveau limbique

À la base de notre crâne se trouve la région limbique du cerveau, un héritage vieux de plusieurs centaines de millions d'années à qui l'on doit notre survie à bien des aspects : c'est lui qui contrôle les fonctions vitales automatiques de notre corps telles que les battements du cœur, notre température interne, la respiration et l'équilibre. C'est cette partie du cerveau qui gère nos besoins fondamentaux, nos plaisirs profonds nos réflexes d'autodéfense et notre survie.

Le cerveau limbique est un cadeau de nos ancêtres les reptiles.

Prenons un moment pour savourer ce trait commun que nous entretenons avec eux depuis si longtemps.

La vision binoculaire

Ouvrez les yeux et regardez devant vous, autour de vous. Vos yeux à vous ne sont plus sur le côté de la tête comme chez les poissons, les reptiles, les oiseaux et de nombreux mammifères.

Nos yeux humains, nous les avons hérités de nos ancêtres les primates, ces grimpeurs d'arbres qui ont déplacé leurs yeux vers l'avant de la face pour les faire fonctionner ensemble en une vision tridimensionnelle, afin de connaître l'emplacement exact et la distance d'une branche sur laquelle bondir.

Nous remercions nos ancêtres les singes pour notre vision binoculaire.

La main

Voyez comment le pouce opposable et le bout des doigts peuvent se toucher ; voyez la taille de l'espace qu'ils enferment. C'est juste la bonne taille pour une branche capable de soutenir le poids de votre corps en mouvement.

C'est notre Grand-mère singe aussi qui a conçu cette main. Et la branche a été conçue par le soleil, le vent et la gravité, ainsi que par Grand-père arbre lui-même qui a grandi en hauteur pour atteindre la lumière, et en souplesse pour danser avec le vent.

Donc nous, avec ces mains aux pouces opposables, sommes les petits-enfants de l'arbre, du soleil et du vent, et nous rendons hommage à ce lien de parenté.

Conclusion

Nous ne sommes humains et différents que par les dons combinés de millions d'années d'évolution avant nous, et par les multiples présents que la nature et les autres formes du vivant nous ont gracieusement donnés.

Il en est de nos caractéristiques physiques de même que de nos traits psychiques.

Nous remercions la Grande Communauté du Vivant de tous ces dons.

Étape 4 - Aller de l'Avant

De la morale à l'action, il y a à traverser toute la faiblesse de l'homme.

[Anne Barratin]

Nous avons commencé la spirale du Travail qui Relie en nous ancrant dans la gratitude et l'émerveillement, afin de trouver ancrage et stabilité émotionnelle. Nous avons ensuite rendu hommage à nos souffrances pour le monde et reconnu leur valeur, grâce à quoi nous avons gagné en ampleur émotionnelle et nous sommes ouverts au monde. Ce travail préliminaire nous a permis de changer notre regard sur le monde, de faire évoluer le paradigme depuis lequel nous évoluons dans notre quête.

Nous venons d'étudier des nombreux aspects que recouvre ce changement de paradigme :

1. Un nouveau rapport à Soi : de l'égo à l'éco-centrisme ;

2. Un nouveau rapport à la Puissance : de la puissance sur les autres à la puissance avec les autres ;

3. Un nouveau rapport au Temps : s'ancrer dans le temps profond.

Ces trois regards nouveaux sur le monde ouvrent la porte à de nouvelles alliances avec le vivant, le temps (nos ancêtres et descendants) et surtout avec nous-mêmes afin de libérer notre capacité à agir.

C'est à cette capacité à agir pour aller de l'avant que nous allons nous intéresser dans cette quatrième et dernière étape de la spirale du Travail qui Relie, afin que le travail que nous avons eu le courage de mener sur nous-mêmes, grâce à l'Écologie intérieure, puisse se manifester puissamment et participer à la naissance du Nouveau Monde.

Commencer par une vision inspirante

Aucun vent n'est favorable à celui qui ne sait pas vers quel port faire voile.

[Sénèque]

J'adore cette citation de Sénèque qui fait miroir à une sagesse partagée précédemment. Alors que pour le Vagabond dans le Cocon[76] l'invitation était de se perdre pour permettre à l'âme de nous trouver, il s'agit désormais ici au contraire d'avoir une idée claire de notre destination pour permettre aux vents de nous être favorables. Pourquoi cette contradiction ?

Les objectifs et le centre de gravité évoluent à mesure que nous nous développons, et que ce n'est plus au Vagabond qui entame sa transformation que s'adresse la suite, mais à l'adulte arrivé à maturité qui veut participer à la transition du monde : l'Artisan Visionnaire. Aller de l'avant c'est reconnaître que l'on a trouvé le don que l'on veut offrir au monde, la cause que nous voulons soutenir, et assumer de devenir un Artisan du changement.

'Sachez dès le départ où vous voulez aller' est le deuxième conseil de Steven Covey[77]. Il l'explique en faisant référence au don unique de l'humain dont nous parlions dans le premier chapitre de ce livre : l'imagination. L'humain a la capacité de créer toutes choses deux fois : une première fois dans la sphère mentale, la deuxième dans la sphère physique. Si nous voulons accoucher d'un rêve, qu'il soit personnel ou pour le monde, être capable de se l'imaginer avec le plus de vivacité possible est essentiel ! L'acte de vision est un travail de concert entre le cerveau et le cœur. C'est

---

76 cf. Partie 2, Chapitre 3, Stade 4

77 Les 7 habitudes de ceux qui réalisent tout ce qu'ils entreprennent – Steven Covey.

un apprentissage essentiel des rôles spécifiques que jouent l'un et l'autre : une vision se ressent avant de se penser.

Afin de libérer notre imagination, je pense qu'il nous faut avant tout reconnaître à quel point le système éducatif actuel atrophie notre capacité à créer des visions inspirantes.

En se concentrant quasi exclusivement sur les nombres, les chiffres et la logique, il ne développe que l'hémisphère gauche de notre cerveau, délaissant l'hémisphère droit en charge de l'imagerie, des patterns et de l'intuition. Nous sommes devenus très (trop ?) adroits dans la l'appréhension des faits et des détails, mais avons perdu notre capacité à prendre du recul et voir les choses en grand. La société moderne est caractérisée, comme le craignait le philosophe français Pascal, par une spécialisation à outrance couplée à une quasi-incapacité à voir les choses dans leur ensemble. En témoignent les légions de spécialistes en tout genre qui n'ont pas la moindre idée de la façon dont fonctionne le monde dans son ensemble.

Nous sommes peut-être devenus très pointus dans la gestion des situations familières, mais avons perdu notre capacité à formuler des réponses créatives aux nouveaux défis.

J'ai identifié un autre frein contre lequel je lutte personnellement beaucoup. C'est une des qualités qui a le plus été développée pendant mon éducation, mais qui me limite maintenant dans l'exercice de ma vision : apprendre à résoudre des problèmes. Je ne compte pas le nombre d'heures passées à résoudre des problèmes pendant ma scolarité. J'étais excellent à cet exercice. Et si cela m'a été utile, il me faut reconnaître que cela a un coût terrible : celui de voir le monde à travers le prisme du 'problème à résoudre'.

Or en concentrant mon attention sur le problème, je perds souvent de vue d'autres éléments d'inspiration. Pire que tout, je concentre ma capacité créative sur le 'Comment résoudre le problème ?' plutôt que sur la question plus fondamentale du 'Qu'est-ce que je veux voir se produire ?'.

L'acte de vision pourrait se simplifier en deux phases distinctes : une phase créative dans laquelle sont générés les idées et les possibles – le quoi ? –, suivi d'une phase d'édition dans laquelle nous sélectionnons et évaluons – le comment ? –. Mettre un embargo sur l'édition dans un premier temps peut aider à libérer l'imagination créative.

Pour conclure, je veux insister sur le fait de ressentir les visions qui nous inspirent. C'est un travail du corps et du cœur avant d'être celui de l'esprit et de la pensée. La vision n'est pas un exercice de soi pour soi, mais une ouverture à ce qui pourrait être, puis un acte créatif de participation.

Réflexion Statique – limitante et résistante au changement

Réflexion Dynamique – ouverte au processus d'évolution et à l'émergence proactive

---

Ferme tes deux yeux pour voir avec le troisième.
[Rumi]

Essayez ceci – Attraper une Vision Inspirante

Voilà quelques pratiques qui pourront je l'espère vous aider dans ce processus de vision.

Comme pour toutes les pratiques proposées dans ce livre, l'idée est de jouer un rôle actif pour les inviter plutôt que d'attendre passivement qu'elles nous tombent dessus. Attraper des visions puis les développer pour leur donner vie est une compétence essentielle des adultes matures qui ont la responsabilité d'être des artisans visionnaires de la renaissance culturelle.

Apprendre ce processus demande de l'entraînement.

Pratique 1 – créer de l'espace

Quand nous sommes trop occupés par nos quotidiens, ou trop préoccupés par nos pensées et nos émotions, il est très difficile de nous ouvrir à l'inspiration. C'est pourquoi elle semble souvent nous tomber dessus quand on s'y attend le moins. Qui n'a jamais trouvé la solution qui lui échappait après avoir arrêté de chercher ? Au milieu d'une douche, pendant une ballade, en faisant la cuisine, le lendemain matin au réveil. La nuit porte conseil, c'est en arrêtant de chercher qu'on peut trouver…

Pratique 2 – intention & attention

L'intention est essentielle pour inviter l'inspiration à se manifester. L'attention permet quant à elle d'être présent et alerte afin d'attraper tout élément de vision qui se présente à nous.

Pratique 3 – écrire pour se souvenir

Une pensée inspirante est comme une graine : pour qu'elle devienne quelque chose de nourrissant, il va d'abord falloir la planter, l'arroser, et s'occuper d'elle régulièrement. Pour la faire grandir, il faudra se souvenir d'elle et se demander : comment me souviendrai-je de cette pensée inspirante dans un an ?

Pratique 4 – agir pour donner vie

Voilà un processus en 3 étapes pour vous aider à rejoindre vos visions pas après pas.

<u>1 – Quoi : c'est la destination.</u>

>> Par rapport à une situation donnée, qu'aimeriez-vous voir se produire ?

Exemple : J'aimerais voir des réseaux alimentaires locaux se développer afin que nous reprenions collectivement notre indépendance vis-à-vis de l'industrie agroalimentaire.

<u>2 – Comment : c'est la carte.</u>

>> Comment ce changement pourrait-il se produire ? Décrivez les étapes par lesquelles passer pour que la vision prenne vie, les chemins possibles pour chaque étape.

Exemple : Pour cela il faut que plus de gens prennent conscience de l'importance de l'alimentation dans leur souveraineté et leur résilience, soutiennent par leur travail ou leur argent les réseaux de producteurs responsables, et éduquent leurs enfants à l'importance de m'alimentation dans la santé de leur corps et de la planète.

<u>3 – Mon rôle : c'est ma mission.</u>

>> Qu'est-ce que je peux faire pour aider cette vision à devenir réelle ? De quelles qualités est-ce que je dispose ? Comment cela s'aligne-t-il avec mon âme (si elle s'est déjà manifestée) ou qu'est-ce que cela m'apprend sur mon âme ?

Exemple : Je peux rejoindre une AMAP, commencer un potager chez moi pour apprendre avec mes enfants, opter aussi souvent que possible pour les alternatives aux produits issus de l'industrie.

L'exercice de la vision inspirante est un point de départ, pas une ligne d'arrivée. Une fois que nous avons une vision riche et inspirante, nous pouvons commencer le travail de manifestation : partir de la vision dans le futur pour rétrotracer la route jusqu'à nous dans le présent, en dévoilant les étapes clés, les défis et les étapes de développement cruciales, et ce que nous pouvons personnellement faire pour l'amener à la vie.

Dernier conseil : je vous invite à jouer avec votre vision. Pensez à la manière dont les enfants inventent le monde dans lequel ils évoluent : par le jeu, l'enthousiasme et la passion ! Si nous portons votre vision comme un fardeau qu'il nous *faut* manifester, cela ne mènera à rien de bon, et nous n'aurons pas l'énergie d'aider notre cause.

Soyez à l'écoute de votre corps et de votre cœur. Manifester notre vision doit nous nourrir au quotidien, c'est à cela que nous savons que cette vision est bien la nôtre !

Oser croire que c'est possible

Les transitions semblent toujours impossibles avant de les avoir menées à terme.

[Nelson Mandela]

Les transitions dont parle Nelson Mandela dans cette citation sont aussi bien des transformations personnelles – arrêter de fumer/boire, ne plus avoir d'explosion de colère, sortir de la dépression, s'ancrer dans la gratitude, etc. – que des transformations sociales et collectives – mettre fin à l'apartheid, en finir avec la corruption, renverser le changement climatique, régénérer la planète, etc. – Pour faire avancer ces causes, il nous faut avant tout croire que cela est possible, aussi difficile que cela puisse être. Quand notre arène d'activisme concerne le dérèglement climatique, la destruction des habitats naturels, l'extinction de masse du vivant, et l'exploitation des enfants dans les mines pour nourrir la machine industrielle, ou la faim dans le monde – pour ne citer que ces quelques causes dramatiques –, comment ne pas se sentir terriblement découragé ?

La cause à laquelle je voue ma vie, vous l'aurez compris, c'est la reconnexion au vivant afin de régénérer la planète et ses écosystèmes naturels. Ma motivation et mon enthousiasme sont à leur comble quand je suis chez moi, dans ma ferme de permaculture, que je me nourris des légumes que j'ai moi-même plantés et que je me couche dans la maison en adobe construite de mes mains. Tout me semble alors à sa place et je suis soutenu par mon environnement.

Pourtant, dès que je voyage et que je me retrouve face à la réalité des autres, et à la relation qu'ils entretiennent avec la crise environnementale, il m'est beaucoup plus difficile de maintenir ce niveau de bien-être : je me retrouve trop souvent confronté à la peur, au déni et à l'abandon pour me sentir serein et confiant. À défaut de pouvoir contrer les doutes de mes proches, je me retrouve moi aussi à douter de ma capacité à changer quoi que ce soit...

Quand nous luttons pour des causes qui ne semblent aboutir à rien, quand nous subissons défaites et humiliations à répétition, quand les résistances au changement sont si profondes, il est très difficile de continuer à y croire et à s'engager. Les cas de burn-out et de suicides chez les activistes témoignent de la difficulté de conserver l'espoir. Car sans l'étincelle de la conviction que nos actions peuvent créer une différence, il est quasi impossible de continuer à aller de l'avant sur le long terme. Le risque que les frustrations, les échecs et les déceptions font peser sur nos épaules pourrait bien miner nos efforts et notre détermination.

Les grandes idées à même de changer l'histoire sont souvent d'abord considérées comme des blagues, avant d'être reconnues dangereuses, puis d'être enfin acceptées comme la norme.

L'histoire abonde d'exemples de causes qui semblaient perdues mais qui ont fini par changer par le cours de l'histoire. En voilà quelques-unes qui, je l'espère, pourront vous aider à vous rappeler que vous n'êtes ni les premier·e·s ni les seul·e·s à traverser les affres du doute et de l'incertitude.

- ✓ Il a fallu plus de 20 ans de lutte acharnée, au risque de leur vie, à Clarkson et Wilberforce avant qu'une loi interdisant l'esclavage dans l'Empire Britannique ne soit votée.
- ✓ Lucy Stone a entamé sa lutte en faveur des droits civiques des femmes en 1850 au Massachusetts et y a dédié sa vie entière ; elle est morte avant que les femmes obtiennent le droit de vote aux États-Unis en 1920, mais n'a jamais baissé les bras.

- ✓ Nelson Mandela a passé 25 ans en prison avant de devenir le premier président noir d'Afrique du Sud en 1994 et de mettre fin à l'apartheid.
- ✓ Galilée a été accusé d'hérésie pour avoir soutenu que la Terre tournait autour du soleil, ses écrits ont été brûlés et interdits, et il a passé les huit dernières années de sa vie assigné à résidence.
- ✓ Julian Assange a lui aussi passé huit ans enfermés dans une ambassade pour avoir mis la vérité à nue et dénoncé des crimes de guerre, avant d'être mis en prison, torturé, et il risque encore aujourd'hui l'extradition aux États-Unis afin d'y être jugé pour terrorisme.
- ✓ Même sentence et risques pour Edward Snowden et de nombreux autres lanceurs d'alerte qui risquent leur vie pour leurs idéaux de vérité et de justice.

Quand nous faisons face aux doutes, à la frustration, à l'échec ou aux obstructions systémiques, nous pouvons toujours nous rappeler que nous faisons partie d'une longue tradition historique d'illustres objecteurs de conscience, et qu'il est probable qu'on se rappellera un jour de nous comme des courageux pionniers de la nouvelle ère.

Encore faut-il pour cela apprendre à tolérer la frustration et les échecs, arrêter d'y voir l'évidence d'une cause perdue, mais au contraire les preuves d'une évolution sociale nécessaire et naturelle dont nous sommes les fers de lance. Apprendre commence par le constat que nous ne savons pas, et par la confrontation à l'expérience de l'inconnu et des erreurs. La bonne nouvelle en ce qui concerne la frustration c'est qu'elle prouve que nous avons osé faire le premier pas, le plus difficile : celui de sortir de notre zone de confort pour faire face aux défis qui nous feront grandir et évoluer.

Il n'est pas possible de prévoir quand nous tirerons les bénéfices des combats que nous menons. Le changement étant par nature discontinu et incrémental, il repose sur la confiance, l'espoir actif et la persévérance. Nos actions interagissent avec celles des autres, chaque goutte d'eau vient remplir le verre, et un jour, une petite action comme les millions d'autres que nous nous efforçons de mener à bien depuis des décennies vient faire pencher la balance en notre faveur, souvent sans que nous puissions l'anticiper ou identifier l'élément déclencheur.

C'est alors une avalanche qui se déclenche, des éléments qui se nourrissent les uns les autres, un effet boule de neige inarrêtable qui est déclenché, une synergie aux propriétés inconcevables qui se manifeste, comme par magie. Il est bon de se rappeler que ce jour-là, nous serons du côté des vainqueurs et que toutes nos frustrations et nos longues luttes seront enfin justifiées.

Les plus pessimistes m'opposeront que ces points de rupture existent dans les deux sens, et ils ont raison. Des droits fondamentaux que nous prenons pour acquis pourraient nous être retirés irrévocablement − c'est ce qui se passe actuellement dans des pays comme la France où l'exercice de certains droits citoyens fondamentaux est désormais soumis à la condition d'un pass vaccinal −. De même, des services naturels fournis par les écosystèmes de la planète sont sur le point de s'effondrer et d'entraîner des réactions en chaîne imprévisibles. Nous ne pouvons pas prévoir ce qui va arriver. Nous sommes autant à l'aube d'un effondrement catastrophique du vivant que d'un bond évolutionnaire majeur. Nous ne pouvons pas prévoir dans quel sens la balance va pencher, mais nous pouvons néanmoins choisir ce que nous souhaitons, ce que nous préférons voir se produire, et mettre toute notre énergie au service de cette possibilité.

Le Grand Tournant est en cours, et la naissance du Nouveau Monde ne demande qu'à se manifester à travers nous. Ce n'est pas de l'idéalisme, mais une ouverture à la possibilité que cela soit possible. Si nous ne pouvons croire que cela est possible, ce futur n'a aucune chance de se produire.

Si vous pouviez vous détacher de l'emprise de la peur et des doutes, que feriez-vous ?

Essayez ceci – Identifier nos objectifs et nos ressources

Voici une série de questions qui peut vous aider à mettre en place un plan d'action pour aller de l'avant. En vous engageant à mettre des mesures en place, il vous sera plus facile de prendre conscience que le Grand Tournant est aussi en train de se produire.

Ce processus peut être réalisé seul, en notant vos réponses, ou alors avec une ou plusieurs personnes : vous pourrez alors vous poser les questions à tour de rôle, vous apporter du soutien et témoigner des engagements que chacun prend à son niveau.

1 – Si vous saviez que vous ne pouviez pas échouer, qu'est-ce que vous aimeriez le plus apporter à la transformation et à la guérison du monde ?

2 – Quel objectif spécifique, ou projet, pourriez-vous mener à bien dans les 12 prochains mois qui participerait à cela ? Est-ce réaliste ? Si la réponse est un non définitif, pensez à autre chose que vous pouvez réaliser.

3 – De quelles ressources – interne et externes - disposez-vous pour aider à réaliser ce projet ? Les ressources internes sont vos forces, qualités, expériences, compétences et savoirs. Les ressources externes sont aussi bien humaines (les relations, contacts, réseaux…) que matérielles (argent, équipement, espaces et lieux…).

4 – Quelles ressources internes et externes allez-vous devoir acquérir ? Qu'allez-vous devoir apprendre, développer ou obtenir ?

5 – Comment pourriez-vous caler en cours de route ? Quels obstacles pourraient se dresser sur votre chemin ?

6 – Que ferez-vous pour dépasser ces obstacles ?

7 – Quelles actions pouvez-vous entreprendre dans les 7 prochains jours, aussi petites soient-elles (appeler une personne, envoyer un email, libérer du temps pour y réfléchir…) qui vous mettront en mouvement vers cet objectif/projet ?

Se créer un réseau de soutien

Je n'insisterai jamais assez sur l'importance de créer des réseaux de soutien pour aller de l'avant. Plus un processus de changement reçoit de soutien, plus il a de chance d'aboutir, c'est aussi simple que cela.

Si toutes les personnes qui rêvent d'un nouveau modèle de société en faveur de la régénération de la planète se manifestaient et se rassemblaient, nous aurions sans doute le plus grand consensus social jamais vu : divers certes, mais unifié.

En recherchant des encouragements, de l'aide et des conseils bienveillants, nous créons un contexte plus favorable pour nos projets et pour nous même : nous trouvons les paroles pour calmer nos doutes, les qualités qui nous manquent. Se relier les uns aux autres est particulièrement important quand nous faisons face à des conditions difficiles ou hostiles. Nos corps sont physiquement faits pour s'autoréguler les uns les autres. Cultiver une attitude de soutien peut et doit se faire dans différentes dimensions de nos vies.

- Dans le contexte personnel de nos habitudes et de nos pratiques ;
- Dans le contexte interpersonnel de nos relations ;
- Dans le contexte culturel de la société dans laquelle nous évoluons ;
- Dans le contexte écospirituel de notre connexion au reste du vivant.

Dans la dimension personnelle, nous pouvons simplement nous demander si nous actes sont cohérents avec nos intentions et nos paroles : c'est sans doute dans cette dimension qu'il est le plus facile d'agir puisqu'elle ne concerne que nous.

Certes, il faut affronter notre égo et nos résistances personnelles, mais de nombreux outils de travail sur nos ombres sont aujourd'hui disponibles à tous ceux qui sont prêts à se transformer pour s'aligner avec leurs valeurs et idéaux.

C'est quand j'ai réalisé que les forêts, aux quatre coins du monde, étaient rasées pour planter des champs d'OGM dédiés au bétail, et donc à l'industrie de la viande, qu'il ne m'a plus été possible de manger de la viande.

Mon intention de régénérer les espaces naturels a nourri ma motivation à changer de régime alimentaire : d'une décision difficile que je liais à une privation, mon récit intérieur a évolué en un acte symbolique fort de préservation de la Nature. C'est la valeur que je donne à ce geste qui me permet de poursuivre dans cette voie et de changer mes habitudes alimentaires.

Il y a une infinité de pratiques qui permettent de soutenir nos intentions pour le monde : la méditation, la marche en nature, l'expression de nos souhaits et l'incarnation de notre art de vivre… Tout n'est pas nécessairement du travail au sens capitaliste du terme : faire une sieste est un acte d'affirmation puissant de notre volonté de ralentir nos rythmes de vie par exemple ! Ce que ces pratiques ont en commun, c'est qu'elles renforcent notre résolution et nous nourrissent au quotidien pour faire face aux défis.

Essayez ceci – Déclarer vos engagements ou vœux

Nos vœux ou engagements sont une manière simple et efficace de canaliser notre énergie pour atteindre nos objectifs.

Inutile d'en écrire des pages. Je pense que cinq sont largement suffisants, et faciles à ne pas oublier puisqu'ils tiennent sur les doigts d'une main. Voilà les 5 vœux que j'aime déclarer à l'issue de mes ateliers du Travail qui Relie.

Envers moi-même et vous tous, je fais les vœux :

1. De m'engager quotidiennement pour la guérison du monde et le bienêtre de tous les êtres vivants.

2. D'alléger mon empreinte sur Terre en alignant mes choix de consommation de nourriture, de produits et d'énergie.

3. De puiser force et sagesse de la Terre et de la Vie, de nos ancêtres et descendants, de mes frères et de mes sœurs de toutes les espèces.

4. De soutenir les autres dans leur travail pour le monde et de demander de l'aide quand j'en ai besoin.

5. De poursuivre des pratiques quotidiennes pour clarifier mon esprit, renforcer mon cœur, et m'aider à être à la hauteur de ces vœux.

>> Quels sont les 5 vœux que vous souhaitez déclarer ? Dressez-en une liste, dessinez-la et affichez-la dans votre espace sacré, cela vous aidera à maintenir une pratique quotidienne pour vous et le monde.

Il est tout aussi important de savoir se tourner vers nos amis pour demander de l'aide. Dans le contexte culturel moderne où demander de l'aide et exprimer sa vulnérabilité est une faiblesse, ce simple geste peut créer des merveilles. Essayez, vous verrez par vous-même la transformation à laquelle on s'ouvre quand on demande à quelqu'un d'être témoin de nous, de nos rêves, de nos souffrances et frustrations.

La transition du monde est comme un sport d'équipe. Le but n'est pas de porter le fardeau seul, mais au contraire de jouer sa partition, son rôle, en apprenant à se reposer sur les autres, en ayant confiance qu'eux aussi joueront le leur. Comme nous l'avons vu dans la partie précédente sur le *'Pouvoir* Avec' la co-intelligence et la recherche de synergie font partie de la naissance du Nouveau Monde : apprendre à assumer nos limites, exprimer nos vulnérabilités et demander de l'aide, et s'ouvrir aux qualités de nos pairs fait donc partie du processus de changement.

Enfin, comme je l'ai déjà largement développé dans les chapitres précédents je répèterai simplement et rapidement ici l'importance de nous ouvrir au soutien dans la dimension spirituelle et sacrée de nos vies. N'oublions pas qu'il y a une force immanente à la vie qui nous soutient même quand nous sommes seuls et que nous ne faisons rien.

C'est sans doute dans la connexion à notre environnement naturel que se trouve la plus grande force d'incarnation de notre bien-être.

L'incertitude : notre ultime alliée

Disons-le clairement et simplement : nous ne savons pas de quoi demain sera fait. Nul ne le sait. Comme nous le disions précédemment, nous pouvons aussi bien être sur le seuil d'une catastrophe planétaire et d'un effondrement définitif de la vie sur Terre que d'un bond évolutionnaire majeur tel que nous n'en avons pas connu depuis des centaines de milliers d'années. Cette incertitude est une des caractéristiques de notre époque, mais ce que nous faisons face à elle nous appartient. La plupart de nos contemporains y répondent par l'apathie, le cynisme et la démotivation. Mais ceux qui, comme nous, s'arment de l'espoir actif peuvent se préparer à l'imprévisible. Ni optimisme complaisant ni pessimisme résigné, l'Écologie intérieure permet de provoquer notre meilleure réponse face à l'adversité.

Se préparer pour le meilleur ;

Être prêt pour le pire.

Tel l'artiste martial, immobile, mais alerte, ne sachant ce que son adversaire prépare, nous pouvons entretenir un état d'attention à notre environnement et une connaissance approfondie de nos capacités qui nous permettra de réagir de manière créative face à toute situation.

Ne pas savoir est inconfortable certes, mais il nous appartient de nous ouvrir consciemment à ce mystère de la vie, avec excitation plutôt qu'avec peur.

φ

Voilà ce qui conclut les quatre étapes de la spirale du Travail qui Relie. Cette méthodologie peut aussi bien s'appliquer de manière individuelle pour approfondir nos explorations intérieures et dépasser des blocages émotionnels que collectivement pour nous ouvrir au monde, à ses défis, et nous mettre en position de participer activement à la réalisation de nos rêves et ambitions.

La beauté des mondes qui vivent en nous et que nous découvrons par l'Écologie intérieure est telle qu'il serait dommage de les garder pour nous : la révélation radicale qu'offre l'Écologie intérieure est, paradoxalement, que nous sommes par essence des êtres écologiques, et que c'est donc l'amour de notre environnement que nous sommes appelés à manifester.

L'espoir actif sert à nous donner l'élan initial d'assumer ce en quoi nous croyons et d'en faire part au monde. Le Travail qui Relie nous donne une méthodologie cohérente pour incarner dans nos quotidiens les transitions que nous voulons voir se manifester. Ce sont là des étapes essentielles pour que le travail d'exploration sur notre Écologie intérieure ne reste pas stérile, mais participe au contraire à l'accouchement du Nouveau Monde.

conclusion

Activisme Sacré : fusion de l'Écologie Intérieure et de l'Écologie Planétaire

« Les seules questions qui te seront posées quand tu franchiras les eaux de la mort seront : qu'as-tu fait pendant que le monde était en flammes ? Comment as-tu œuvré à la guérison d'un monde en feu ? Qu'as-tu suffisamment aimé au point de risquer et de donner ta vie ? Rien d'autre ne comptera. Comprends cela dès maintenant. Détourne-toi de tout ce que tu as été, fait et cru, et plonge dans le fourneau d'un Amour divin qui étreint tous les êtres. Consacre toute ta vie à répandre le message de sa passion envers le monde, le message selon lequel le monde doit désormais s'éveiller, revendiquer le feu sacré qui vit dans le cœur de chaque homme et passer à l'acte. Le seul espoir, pour toi comme pour l'humanité, est de relever le défi du Divin et d'exprimer le feu de la Compassion divine par des actes radicaux dans chaque arène du monde. »

[Andrew Harvey]

Lire cette révélation reçue par Andrew Harvey lors d'un de ses nombreux séjours en Inde, m'a causé un électrochoc.

Comme si une révélation, que j'avais moi aussi silencieusement reçue dans mon cœur il y a une dizaine d'années, venait d'être enfin traduite en mots pour mon esprit. Ces mots, je les lisais pour la première fois, mais leur sens avait bercé mon âme pendant de longues années, depuis une des expériences mystiques les plus intenses de ma vie.

J'étais alors sur la mer Andaman, et j'avais demandé à profiter de la plongée nocturne pour faire une méditation collective, dans le noir absolu, par 20 mètres de fond. Attachés aux fonds marins par une corde, main dans la main, en cercle, nous avons ainsi passé 15 minutes à flotter dans l'immensité obscure, émerveillés par la phosphorescence qui nous illuminait comme des millions d'étoiles vivantes et joueuses. Comme protégés dans l'utérus de la planète Terre, il m'a semblé, plus que jamais, être connecté à tout le reste de la planète par ses océans, ses mers et ses cours d'eau. Cette expérience a été pour moi un pinacle de transcendance : un moment de merveilleuse intimité avec le Divin, le Tao, le Tout, la Vie... quel que soit le nom qu'on veut lui donner.

J'avais alors 27 ans, j'étais déjà très conscient de la chance que j'avais de pouvoir dédier quelques années de ma vie à la recherche de vérités spirituelles : la nature est-elle consciente ? La vie a-t-elle un sens ? Ma vie a-t-elle un but ? Comment le découvrir ?

Cette méditation au fond de la mer où le Divin s'est révélé directement a propulsé ma vie dans une toute nouvelle arène. Que faire de cette responsabilité ? Comment utiliser cette connaissance directe pour changer le monde – ce que je me suis toujours senti investi de faire depuis tout petit –. Comment partager ce don avec mes contemporains dont la foi en le sacré est tellement ébranlée par les horreurs de leur quotidien moderne dévasté ?

À la responsabilité de participer à l'émergence du Nouveau Monde que j'assumais déjà venait s'en ajouter une autre : on avait fait appel à moi non pour que je réussisse, mais pour que je serve coûte que coûte, quels que soient les difficultés et les obstacles, voire les humiliations d'un monde aux abois qui ne comprendrait sûrement pas mon acharnement. Ce jour-là j'ai assumé de devenir un serviteur de la beauté divine.

L'action du feu sacré ?

En continuant mes recherches j'ai appris que ce feu primordial de l'Amour Divin est connu dans toutes les traditions mystiques authentiques sous les différents noms : Ishq dans le soufisme, Shakti dans la vision hindoue, Shekinah dans le mysticisme juif et Boudhicitta absolue dans le Bouddhisme Mahāyāna.

Bien que cette passion sacrée soit connue depuis toujours, son application en reste à ses balbutiements. Il me semble personnellement essentiel aujourd'hui de faire appel à elle pour réformer tous les systèmes économiques, politiques et sociaux existants dans le but de régénérer les écosystèmes naturels et humains.

Nous ne pouvons plus nous permettre de laisser cette connaissance dans les mains de quelques mystiques privilégiés vivant reclus dans des monastères, au risque de voir sa véritable puissance révolutionnaire étouffée. Il faut au contraire qu'elle soit activée, confiée aux activistes, et conduite en plein cœur du monde en feu.

Le Mystique et l'Activiste

L'expérience du feu sacré sert à changer le monde en transformant les êtres qu'il inspire afin qu'ils deviennent les serviteurs de la compassion et de la justice radicale dans la réalité : des rebelles et des révolutionnaires de l'amour en action, prêts à tout risquer pour aider le Divin à métamorphoser l'humanité.

C'est un privilège aux apparences de sacrifices puisqu'il nous demande de nous frotter à la cruauté, à l'injustice et à l'agonie du monde afin de nous laisser anéantir le cœur pour mieux l'ouvrir. Accepter la douleur afin que le cœur de l'homme s'ouvre aussi à l'amour et à l'appartenance au vivant.

Alors que j'écris la conclusion de ce livre depuis un monastère bouddhiste, je me demande quel rôle les mystiques peuvent jouer de nos jours pour accompagner les activistes dans leur difficile mission.

Face à une crise si gigantesque, peut-on se satisfaire de la sérénité et du détachement que prônent les disciples du Bouddha ? Se laisser pénétrer, briser et guérir par l'amour, n'est-ce pas là une voie plus directe pour exposer le faux soi et les convenances narcissistes du bien-être spirituel ?

En regardant autour de moi, je me cogne toujours à un mur. D'un côté les hommes saints et spirituels de tous bords pour qui *tout est vacuité*, *tout est illusion*, ou encore mieux chez les fanatiques New-Age : *seule la lumière est réelle, tout est toujours en ordre divin, il n'y a aucun motif d'inquiétude*… Comment peut-on encore, devant un monde en feu, se permettre une telle candeur ?

De l'autre côté, des activistes tellement passionnés sur le terrain qu'ils se privent, pour la plupart, du soutien essentiel de la nature sacrée et divine. Par conséquent, non seulement ils ne bénéficient pas de son énergie guérissante, mais en plus ils risquent inconsciemment de créer autant de problèmes qu'ils entendent en résoudre… bien malgré eux…

Je vois, chez chacun de ces archétypes desquels je me revendique, une ombre narcissique, que j'avoue en toute honnêteté reconnaître aussi dans mon cœur. Dans sa séparation surréaliste du corps et du matériel, le mystique renonce au devoir exténuant de faire régner la justice et de réparer les dégâts causés au monde. Quant à l'activiste, son identification aux archétypes du héros, du messie et du martyr, trahit un surmenage qui ne peut que mener à la rage, au désespoir et à l'épuisement.

L'Activisme Sacré

Quel type d'humain verrait le jour de la fusion de la passion brûlante du mystique pour le sacré à la passion de l'activiste pour les réformes concrètes ?

J'imagine avec excitation, une action locale inspirée d'une conscience mondiale, et des initiatives diverses et indépendantes unifiées sous la bannière des principes naturels et mystiques.

Le mystique, égaré dans sa contemplation de l'*Être*, complété par l'activiste et son attachement au *Faire*. La dépendance du militant à l'action quant à elle équilibrée par la sagesse, le lâcher-prise et l'acceptation du mystique. La fusion de la passion du mystique pour le Divin et de la passion de l'activiste pour la justice a le potentiel de guérir la division tragique au sein de notre conscience moderne entre le masculin et le féminin, le corps et l'âme, le fond et la forme, la lumière et la matière, la passion et la paix, la contemplation intérieure et l'action extérieure.

Il me semble raisonnable de penser que ce sentiment profond d'unité en nous puisse mettre fin aux divisions qui détruisent nos sociétés et alimentent les conflits qui nous empêchent de faire face ensemble à l'adversité et l'incertitude.

Pour opérer cette fusion, deux mouvements simultanés doivent se produire en nous. D'un côté un mouvement d'ascension vers la conscience pure, un détachement de notre corps, une réalisation du soi dans son éternité, une identification et un abandon total à l'inspiration divine de la nature ; et simultanément, un mouvement de 'descente', de reconnaissance de l'aspect sacré de notre individualité par lequel la régénération de nos corps et de la nature devient les enjeux de notre évolution spirituelle

Il est temps pour l'humanité entière de faire l'épreuve de la transcendance – mouvement vers l'Esprit Divin – d'un côté, et de l'inscendance – mouvement vers l'âme – de l'autre.

C'est là, il me semble, la voie à suivre pour fusionner notre Écologie intérieure avec l'Écologie planétaire ; pour que nos transformations personnelles accouchent de la transition de nos sociétés et de la régénération de la planète.

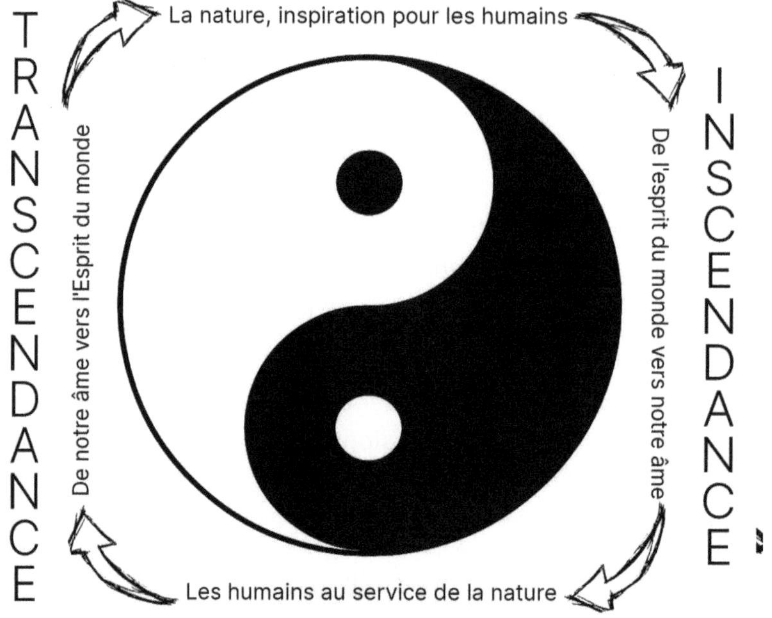

Le mot de la fin

Je suis venu m'isoler au monastère bouddhiste de PaPae afin de trouver dans la médiation le calme et la concentration nécessaires pour finir ce livre. La rédaction, qui a duré un an, m'a profondément transformé, et je contemple incrédule, tout ce que cet exercice m'a apporté.

Après avoir écrit les dernières phrases de cette conclusion, Lumphi Mapang et Lumphi Carl sont venus s'entretenir avec moi. L'abbé fondateur du monastère et le moine connaissent notre projet à Pai pour avoir béni notre maison il y a deux ans.

« Damien, le Bouddha nous a donné trois leçons fondamentales qui rendent la vie des moines si puissante : Less is more, small is beautiful, simple is better[78]. ». Ils me laissèrent méditer dessus toute la journée avant de revenir vers moi en rigolant. Les deux moines en robes orange ne connaissent pas le sujet de ce livre, mais ils savent la passion de mon engagement pour la Nature ; bien qu'ils ne pussent savoir à quel point leur petite perle de sagesse tombait à propos avec ma conclusion, ils n'avaient sans doute pas choisi de me partager cette sagesse par hasard.

Less is more. Moins, c'est plus.

Par la méditation m'expliquèrent-ils, les moines bouddhistes cherchent à limiter la charge mentale qui occupe leur esprit afin de maximiser sa puissance, et à calmer les mouvements de leurs pensées pour augmenter sa clarté. Ne pas penser plus, mais penser mieux, et offrir cette clarté et les moyens d'y parvenir au plus grand nombre.

J'ai trouvé le parallèle entre leur mission est la mienne saisissant. Le même minimalisme, la recherche de l'essentiel, et le rejet du superflu. L'amour du partage aussi. En un mot, la recherche d'une vie heureuse et harmonieuse, en alignement avec la nature des choses. Comme si leur art, appliqué à la sphère mentale et spirituelle, faisait miroir au mien, appliqué à la sphère matérielle.

---

78 Moins c'est plus ; petit c'est joli ; simple c'est mieux.

Cet échange est un ultime clin d'œil cosmique et plein d'humour à ma conclusion sur le Mystique et l'Activiste, un rappel rassurant que la fusion s'opère déjà à qui adopte un regard écocentrique.

*Si vous ne vous faites pas l'égal de Dieu, vous ne pouvez pas appréhender Dieu,
car seul ce qui est semblable peut se reconnaître.*

*Débarrassez-vous de toutes vos limitations et élevez-vous au niveau de cette
grandeur qui dépasse toute mesure. Élevez-vous au-delà du temps et devenez
éternels, alors vous pourrez appréhender Dieu. Pensez que pour vous aussi rien
n'est impossible, considérez que vous aussi vous êtes immortels et que votre
esprit est capable de tout saisir, de connaître chaque métier et chaque science.
Trouvez refuge dans les repaires de chaque créature vivante, faites-vous plus haut
que les plus hauts sommets et plus bas que les profondeurs les plus abyssales.
Réconciliez en vous toutes les qualités opposées : chaud et froid, sec et fluide.
Faites vôtre l'idée que vous êtes partout à la fois : sur terre, sur mer, et dans le ciel.
Réalisez que vous n'avez pas encore été conçu, que vous êtes dans le ventre de
votre mère, que vous êtes jeunes, que vous êtes vieux, que vous êtes morts, que
vous êtes dans le monde d'outre-tombe. Saisissez dans votre esprit tout cela à la
fois, tous les temps et tous les lieux, toutes les substances, toutes les qualités et
toutes les grandeurs. Alors vous pourrez appréhender Dieu.*

*Mais si vous enfermez votre âme et votre corps et que vous vous abaissez à
vous dire : 'je ne sais rien, je ne peux rien faire, j'ai peur de la terre et de la mer, je
ne peux pas monter aux cieux, je ne sais pas ce que j'étais, ni ce que je suis, ni ce
que je serai', alors qu'avez-vous en commun avec Dieu ?*

[Corpus Hermeticum, Livre 9]